普通高等学校"十二五"规划教材

土木工程建筑概论

主　编　邱建慧
副主编　于　莉　王庆华
编　著　金开鑫　杜立志　李　明　李长雨

国防工业出版社
·北京·

内容简介

本书概述了土木工程建筑与技术，包括房屋建筑、水利工程建筑、交通工程建筑以及土木工程施工等，主要内容有工业建筑、民用建筑、主要水工建筑物、道路工程、桥梁工程、港口工程、岩土和地下工程、土木工程材料、土木工程施工以及土木工程防灾、减灾。

本书为地质工程、土木工程、测绘工程、土地资源管理等专业的基础课程教材，也可供从事房屋建筑和水利工程建筑以及交通工程建筑工作的技术人员参考。

图书在版编目(CIP)数据

土木工程建筑概论/邱建慧主编. —北京:国防工业出版社,2014.8

普通高等学校“十二五”规划教材

ISBN 978-7-118-09537-1

Ⅰ.①土… Ⅱ.①邱… Ⅲ.①土木工程-高等学校-教材 Ⅳ.①TU

中国版本图书馆 CIP 数据核字(2014)第 167550 号

※

国防工業出版社出版发行

(北京市海淀区紫竹院南路 23 号 邮政编码 100048)

天利华印刷装订有限公司印刷

新华书店经售

*

开本 787×1092 1/16 **印张** 15½ **字数** 379 千字

2014 年 8 月第 1 版第 1 次印刷 **印数** 1—3000 册 **定价** 36.00 元

国防书店：(010)88540777 发行邮购：(010)88540776

发行传真：(010)88540755 发行业务：(010)88540717

前　言

本书是在作者多年从事工程建筑概论、砌体结构、混凝土结构基本原理、材料力学、结构力学、土木工程材料、土木工程施工、工程地质学等理论课程教学和实践性教学以及科研工作的基础上，根据相关专业的教学需求而编写的，为地质工程、土木工程、测绘工程、土地资源管理等专业的基础课程教材。由于各专业的教学内容需求和学时安排不完全相同，因此本书内容取材兼顾了各专业的需求，力求在知识的深度和广度上满足教学要求，并在体系安排上尽可能地保持各章节知识面的相对独立性，以便于各专业在教学内容上的取舍。

本书为吉林大学“十二五”规划教材。本书第 4、5、10 章由吉林大学于莉编写，第 2、3 章由吉林大学王庆华编写，第 1、6、7、8、9、13 章由吉林大学邱建慧、杜立志和吉林建筑大学李明以及长春工程学院李长雨共同编写，第 11、12 章由吉林大学金开鑫编写。

本书在编写过程中，力求最大限度地介绍相关学科领域的基础知识、最新科研成果、工程实践经验、最新的土木工程建设情况。本书参考引用了相关书籍以及网上一些资料，并得到了同行老师及研究生的大力帮助，在此深表谢意。

本书在编写过程中难免存在不妥之处，敬请老师、同学和广大读者多提宝贵意见。

作　者

目　录

第1章　绪　论

中国国务院学位委员会在学科简介中定义：土木工程是建造各类工程设施的科学技术的总称，它既指工程建设的对象，如建在地上、地下、水中的各种工程设施，也指所应用的材料、设备和所进行的勘测设计、施工、保养、维修等技术。

土木工程的范围非常广泛，它包括房屋建筑工程、公路与城市道路工程、铁道工程、桥梁工程、隧道工程、地下工程、给水排水工程、港口工程等。国际上，把运河、水库、大坝、水渠等水利工程也包括于土木工程之中。

1.1　土木工程发展历史概述

土木工程的发展历史可分为古代、近代和现代三个阶段。土木工程是伴随着人类社会的发展而发展起来的。它所建造的工程设施反映出各个历史时期社会经济、文化、科学、技术发展的面貌，因而土木工程也就成为社会历史发展的见证之一。

1.1.1　古代的土木工程

古代土木工程的历史跨度很长(约公元前5000年到17世纪中叶)，人们根据生存的经验，逐渐开始修筑简陋的房舍、道路、桥梁和沟渠，以满足基本的生活和生产需要。后来，人们为了适应战争、生产和生活以及宗教传播的需要，兴建了城池、运河、宫殿、寺庙以及其他各种建筑物，许多著名的工程设施显示出人类在这个历史时期的创造力。

1. 古代土木工程的特点和发展

古代土木工程的特点可以归纳为：建筑的各种工程设施无理论指导，主要靠经验；建造的材料主要取之于自然。

古代土木工程的发展大体上可分为萌芽时期、形成时期和发达时期。

(1) 萌芽时期。萌芽时期大致在新石器时代，原始人为避风雨、防兽害，利用天然的掩蔽物，并逐渐利用简单的木、石、骨制工具，伐木、采石、挖土等，模仿天然掩蔽物建造居住场所，开始了人类最早的土木工程活动。掌握了伐木技术以后，就使用较大的树干做骨架；有了锻烧加工技术，就使用红烧土、白灰粉、土坯等，并逐渐懂得使用草筋泥、混合土等复合材料，建房、筑路、挖渠、造桥，这是土木工程从无到有的起步阶段。

(2) 形成时期。随着生产力的发展，农业、手工业开始分工。大约自公元前3000年，在材料方面，开始出现经过烧制加工的瓦和砖；在构造方面，形成木构架、石梁柱、券拱等结构体系；在工程内容方面，有宫殿、陵墓、寺庙等，还有许多较大型的道路、桥梁、水利等工程；在工具方面，开始使用青铜制的斧、凿、钻、锯、刀、铲等工具。后来有了简单的施工机械，也有了一些经验总结。

(3) 发达时期。由于铁制工具的普遍使用，提高了工效；工程材料中逐渐增添了复合材料；

工程内容则根据社会的发展，道路、桥梁、水利等工程日益增加，并大规模营建了宫殿、寺庙，因而专业分工日益细致，技术不断提高，从设计到施工已有一套比较成熟的经验。

2．古代土木工程的主要结构形式

古代土木工程的主要结构形式有木结构、石结构和砖结构。

在这一时期，由于人类的生产力水平不高、土木工程材料还很简单、科学理论发展比较缓慢，所以土木工程结构形式有限。我国黄河流域的仰韶文化遗址和西安半坡遗址发现了有供居住的浅穴和直径为 5～6m 的圆形房屋，屋内竖有木柱，以支撑上部屋顶，四周密排一圈小木柱，既起承托屋檐的结构作用，又是维护结构的龙骨；还有方形房屋，其承重方式完全依靠骨架，柱子纵横排列，这是木骨架的雏形。中国古代的建筑多采用木结构，并逐渐形成与此相适应的风格，公元 14 世纪建造的北京故宫是世界上最大和最完整的古代木结构宫殿建筑群；应县的木塔是世界上最高的木建筑。而欧洲等世界各国的以石拱等结构为主的古代土木工程建筑也达到了一定的水平，相继建造了一些石结构和砖结构的大教堂、桥梁、庙宇、房屋、道路、水利工程等建筑。

3．典型工程

国外：埃及的金字塔；墨西哥的奇琴伊扎城；法国的加尔桥；希腊的帕特农神庙；古罗马的斗兽场；土耳其伊斯坦布尔的索菲亚大教堂；埃塞俄比亚拉里贝拉的独石教堂；罗马帝国的道路网等。

中国：中国古代伟大的砖石结构——万里长城；四川灌县的都江堰水利工程；陕西秦皇陵；京杭大运河；河北赵县交河赵州桥；山西应县木塔；北京故宫；北京天坛；秦朝全国郡县间驰道网(咸阳中心)等。

1.1.2 近代的土木工程

从 17 世纪中叶至 1945 年第二次世界大战结束的 300 年间，是土木工程发展史中迅猛发展的阶段。这个时期土木工程的主要进步表现为：在材料方面，由木材、石料、砖瓦为主，到开始日益广泛地使用铸铁、钢材、混凝土、钢筋混凝土，直至早期的预应力混凝土；在理论方面，结构力学等学科逐步形成，设计理论的发展保证了工程结构的安全和人力物力的节约；在施工方面，由于不断出现新的工艺和新的机械，施工技术进步，建造规模扩大，建造速度加快了。在这种情况下，土木工程逐渐发展到包括房屋、道路、桥梁、铁路、隧道、港口、市政、卫生等工程建筑，不仅能够在地面，而且有些工程建筑还能在地下或水域内修建。

1．近代土木工程的特点

(1) 土木工程逐步形成一门独立学科。在牛顿力学三大定律、工程结构设计的容许应力法、极限平衡理论、材料力学、弹性力学等理论的基础上，土木工程的结构设计有了比较系统的理论指导。

(2) 发明了土木工程新材料。如波特兰水泥、钢筋混凝土的应用，转炉炼钢法的发明等。

(3) 出现了新的施工机械和方法。如打桩机、压路机、挖土机、掘进机、起重机的利用。

(4) 基础设施的社会需求日益广泛和深入。

2．近代土木工程的杰作

国外：1875 年在法国建成的第一座钢筋混凝土梁桥，长 16m；1883 年第一幢 10 层钢铁框架承重大楼，现代高层建筑开端——55m 高的美国芝加哥保险公司大楼；法国巴黎 300m 高的埃菲尔铁塔；第一条铁路——1869 年建成的北美大陆铁路，它全长 3000 多千米；1863

年在英国伦敦建成的长 6.7km 的第一条地下铁道；1869 年开通的苏伊士运河；1914 年建成的巴拿马运河；1936 年美国旧金山建成的跨度 1280m 的金门大桥；1931 年美国纽约建成的高 381m 的帝国大厦。

我国：詹天佑于 1909 年建成 200km 的京张铁路；茅以升于 1937 年主持建造的我国第一条公路铁路两用的双层钢结构桥——钱塘江大桥；1934 年在上海建成的 24 层，号称 20 世纪 30 年代远东第一楼的上海国际饭店等。

1.1.3　现代的土木工程

1945 年第二次世界大战结束后，许多国家现代化科学技术迅速发展，为现代土木工程的进一步发展提供了强大的物质基础和技术手段。在世界各地出现了现代化规模宏大的工业厂房、摩天大厦、核电站、高速公路和铁路、大跨桥梁、大直径运输管道、长隧道、大运河、大堤坝、大飞机场、大海港以及海洋工程等。

1．现代土木工程特点

(1) 功能多样化。由于电子技术、精密机械、生物基因工程、航空航天等高技术工业的发展，许多工业建筑提出了恒湿、恒温、防微振、防腐蚀、防辐射等要求，并向跨度大、分隔灵活、工厂花园化方向发展。

(2) 建设立体化。随着经济发展和人口增长，城市用地紧张，使得房屋建筑向高层发展，城市交通向地铁、高架路桥、轨道交通方向发展。所以现代化城市建设在地面、空中、地下同时展开，形成了立体化发展的局面。

(3) 交通快速化。由于市场经济的繁荣与发展，对运输系统提出了快速、高效的要求，而现代化技术的进步也为满足这种要求提供了条件。高速公路、大型机场的建设日新月异。

(4) 设施大型化。为了满足能源、交通、环境保护及大众公共活动的需要，许多大型的工程设施陆续建成并投入使用。大跨度桥梁、跨江跨海的隧道、摩天大楼、高耸的电视塔、大跨度的体育馆和展览中心、海上采油平台、核电站、大坝等大型工程的建设，都取得了举世瞩目的成就。

2．现代土木工程代表工程

世界第一高楼迪拜塔(或哈利法塔)；台北国际金融中心；马来西亚吉隆坡的国家石油双子星座大厦(双塔)；中国上海金茂大厦和上海环球金融中心；美国芝加哥西尔斯大楼；各大城市间的高速公路；上海磁悬浮铁路；中国台湾高速铁路网；巴黎戴高乐机场；芝加哥国际机场；日本明石海峡大桥；丹麦大贝尔特东桥；中国江阴长江大桥；英国恒伯尔桥；香港青马大桥；英吉利海峡隧道；日本青函海底隧道；纽约世界贸易中心；加拿大多伦多电视塔；莫斯科电视塔；上海东方明珠电视塔；我国青海龙羊峡大坝；瑞士大狄克桑坝等。

3．现代土木工程的发展

1) 我国现代土木工程的发展

我国的土木工程建设从 20 世纪 50 年代以来一直没有停过，且发展很快，尤其在改革开放以来，发展极为迅猛，几乎整个中国成了一个大的建设工地。新的高楼大厦、展览中心、铁路、公路、桥梁、港口航道及大型水利工程在祖国各地如雨后春笋般地涌现，新结构、新材料、新技术大力研究、开发和应用，发展之快，数量之巨，令世界各国惊叹不已。

截至 2013 年年底，我国铁路运营路程已达 11028 万千米。铁路朝着城市轻轨和地铁两个方向发展。同时，我国也在积极建造高速铁路，磁悬浮列车也在发展。桥梁工程也取得了惊人的成就，伴随着桥梁类型的不断翻新，主跨跨度一再突破。杨浦大桥、南浦大桥、芜湖长江大桥、南京长江二桥等大跨桥梁的建成都标志着我国的大跨结构达到了一个新的水平，已跨入世界先进水平行列。在水利建设方面，六十年间全国兴建大中小型水库 9.8 万多座，水库总蓄水量约 9323 亿立方米。建设和整修大江大河堤防 25 万千米，目前防洪工程发挥的经济效益达七千多亿元。在大坝建设方面，我国先后建成了贵州乌江渡大坝、四川二滩大坝、三峡工程等水利工程。我国开展大规模的房屋建设已经持续了几十年，目前的摩天大楼建设大部分在我国，我们的生活和工作空间与环境不断得到改善和提高，在今后若干年里，这种大规模的房屋建设工程仍将持续下去。而且更加注重效率、品质和质量，实现资源最大化和节能效益化。

2) 土木工程的发展趋势

(1) 高性能材料的发展。钢材将朝着高强，具有良好的塑性、韧性和可焊性方向发展。高性能混凝土及其他复合材料也将向着轻质、高强、良好的韧性和工作性方面发展。

(2) 计算机的应用。随着计算机的应用普及和结构计算理论日益完善，计算结果将更能反映实际情况，从而更能充分发挥材料的性能并保证结构的安全。人们将会设计出更为优化的方案进行土木工程建设，以缩短工期、提高经济效益。

(3) 注重环境问题。环境问题特别是气候变异的影响将越来越受到重视，土木工程与环境工程融为一体。城市综合症、海水上升、水污染、沙漠化等问题与人类的生存发展密切相关，又无一不与土木工程有关。较大工程建成后对环境的影响乃至建设过程中的振动、噪声等都将成为土木工程师必须考虑的问题。

(4) 建筑工业化。建筑长期以来停留在以手工操作为主的小生产方式上。解放后大规模的经济建设推动了建筑业机械化的进程，特别是在重点工程建设和大城市中有一定程度的发展，但是总的来说落后于其他工业部门，所以建筑业的工业化是我国建筑业发展的必然趋势。要正确理解建筑产品标准化和多样化的关系，尽量实现标准化生产；要建立适应社会化大生产方式的科学管理体制，采用专业化、联合化、区域化的施工组织形式，同时还要不断推进新材料、新工艺的使用。

(5) 发展空间站、海底建筑、地下建筑。早在 1984 年，美籍华裔林铜柱博士就提出了一个大胆的设想，即在月球上利用它上面的岩石生产水泥并预制混凝土构件来组装太空试验站。这也表明土木工程的活动场所在不久的将来可能超出地球的范围。随着地上空间的减少，人类把注意力也越来越多地转移到地下空间，21 世纪的土木工程将包括海底的世界。实际上东京地铁已达地下三层，除在青函海底隧道的中部设置了车站外，还建设了博物馆。

(6) 更新结构形式。计算理论和计算手段的进步以及新材料和新工艺的出现，为结构形式的革新提供了有利条件。空间结构将得到更广泛的应用，不同受力形式的结构融为一体，结构形式将更趋于合理和安全。

(7) 寻找新能源和能源多极化。能源问题是当前世界各国极为关注的问题，寻找新的替代能源和能源多极化的要求是 21 世纪人类必须解决的重大课题。这也对土木工程提出了新的要求，应当予以足够的重视。此外，由于我国是一个发展中国家，经济还不发达，基础设施还远远不能满足人民生活和国民经济可持续发展的要求，所以在基本建设方面还有许多工作要做。并且在土木工程的各项专业活动中，都应考虑可持续发展。这些专业活动包括建筑物、公路、铁路、桥梁、机场等工程的建设，海洋、水、能源的利用以及废弃物的处理等。

综上所述，现代土木工程不断地为人类社会创造崭新的物质环境，成为人类社会现代文明的重要组成部分。今后的土木工程的材料向多功能、智能化发展；工程项目趋大、全、新，并向太空、海洋、荒漠开拓 ；工程规划设计科学化、自动化；施工建造精细化、工厂化；工程的规划建设要保证可持续发展要求，让土木工程不断地造福于人民。

1.2 土木工程建筑的作用与可持续发展

1.2.1 土木工程建筑的作用

土木工程是一个国家的基础产业和支柱产业，与人类的生活、生产乃至生存息息相关，密不可分，目前已经取得了巨大的成就，未来的土木工程将在人们的生活中占据更重要的地位。土木工程建筑的发展，代表着一个地区在一定时期的社会、经济、文化、科学、技术的全貌，具体说，土木工程是社会和科技发展所需要的“衣、食、住、行”的先行官之一。

土木工程建筑(或称工程建筑物)是指用建筑材料建造的一切生产、生活及环境治理方面的工程设施。如房屋建筑、水利工程建筑、交通工程建筑等。工程建筑事业对发展国民经济、提高人民生活水平、加强国防建设等都具有重大意义。一个国家的工程建筑事业是否发达，往往是这个国家国力强弱的重要标志。

(1) 房屋建筑(工业与民用建筑)包括工业厂房、住宅、办公楼、体育馆、商场等多种类型的建筑物。近几十年来，我国的工业与民用房屋建设发展很快，无论从数量还是规模都在不断地创新，极大地改善了人民的生活空间和工作环境。

(2) 水利工程建筑是对自然流域进行控制和改造，是除水害、兴水利，开发、利用和保护水资源的主要手段。它包括拦河坝、拦河闸、溢洪道、水工隧洞、水力发电厂房及水库护岸工程等。

(3) 交通工程建筑是发展我国国民经济和加强国防事业的基础设施。目前，公路、铁路、港口、机场等的建设已四通八达，既方便了人们的出行，又繁荣了经济。

1.2.2 土木工程师的责任和义务

土木工程师担负着房屋、桥梁、道路和水利工程等重要基础设施的规划、勘测、设计、施工、管理和维修的责任和义务，在研究自然规律、获取工程知识的基础上，要用其创造性的劳动成果，为人类社会提供高质量的建筑产品。随着经济的发展和社会的进步，我国将会建造更多规模巨大的工程，这就对土木工程技术提出更高的要求。

1.2.3 土木工程的可持续发展

20 世纪 80 年代提出的“可持续发展”原则，已经被大多数国家和人民所认同。可持续发展是指“既满足当代人的需要，又不对后代人满足其需要的发展构成危害”。土木工程工作者对贯彻这一原则有重大责任。

土木工程经过了几千年的发展，从原始社会的洞穴到今天的摩天大楼，有了奇迹般的进步。但这些土木工程建筑的出现大都对环境有破坏作用，随着人口的不断增长、生态失衡，人类生存环境也逐渐恶化。所以在土木工程的今后发展建设过程中，要贯彻能源消耗、资源利用、环境保护、生态平衡的可持续发展原则。

目前工程材料主要是钢筋、混凝土、木材等，在未来，传统材料将得到改观，一些全新的更加适合建筑的材料将问世，尤其是化学合成材料将推动建筑走向更高点。同时，设计方法的精确化，设计工作的自动化，信息和智能化技术的全面引入，将会使人们有一个更加舒适的居住环境。

土木工程的发展在一定程度上展现出国家的发展水平。而土木工程的发展历程是十分久远的，而且是持久不衰的。直到现在土木工程依然是飞速发展，而且拓展到各个领域。理论的发展、新材料的出现、计算机的应用、高新技术的引入等都将使土木工程有一个新的飞跃。

1.3 土木工程结构类型及结构设计原则

1.3.1 基本构件类型

组成结构的基本单元称为构件，基本构件有板、梁、柱、拱、墙等。这些基本构件可单独作为结构使用，在多数情况下，常组合成多种多样的结构类型。

1．板

板是指平面尺寸较大而厚度较小的受弯构件。通常板水平放置，但有时也斜向设置(如楼梯板)。在建筑工程中一般应用于楼板、屋面板、基础板等。板按受力形式分为单向板和双向板，单向板是指板上的荷载沿一个方向传递到支承构件上的板；双向板是指板上的荷载沿两个方向传递到支承构件上的板。当矩形板为两边支承时为单向板，当有四边支承时为双向板。

2．梁

梁一般指承受垂直于其纵轴方向荷载的线形受弯构件。通常梁水平放置，但有时也斜向设置以满足使用要求(如楼梯梁)。梁的截面高度与跨度之比一般为1/8～1/16，高跨比大于1/4的称为深梁，梁的截面高度通常大于截面宽度，但因工程需要，梁宽大于梁高时，称为扁梁。按梁在结构中的位置不同，可以分为主梁、次梁、连梁、圈梁、过梁等。按梁的截面形状有矩形梁、T形梁、L形梁、槽形梁、空腹梁等。按所用材料分为钢梁、钢筋混凝土梁、预应力钢筋混凝土梁、木梁等。梁按支承方式分为简支梁、悬臂梁和连续梁。

3．柱

柱是承受平行于其纵轴方向荷载的线形构件，它的截面尺寸小于它的高度。柱是工程结构中的主要承受压力，有时也同时承受弯矩的竖向构件。柱按截面形状可分为方柱、圆柱、管柱、矩形柱、工字形柱等。按所用材料分为钢柱、钢筋混凝土柱、石柱、砖柱、砌块柱、木柱、钢管混凝土柱等。

4．拱

拱为曲线结构，其主要特点是在竖向荷载作用下仅产生轴向压力，拱结构广泛应用于拱桥结构，建筑工程中典型应用为砖混结构中的砖砌门窗圆形过梁，也有拱形的大跨度结构。

5．墙

墙是指竖向尺寸的高度与宽度较大，而厚度相对较小的构件，其主要是承受平行于墙体方向荷载的竖向构件，它在重力和竖向荷载作用下主要承受压力，有时也承受弯矩和剪力。墙是建筑物的承重和维护构件，要求具有足够的强度和稳定性，要有保温、隔热、防水、防火、耐久性及经济等性能。按墙的承重情况和使用功能分为承重墙和非承重墙(隔断墙、维护墙、填充墙)。按墙的施工工艺分为预制墙、现浇墙和砌筑墙。

1.3.2 工程结构类型

工程结构是在房屋、桥梁、铁路、水工等工程建筑中，由各种承重构件互相连接而构成的能承受各种作用的平面或空间体系。

工程结构的类型随着建筑材料的更新、各种理论与实践研究及施工技术的进展、人类生产与生活的需要而不断发展。工程结构中常用的结构类型有框架结构、剪力墙结构、筒体结构等。

各种工程结构分类如下：

1．按工程结构构成的形式分类

(1) 实体结构。其结构由实体材料组成，如挡水坝、挡土墙、基础等。

(2) 组合结构。其结构通常由若干个构件连接而成，如房屋、桥梁等。

2．按组成的结构与其所受的外力关系分类

(1) 平面结构。其组成的结构与所受的外力可视为在同一平面之内的结构，如框架结构、剪力墙结构等。

(2) 空间结构。其组成的结构可以承受不在同一平面内的外力，且计算时也按空中受力考虑的结构，如筒体结构等。

3．按工程结构的主要制作材料分类

(1) 混凝土结构。包括素混凝土结构、钢筋混凝土结构和预应力混凝土结构等。

(2) 砌体结构。包括砖结构、石结构和其他材料的砌块结构等。

(3) 钢结构。

(4) 木结构。

1.3.3 结构设计原则

工程结构设计的目的是在工程结构的可靠性与经济效益之间选择一种较佳的平衡，使所建筑的工程结构能满足各种预定功能的要求。

工程结构的可靠性是指在工程的设计基准期内，在正确的使用条件下，工程结构具有的满足预期的安全性、适用性和耐久性等功能的能力。结构的可靠度是结构可靠性的数量化指标，其以概率论为基础，进行定量分析计算。

结构设计的主要内容是：根据工程建筑的使用要求，按可靠、经济、技术先进、便于施工的原则，选择结构类型(结构体系)和制作材料，进行结构布置、结构计算和构造处理，绘制施工图纸和编制概(预)算等。

1.4 土木工程建设的一般程序

土木工程建设项目程序是指一个建设项目从酝酿提出到该项目投入生产或使用的全过程，各阶段建设活动的先后顺序和相互关系科学的程序，国内一般建设项目的程序如下。

1.4.1 工程项目的可行性研究

可行性研究是工程项目的前期工作，目的是对拟建工程项目进行下列全面考察鉴定，论证其是否可行，作为投资决策的依据。可行性研究报告要回答下列问题：①拟建项目在技术上是否可行；②在经济上或社会方面效益是否显著；③需要多少人力物力资源；④需要多少投资；⑤能否和如何筹金；⑥需要多少时间建成。

1.4.2 编制工程项目设计任务书

设计任务书是工程项目的建设大纲，也是确定工程项目建设方案和编制设计文件的主要依据，编制设计任务书的工作要在项目可行性研究得出肯定结论之后进行。任务书要说明项目建设的目的、依据、规模、地点、占地面积、工程地质条件、环境保护要求、建设资金来源、投资总额、经济效益指标、建设工期等方面的情况。在设计任务书获得主管批准后，该项目即告成立，简称“立项”。工程立项之后，即可进行工程勘察。

1.4.3 工程勘察

工程勘察包括工程测量和工程地质勘察。

1．工程测量

工程测量包括平面控制测量、高程测量、地形测量、摄影测量、线路测量和绘图复制等工作。其任务是为建设项目的选址(选线)、设计和施工提供有关地形地貌的科学依据。

2．工程地质勘察

工程地质勘察是为了提供建设项目选址、设计方面所需要的地质资料，一般分为四个阶段，即选址(选线)勘察阶段、初步勘察阶段、详细勘察阶段和施工勘察阶段。

选址勘察阶段应对拟选建筑物的场地(线路)的稳定性和适宜性做出工程地质评价，说明是否符合确定场地(线路)方案的要求。初步勘察阶段应对场地建筑地段的稳定性做出评价，并为确定工程建筑总平面布置提供地质资料，以满足初步设计要求。详细勘察阶段以初步设计的总平面布置图为依据，对建筑物地基做出工程地质评价，并为地基基础设计、地基处理与加固和不良地质条件的防治工程提供地质资料，以满足施工图设计要求。施工勘察阶段应满足深基础、地基处理加固的设计与施工的特殊要求。

1.4.4 工程设计

设计是项目建设的重要环节，在工程项目的选址和任务书已确定的条件下，建设项目设计的水平取决于各项技术指标是否先进，是否经济合理，因为设计文件是安排建设计划和组织施工的主要依据。一般中小型工程项目的设计工作可分为初步设计和施工图设计两个阶段，对技术复杂而又缺少经验的项目，经主管部门同意，要增加技术设计阶段，对一些大型联合企业、矿区和水利水电枢纽，为解决总体部署和开发问题，还需要规划设计或总体设计阶段。市镇的新建、扩建和改建规划以及住宅区、商业区的规划也属于总体设计范围。

1.4.5 工程施工

工程施工阶段是建设计划付诸实施的决定性阶段，任务是把设计图纸变成物质产品，如厂房、住宅、铁道、桥梁、拦河坝、水电站等，使预期的生产能力或使用功能得以实现。工程施工任务包括施工现场的准备工作、永久性工程的土木建筑施工、设备安装以及绿化工程等。

1.4.6 竣工验收

施工单位在完成工程项目的土建施工、设备安装任务之后，即应向建设单位送交竣工图纸，并要求建设单位验收。竣工验收是为了检察竣工项目是否符合设计要求而进行的一项工作，是全面考核建设成本、检验设计和施工质量的重要步骤，也是项目由建设转入使用的重要标志。通过竣工验收可以检查项目实际形成的生产能力或效益，也可以避免项目建成后继续消耗建设费用。

正式验收前，一般由建设单位申请上级主管部门主持，组织设计单位、施工单位、投资等部门的代表及同行专家参加验收，验收要按国家有关规定进行。

验收合格后，由建设单位将工程交付使用部门，并同时办理财产交付手续。此后，工程即可正式投入使用。

从上述的工程建设程序可见，一项工程的建设涉及多种技术学科。要使工程的整体效果达到安全、适用、耐久、美观和经济的目标，必须重视勘察、设计和施工的紧密配合，尤其要重视选址和总体规化设计阶段的工作，它对工程的项目的安全性和经济性有重大影响。

复习思考题

1. 土木工程的概念是什么？
2. 土木工程建筑范围与作用是什么？
3. 什么是工程结构？它包括哪些类型？
4. 工程结构设计的原则是什么？
5. 现代土木工程的特点以及发展趋势是什么？
6. 土木工程建设的一般程序有哪些？

第2章 民用建筑

建筑是指建筑物和构筑物的总称。建筑物可分为民用建筑和工业建筑，前者主要包括住宅、体育馆、商场、教学楼、工业厂房等，是为了满足人类社会的需要，利用所掌握的物质技术手段，在科学规律和美学法则的支配下，通过对空间的限定、组织而创造的人为的社会生活环境；后者主要包括水塔、灯塔、烟囱等，是指人们一般不直接在内进行生产和生活的建筑。

2.1 民用建筑的发展

2.1.1 木结构建筑

中国是最早应用木结构的国家之一。公元前 2 世纪的汉代就已经形成了以抬梁式和穿斗式为代表的木结构体系。浙江余姚河姆渡新石器时代遗址发现的干阑式——木桩木板木柱梁结构是我国最早采用榫卯技术构筑的木结构房屋。18 世纪末，木柱体系逐渐被砖墙支撑木桁架体系代替。我国古代大量宫殿、庙宇、民居建筑均采用木结构，如山西应县木塔(图 2-1)、武当山紫霄殿、岳阳楼以及故宫太和殿(图 2-2)等。此外，木结构也广泛应用于我国桥梁建筑中，青海木里桥、湖南新宁桥以及福建东关桥(图 2-3)都是典型代表。古代常见的木结构形式如图 2-4 所示。

图 2-1 山西应县木塔

图 2-2 北京故宫太和殿

图 2-3 福建东关桥

建国初期，木结构在房屋中占有相当的比重。到 20 世纪 80 年代，由于原材料短缺，木结构在我国的应用一度中断近 20 年。2000 年以后，木结构建筑又开始迅速发展，但目前还大多采用国外成熟的轻型木结构建筑。

汶川地震后，加拿大援建的都江堰向峨小学(2009 年，总建筑面积 5749m^2)(图 2-5)是我国第一个采用全木结构建造的大型公用建筑。自 2010 年开始，木结构住宅在上海发展迅速，比较典型的是金桥碧云青年人才公寓联排别墅(包括 133 栋木结构别墅，总建筑面积达 44270m^2)以及位于朱家角的上上实滨湖城·和墅(包括 81 栋木结构别墅)。2011 年我国首栋 4 层木结构建筑——天津泰达悦海酒店在天津滨海新区建成。而云南玉龙雪山收费站是近年来木结构交通建筑的典范(图 2-6)。

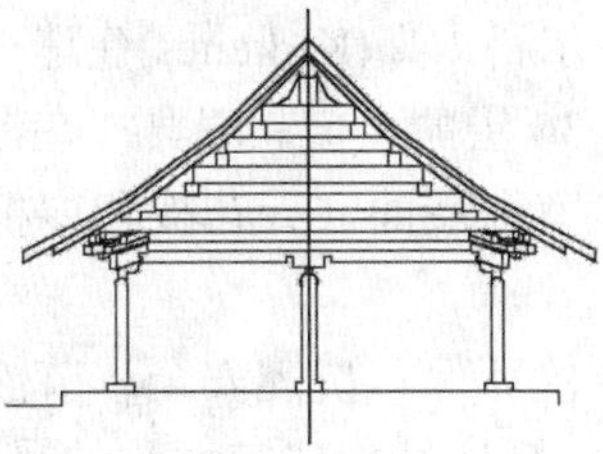

(a)抬梁式木举架

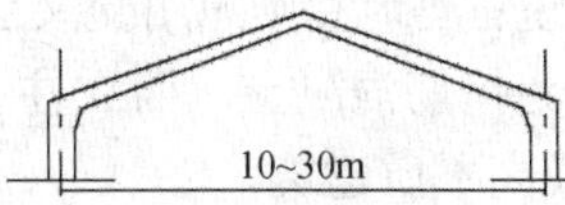

(b)木刚架

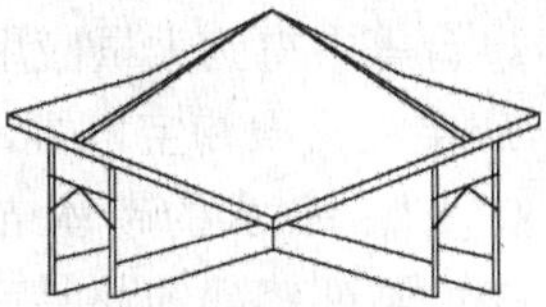

(c)木扭壳（胶合木）

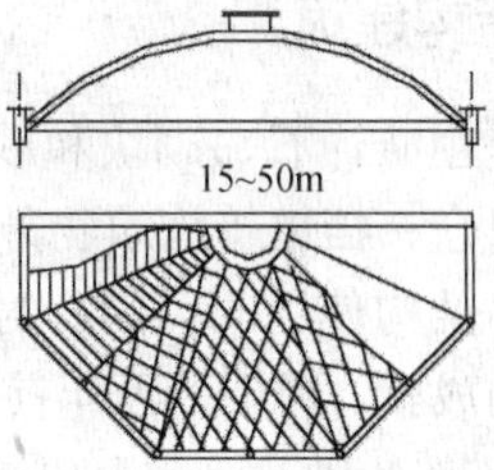

(d)网状围合圆顶

图 2-4　各种木结构示意图

图 2-5　都江堰向峨小学

图 2-6　云南玉龙雪山收费站

木结构建筑在欧美国家的应用可以追溯到几百年前。在北美，约有 85%的多层住宅、95%的低层住宅和 50%的低层商业建筑及公共建筑采用轻型木结构体系；在欧洲，90%的瑞典和芬兰人、48%的苏格兰人的房屋为木结构房屋；在日本，几乎一半以上的建筑是木结构建筑。“M 之波”长野奥林匹克滑冰场(图 2-7)因其外观新颖奇特成为长野奥运会场的标志性建筑。2000 年在德国汉诺威的世界博览会上，展现了大量的木结构场馆，博览会中心广场网状的建筑成为世博会标志建筑之一(图 2-8)。2011 年 4 月，西班牙都市之伞 Metropol Parasol(图 2-9)在古城塞维利亚建成，近 5000m^2 的蜂窝状木制顶棚使其成为世界上规模最大的木结构建筑。

图 2-7　“M 之波”长野奥林匹克滑冰场

图 2-8　汉诺威世界博览会中心广场

图 2-9　西班牙都市之伞 Metropol Parasol

建于芬兰奥卢的圆顶，直径 115m，是欧洲最大的旋切板胶合木结构；美国也建成了直径为 153m、162m 及 208m 的胶合木圆顶；加拿大不列颠哥伦比亚大学地球科学馆(5 层、15000 m^2)是北美最大的人造板木建筑，其可自由浮动的悬臂式实木楼梯，在世界上独一无二。以往木结构建筑主要应用于单层或低层建筑中，但挪威设想在希尔科内斯(Kirkenes)建造一座 16～17 层高的木结构建筑；奥地利则想用交叉层积材建造一座 30 层的大厦。瑞典拟在斯德哥尔摩建造一个核心结构为钢筋混凝土，而立柱和横梁用实木，室内墙面、天花板和窗框全部使用木材的 34 层世界最高木质建筑。

近年来，木结构建筑受到越来越多的关注，其绿色环保、抗震安全、节能保温、得房率高、生产周期短等特点备受肯定，成为与混凝土结构、轻钢结构建筑并称的另一大建筑体系。

2.1.2 砌体结构建筑

砌体结构是由砖、石、砌块和砂浆砌筑而成的，除广泛应用在一般工业与民用建筑以及高塔、烟囱、料仓、挡墙等构筑物外，还在桥梁、涵洞、墩台等中得到大量应用。

中国是砌体结构使用的大国，封建时期建造的寺院、庙宇、宫殿和宝塔等，体现了中国古代砌体结构的成就。两千多万年前建造的万里长城，是世界上最伟大的砌体结构工程之一；秦代修建的都江堰水利工程至今仍然起灌溉的作用(图2-10)；隋朝修建的赵县赵州桥，净跨37.37m，是中国最古老和当时世界上跨径最大的单孔空腹式石拱桥(图2-11)，也是世界上现存的敞肩式拱桥，该桥已被选入世界第十二个土木工程里程碑。始建于南宋嘉定七年的福建漳州虎渡桥，石梁最大跨径达23m，梁宽1.9m，厚约1.7m，重达200吨，是最重的简支石梁桥。建于北魏时期的河南登封嵩岳寺塔，为高40m 的砖砌密檐式单筒体结构(图2-12)；西安大雁塔也为砖砌单筒体结构，高60多米，1200多年来，历经数次地震，仍巍然屹立。河北定县料敌塔高约84m，为砖砌双筒体结构。

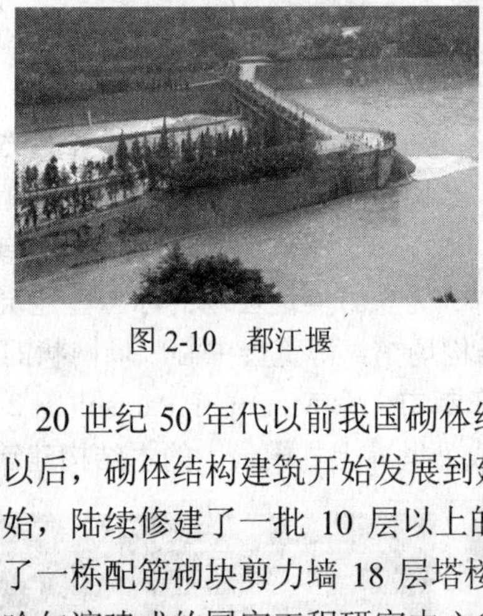

图 2-10　都江堰

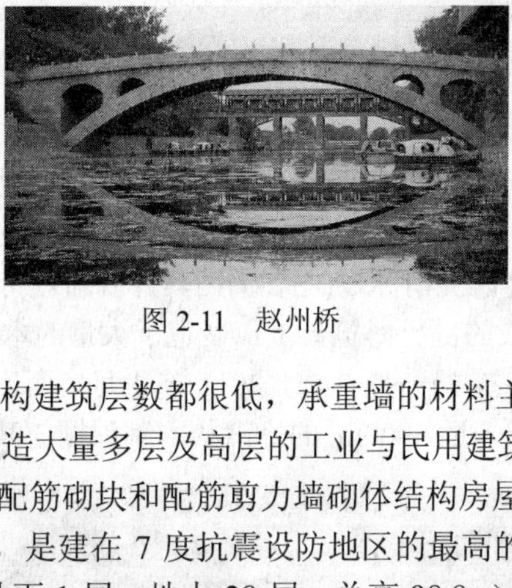

图 2-11　赵州桥

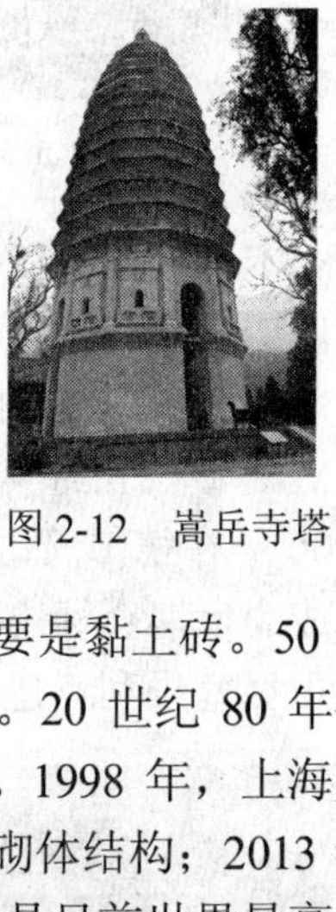

图 2-12　嵩岳寺塔

20 世纪 50 年代以前我国砌体结构建筑层数都很低，承重墙的材料主要是黏土砖。50 年代以后，砌体结构建筑开始发展到建造大量多层及高层的工业与民用建筑。20 世纪 80 年代开始，陆续修建了一批 10 层以上的配筋砌块和配筋剪力墙砌体结构房屋。1998 年，上海建成了一栋配筋砌块剪力墙 18 层塔楼，是建在 7 度抗震设防地区的最高的砌体结构；2013 年在哈尔滨建成的国家工程研究中心(地下 1 层、地上 28 层，总高 98.8m)，是目前世界最高的配筋砌块砌体结构建筑，也是我国首栋高度达 100m 级的配筋砌块砌体结构高层建筑。

砌体结构在国外的应用也具有相当悠久的历史。公元前 2000 多年，利用巨大石块在吉萨建成的金字塔一直保存到现在。其中最大的胡夫金字塔，塔高 146.6m，底边长 230.60m，约用 230 万块重 2.5 吨的石块建成。公元 70—82 年建造的罗马大角斗场(科洛西姆圆形竞技场)平面为椭圆形，分四层，可以容纳 5～8 万观众(图 2-13)。中世纪在欧洲，用加工的天然石和砖砌筑的拱、券、穹窿和圆顶等结构形式得到很大发展。如公元 532—537 年在君士坦丁堡建造的圣索菲亚教堂，东西长 77m，南北长 71.7m，正中是直径 32.6m，高 15m 的穹顶，墙和穹顶都是砖砌(图 2-14)。12—15 世纪西欧以法国为中心的哥特式建筑集中了十字拱、骨架券、二圆心尖拱、尖券等结构形式。

图 2-13　罗马大角斗场

图 2-14　圣索菲亚教堂

20 世纪以前，世界上最高的砌体结构办公建筑是 1891 年在美国芝加哥建成的莫纳德洛克大楼(Monadnock Building)，长 62m，宽 21m，高 16 层，底层承重墙厚 1.8m，一直沿用至今。1957 年瑞士苏黎世采用空心砖建成一幢 19 层塔式住宅，墙厚只有 380mm。英国利物浦皇家教学医院 10 层职工住宅是欧洲最高的半砖厚(102.5mm)薄壁墙。

配筋砌块建筑因其良好的抗震性能，在地震区得到应用与发展。美国在 1933 年大地震后，建造了大量的多层和高层配筋砌体建筑，这些建筑大部分经历了强烈地震的考验。如 1952 年建成的 26 栋 6～13 层的美退伍军人医院、1990 年 5 月在内华达州拉斯维加斯(7 度区)建成的 4 栋 28 层配筋砌块旅馆、美国丹佛市 17 层的“五月市场”公寓和 20 层的派克兰姆塔楼等。

20 世纪 90 年代，瑞士、美国等国越来越多地将后张预应力技术应用于旧房加固、改造、桥梁设计等实际工程，应用实例在瑞士已达 30 多个。1992 年，后张技术成功地用于美国旧金山的一座砌体教堂改造；1994 年，英国建立了世界上第一座后张预应力砌体桥。

2.1.3　高层建筑的发展

世界上第一幢近代高层建筑是建于1886年的美国芝加哥家庭保险公司大楼(Home Insurance)(10层，55 m 高)，这座采用铸铁框架承重的结构，标志着一种区别于传统砌筑结构的新结构体系诞生。从1884年到19世纪末，高层建筑已经发展到采用钢结构，建筑物的高度越过了100 m 大关，1898年建成的纽约 Park Row 大厦(30层，118m)是19世纪世界上最高的建筑(图2-15)。20世纪初，钢结构高层建筑在美国大量建成。1913年57层的伍尔沃思大厦(图2-16)，高度241.4m，保持世界最高纪录达17年，直到77层的克莱斯勒大厦建成。1931年建成的纽约帝国大厦，102层，高381m，成为高层建筑发展第一阶段的典型代表(图2-17)。

图 2-15　纽约 Park Row 大厦

图 2-16　伍尔沃思大厦

图 2-17　纽约帝国大厦

钢筋混凝土的高层建筑于 20 世纪初开始兴建。1903 年，世界上最早的钢筋混凝土高层建筑 Ingalls 大楼在美国辛辛那提市建成(16 层，高 64m)。

从 20 世纪 50 年代初开始到 70 年代，高层建筑层数和高度都有大幅度的突破，而且除了传统的框架、框架—剪力墙和剪力墙体系以外，框架—筒体结构、筒中筒结构和成束筒结构成为突破新高度的主要结构手段。1976 年在芝加哥建成的水塔广场大厦共 74 层，2 层地下室，高度 262m，是世界最高的钢筋混凝土建筑；1972 年两幢纽约世界贸易中心大厦建成(110 层，412m)，采用了筒中筒结构，打破了帝国大厦保持 41 年的纪录。不久，1974 年芝加哥建成世界最高的全钢结构建筑西尔斯大厦(Sears Tower)，采用成束筒结构，110 层，443m，加上天线达 500m(图 2-18)。在 1996 年马来西亚石油大厦(图 2-19)(高 452m，88 层)建成前的 22 年中，它一直是世界最高建筑。

进入 90 年代，美国、日本都在研究设计 500 m 以上高度的建筑。随着层数与高度的增长，钢筋混凝土建筑物已超过 80 层，为减小墙、柱截面尺寸，高强混凝土、钢管混凝土和型钢混凝土都得到了应用。

2003 年 10 月马来西亚石油大厦被中国台北 101 大厦超越，但仍是世界最高的双塔楼。2010 年 1 月，目前世界上最高的建筑——哈利法塔(Burj Khalifa Tower)(原名迪拜塔)竣工，它位于阿拉伯联合酋长国迪拜，162 层，总高 828m(图 2-20)。

图 2-18　西尔斯大厦

图 2-19　马来西亚石油大厦

图 2-20　哈利法塔

我国在 20 世纪 50 年代以前只有极少数的多层及高层民用建筑分布在沿海几个大城市中。1937 在广州建成的爱群大厦，高达 64m，15 层，是当时东南亚第一高楼。建成于 1959 年的北京民族饭店(14 层，高 48.8m)，是我国首座独立设计、建造的高层建筑。60 年代，国内高层建筑最高的是 1968 年建成的广州宾馆(27 层，高 87 m)。70 年代高层建筑的发展加快，先后在北京、广州、上海等城市建起了一批高层建筑。最高的广州白云宾馆已达 33 层，117 m，突破了 100 m 大关。到了 80 年代，高层建筑的高度和层数有了更大的提高，深圳国际贸易中心大厦高 159.5m，地上 50 层，是中国大陆第一座真正意义的摩天大楼(图 2-21)。北京京广中心大厦，53 层，高度达到 208m，采用了钢框架结构。而广州广东国际大厦则是当时最高的钢筋混凝土建筑物，层数为 63 层，高度也达到了 200m。广州中天大厦，80 层，高度为 322m，为筒体结构。1996 年完工的深圳地王大厦(信兴广场)高 69 层，总高度 383.95m，实高 324.8m，是当时亚洲第一高楼。1999 年建成的上海金茂大厦，91 层，建筑高度 420.5m，曾经是中国最高建筑。2008 年 8 月上海环球金融中心建成，地上 101 层，楼高 492m。目前我国在建的高楼，深圳平安国际金融大厦 646m，上海中心大厦 632m，武汉绿地中心 606m，而天津中国

117 大厦，结构高度 597m，是中国结构高度之最。

香港高层建筑在 20 世纪 60～70 年代迅速发展，以钢筋混凝土结构为主，少量采用钢结构。不考虑抗震，以抗风设计为主要目标，一般为 20～40 层。1973 年建成的香港怡和大厦，52 层，高 173.5m，是当时“中华第一高楼”(图 2-22)。1990 年建成的中国银行大厦高达 70 层，315m，天线顶高 367.4m，至今仍显现代，堪称“世界经典之作”。香港环球贸易广场，楼高 490m，共有 118 层，于 2011 年 5 月落成，是目前香港最高的建筑，也是香港唯一能 360° 俯瞰香港景色的地点。

中国台湾的高层建筑多数在 10～20 层。1989 年，36 层高度 143m 的台北国贸中心大厦建成，首次采用了外框筒结构。进入 90 年代，台湾高层建筑有了更快的发展。1993 年，高雄长谷世贸联合国建成，它是 50 层、226m 的塔形建筑，钢框架结构。高雄市东帝士—台建大厦(T.C.大厦)，82 层，331m，钢框架结构。2003 年建成台北 101 大厦，其地下 5 层，地上 101 层，高 508m，曾是世界第一高楼(图 2-23)。

图 2-21　深圳国际贸易中心大厦

图 2-22　香港怡和大厦

图 2-23　台北 101 大厦

2.2　建筑的分类

2.2.1　建筑的分类

建筑的分类一般可从以下几个方面进行划分：

1．按建筑的用途分

(1) 民用建筑。民用建筑是非生产性建筑，主要指满足人们日常生活和工作的各种行政办公、教育、文化娱乐、居住、商业等的建筑，如住宅、学校、商场等。

民用建筑包括居住建筑和公共建筑。居住建筑是指供人们日常居住生活使用的建筑物，包括住宅、别墅、宿舍、公寓等；公用建筑是指供人们进行各种公共活动的建筑，如办公建筑、科研建筑、托幼建筑、商业建筑、医疗建筑、通讯建筑、旅游建筑、体育建筑、纪念建筑、通信建筑、医疗建筑、娱乐建筑等。

(2) 工业建筑。工业建筑是为工业生产服务的各类建筑，也可称为厂房类建筑，如主要生产厂房、辅助生产厂房、动力用厂房、储藏类建筑等。

(3) 农业建筑。农业建筑是指用于农业、牧业生产和加工用的建筑，如温室、畜禽饲养场、粮食与饲料加工站等。

2．按建筑的层数或高度分

建筑层数是房屋的实际层数的控制指标，但多与建筑总高度共同考虑。民用建筑按层数可分为：

(1) 低层建筑：通常指1～2层建筑(住宅为1～3层)。

(2) 多层建筑：通常指3～6层建筑(住宅4～6层为多层，7～9层为中高层)。

(3) 中高层建筑：通常指7～9层建筑。

(4) 高层建筑：常指 10层以上(含10层)的建筑。其中19层以上(含19层)的为一类高层建筑，10～18层为二类高层建筑。建筑高度超过24m的单层主体建筑不能称为高层建筑。

对于公共建筑，超过24m高的为高层建筑，其中超过50m高的为一类高层建筑，24～50m高的为二类高层建筑。

工业建筑可以分为单层工业厂房、多层工业厂房和层次混合的工业厂房。单层工业厂房指主要生产部分为单层，多用于重工业类的生产企业；多层工业厂房指主要生产部分为多层，多用于轻工业类的生产厂房；层次混合的工业厂房多用于化工类的生产厂房。

3．按建筑物主要承重结构材料分

(1) 木结构。木结构是指以木材作房屋承重骨架的建筑。它具有自重轻、构造简单、施工方便等优点，但木材易腐、易燃，且我国森林资源少，目前应用的不多。

(2) 砌体结构。砌体结构是指建筑物的竖向承重构件是用砖、石、砌块等砌筑的墙体或柱，而水平承重构件多为钢筋混凝土浇筑的楼盖或屋盖。由于砌体的抗压强度较高而抗拉强度很低，因此，砌体结构构件主要承受轴心或小偏心压力，而很少受拉或受弯，一般民用和工业建筑的墙、柱和基础都可采用砌体结构。

(3) 钢筋混凝土结构。由钢筋混凝土柱、梁、板等承重的建筑结构是钢筋混凝土结构。这种结构具有坚固耐久、防火和可塑性强等优点，是目前房屋建筑中应用最广泛的一种结构形式。

(4) 钢结构。钢结构是主要承重构件用钢材制作的建筑结构。钢结构力学性能好，强度高、韧性好，便于制作和安装，结构自重轻，适宜在超高层和大跨度建筑中采用。随着我国高层、大跨度建筑的发展，采用钢结构的趋势正在增长。

4．按组成房屋结构类型分

(1)混合结构。房屋的承重结构是由不同材料的构件混合构成，如屋、楼盖采用钢或钢筋混凝土，承重墙体、柱、基础等采用各种砌体或钢筋混凝土等。

(2) 框架结构。由梁和柱为主要承重体系的结构为框架结构。墙体在框架结构中起围护、分隔作用，同时也增强了房屋的空间刚度，但不承重。

(3) 剪力墙结构。剪力墙结构是由纵、横向钢筋混凝土墙组成的结构。这种钢筋混凝土结构不仅能抵抗水平荷载和竖向荷载作用，还对房屋起围护和分隔作用。这种钢筋混凝土建筑侧向刚度大，可以建得很高，适用于高层住宅、旅馆等建筑。

(4) 框架—剪力墙结构。由剪力墙和框架共同承受竖向和水平作用的结构称为框架—剪力墙结构。在这种结构中，剪力墙平面内的侧向刚度比框架的侧向刚度大得多，所以在风荷载或地震作用下产生的剪力主要由剪力墙来承受，一小部分剪力由框架承受，而框架主要承受竖向荷载。

(5) 筒体结构。筒体结构是由钢或钢筋混凝土核心筒和框筒等单元组成的承重结构体系。

这种结构侧向刚度很大，受力特点与一个固定于基础上的筒形悬臂构件相似。当建筑物高度很高，侧向刚度要求很大时，可采用筒中筒、多重筒和成束筒等结构。筒体结构多用于高层或超高层建筑中。

(6) 大跨度建筑或空间结构。横向跨越 30m 以上空间的各类结构属大跨度建筑或者空间结构。在这类结构中，屋盖采用钢网架、悬索或薄壳等。空间结构能更好地发挥材料的力学性能，经济效果好，建筑形象具有一定的表现力，多用于体育馆、大型火车站、航空港等公共建筑中。

2.2.2 建筑分级

建筑物的等级包括耐久等级、耐火等级和工程等级三大部分。

1. 建筑物耐久等级

《民用建筑设计通则》将以主体结构确定的建筑耐久年限分为下列四级：

一级：耐久年限 100 年以上，适用于重要的建筑和高层建筑；

二级：耐久年限 50 ～100 年，适用于一般性建筑；

三级：耐久年限 25 ～50 年，适用于次要的建筑；

四级：耐久年限 15 年以下，适用于临时性建筑。

2. 按建筑物耐火程度分类

建筑物的耐火等级是由建筑物构件的燃烧性能和耐火极限两个方面来决定的。建筑的耐火等级与建筑构件的材料和构造做法有关，取决于该建筑物的层数、建筑长度、建筑面积和使用性质，应由消防检测部门试验检测确定。《建筑设计防火规范》将建筑物的耐火等级分为四级，适用于多层民用建筑和部分工业建筑。

《高层民用建筑设计防火规范》中，按照高层民用建筑的使用性质、火灾危险性、疏散和扑救难度等将其划分为一、二两个等级。一类高层建筑的耐火等级应为一级，二类高层建筑的耐火等级不应低于二级。裙房(与高层建筑相连，高度不超过 24m 的建筑)耐火等级不应低于二级。高层建筑地下室的耐火等级应为一级。

3. 工程等级

建筑物的工程等级以其复杂程度为依据，分特级、一级、二级、三级、四级、五级，见表 2-1。

表 2-1 建筑物的工程等级

工程等级	工程主要特征	工程范围举例
特级	1. 列为国家重点项目或以国际性活动为主的特高级大型公共建筑； 2. 有全国性历史意义或技术要求特别复杂的中小型建筑； 3. 30 层以上的建筑； 4. 高大空间有声、光等特殊要求的建筑物	国家大会堂、国际会议中心、重要历史纪念建筑、国家级图书馆、博物馆、剧院、音乐厅、三级以上人防工程
一级	1. 高级大型建筑； 2. 有地区性历史意义或技术要求复杂的中、小型建筑； 3. 16 层以上、29 层以下或超过 50m 高的公共建筑	高级宾馆、旅游宾馆、高级招待所、别墅、省级展览馆、大中型体育馆、室内游泳馆、候机楼、综合商业大楼、四级人防工程、五级平战结合人防工程

(续)

工程等级	工程主要特征	工程范围举例
二级	1．大中型公共建筑； 2．技术要求较高的中小型建筑； 3．16 层以上、29 层以下的住宅	大专院校教学楼、档案楼、礼堂、电影院、市级图书馆、少年宫、疗养院、报告厅、邮电局、多层综合商场、高级小住宅等
三级	1．中级、中型公共建筑； 2. 7 层(含 7 层)以上 15 层以下有电梯的住宅或框架结构建筑	重点中学、中等专业学校的教学楼、招待所、综合服务楼、一或二层商场、多层食堂、小型车站等
四级	1．一般中小型公共建筑； 2．7 层以下无电梯的住宅、宿舍或砖混结构建筑	一般办公楼、中小学教学楼、单层食堂、消防车库、粮站、阅览室等
五级	一或二层单功能、一般小跨度结构建筑	同本级特征

4．建筑工程抗震设防分类

建筑工程应分为以下四个抗震设防类别：

(1) 特殊设防类。指使用上有特殊设施，涉及国家公共安全的重大建筑工程和地震时可能发生严重次灾害等特别重大灾害后果，需要进行特殊设防的建筑，简称甲类。

(2) 重点设防类。指地震时使用功能不能中断或需尽快恢复的生命线相关建筑，以及地震时可能导致大量人员伤亡等重大灾害后果，需要提高设防标准的建筑，简称乙类。

(3) 标准设防类。指大量的除(1)、(2)、(4)项以外按标准要求进行设防的建筑，简称丙类。

(4) 适度设防类。指使用上人员稀少且震损不致产生次生灾害，允许在一定条件下适度降低要求的建筑，简称丁类。

2.3 民用建筑的组成

不同建筑在使用要求、空间组合、外形处理和规模大小等方面各不相同，但是构成建筑物的主要组成部分是相同的，主要包括基础、墙和柱、楼地层、楼梯、屋顶和门窗等，见图 2-24。

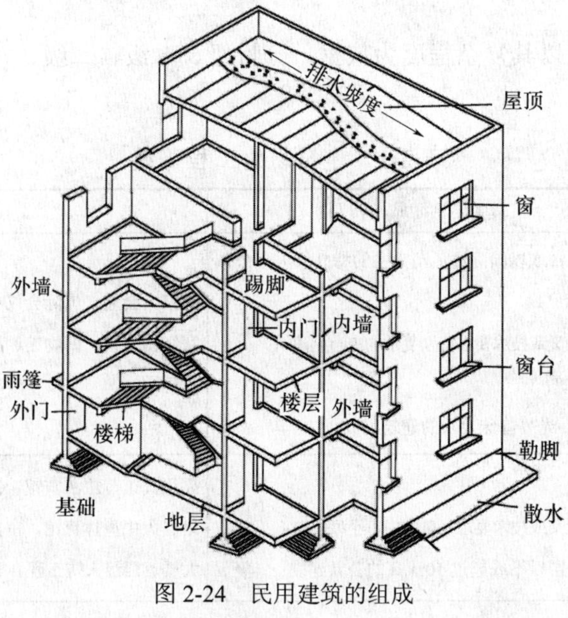

图 2-24 民用建筑的组成

1．基础

基础是建筑物最下部的承重构件，承受建筑物的全部荷载，并把这些荷载传给地基。

2．墙和柱

墙和柱都是建筑物的竖向承重构件，它承受着屋顶和楼板层等传来的荷载，并把这些荷载传给基础。墙体还可作为围护构件，起着分隔空间、保温、隔热、隔声、防火和防水等作用。根据墙的受力情况不同，有承重墙和非承重墙之分。

3．楼层和地层

楼层即楼板层，它是楼房建筑中水平方向的承重构件，同时在竖向将整幢建筑物按层划分为若干部分。楼板层一般由面层、结构层、附加层和顶棚组成，楼板层的结构层为楼板，承受家具、设备和人体等荷载以及本身的自重，并把这些荷载传给墙和柱，再由墙、柱传给基础。楼板层根据所用材料不同，可分为木楼板、钢筋混凝土楼板、压型钢板组合楼板等多种类型。楼板层应具有足够的强度和刚度，一定的隔声、防火、防潮、防水能力，以及满足各种管线设置的要求。

地层，又称地坪，它承受底层房间的使用荷载。地坪层由面层、垫层(结构层)和基层构成。对有特殊要求的地坪层，常在面层与结构层之间增设附加层。作为地层应有一定的承载能力，还应具有防潮、防水、保温的能力以及具备一定的弹性。

4．楼梯、电梯和扶梯

楼梯是楼房建筑中的垂直交通设施，供人和物上下楼层和紧急疏散之用。常见的楼梯形式有直跑楼梯、双跑楼梯、三跑楼梯、交叉楼梯和剪刀楼梯等。

在高层建筑以及某些工厂、医院、商店、旅馆中，为了上下运行的方便、快捷和实际需要，常设有电梯。电梯有载人、载货两大类，除普通乘客电梯外还有医院专用电梯、消防电梯、观光电梯等。

在车站、空港、商场等人流量大的场所，自动扶梯是建筑物层间连续运输效率最高的载客设备。一般自动扶梯均可正、逆方向运行，停机时可做临时楼梯行走。平面布置可单台设置或双台并列。双台并列时往往采取一上一下的方式，利于垂直交通的连续性。

5．屋顶

屋顶是建筑物最上部的承重和围护构件，主要承受建筑物顶部的各种荷载，并将荷载传给墙和柱，同时还抵御自然界中雨、雪、太阳辐射等对建筑物顶层房间的影响。

屋顶由结构层、防水层、保温隔热层等组成。结构层可采用屋架、刚架、梁板等平面结构系统，也可采用薄壳、网架、悬索等空间结构系统。此外，根据屋顶排水坡度的不同，常见的有平屋顶、坡屋顶两大类。

6．门窗

门和窗都是建筑物的非承重构件。门的作用主要是供人们出入和分隔空间，也兼有采光和通风作用。窗的作用主要是采光和通风，有时也有挡风、避雨等围护作用。门窗通常可用木、金属、塑料等材料制作，主要分为木质门窗、塑料门窗、塑钢门窗、玻璃纤维增强塑料门窗、铝合金门窗、铝塑复合节能门窗等。

建筑物中，除了以上基本组成构件外，还有烟道、垃圾井、阳台、雨篷、台阶等其他构件和设施。

2.4 建筑结构上的作用

无论民用建筑还是工业建筑，其建筑结构在使用和施工期间，都要承受各种作用。所谓作用是指使结构或构件产生内力(如轴向力、剪力、弯矩、扭矩等)和变形(如挠度、侧移、裂缝等)的所有原因。

结构上的作用可分为以下几类：

1．按作用随时间变异性分类

(1) 永久作用。在设计使用年限内量值不随时间变化，或其变化值与平均值相比可以忽略的作用。如结构的自重、土压力、预加应力、混凝土收缩及徐变、地基与基础沉降、水的浮力等。

(2) 可变作用。在设计使用年限内量值随时间变化，且其变化值与平均值相比不可以忽略的作用。如楼面活荷载、风荷载、雪荷载、积灰荷载、汽车荷载、温度作用等。

(3) 偶然作用。在设计使用年限内不一定出现，而一旦出现其量值通常都很大且持续时间较短的作用。如可能发生的船舶或漂流物的撞击、爆炸以及地震作用等。

2．按空间位置的不同分类

(1) 固定作用。在结构空间位置上具有固定不变的分布，但其量值可以是不变的，也可以是随机变化的。如工业与民用建筑楼面上的固定设备荷载、屋面上的水箱、结构构件自重等。

(2) 可动作用。在结构上一定范围内可以任意分布的作用，其量值可以是不变的，也可以是随机变化的。如工业与民用建筑楼面上的人员荷载、家具荷载、厂房里的吊车荷载、桥梁上的车辆荷载等。

3．按结构对作用的反应分类

(1) 静态作用。不使结构或构件产生加速度或产生的加速度很小可以忽略的作用称为静态作用。如结构自重、楼面活荷载、土压力、温度变化、屋面积灰荷载和雪荷载等。

(2) 动态作用。使结构或构件产生不可忽略的加速度的作用称为动态作用。如设备振动、作用于高耸结构上的风荷载、爆炸、地震作用和吊车荷载等。

4．按作用的形式分类

(1) 直接作用。以力的形式直接施加在结构上，亦称荷载。如结构自重、楼面活荷载、风荷载等。

(2) 间接作用。以变形形式施加在结构上的作用。如地震、基础沉降、混凝土收缩及温度变化等。

2.5 建筑模数制

为了简化定型构件的类型，使建筑设计标准化、构件生产工厂化、施工机械化，我国制定了《建筑模数协调统一标准》，作为建筑物、建筑构配件、建筑制品及有关设备等尺度相互协调的法则。

建筑模数是选定作为建筑空间、构配件及有关设备尺寸相互间协调的尺寸单位。模数协调中选用的基本尺寸单位称为基本模数，主要用于门窗洞口、建筑物的高层、构配件断面尺寸。我国将基本模数定为 100mm，以 M 来表示，即 1M=100mm。除基本模数外，还有扩大模数和分模数。

扩大模数分水平扩大模数和竖向扩大模数。水平扩大模数的基数为3M、6M、12M、15M、30M、60M，其相应尺寸分别为300mm、600mm、1200mm、1500mm、3000mm、6000mm，适用于建筑物的跨度(进深)、柱距(开间)及建筑制品的尺寸等。竖向扩大模数的基数为3M与6M，其相应尺寸为300mm和600mm。竖向扩大模数主要用于建筑物的高度、层高和门窗洞口等处。其中12M、30M、60M的扩大模数特别适用于大型建筑物的跨度(进深)、柱距(开间)、层高及构配件的尺寸等。

分模数也称“缩小模数”，一般为1/2M、1/5M、1/10M，相应的尺寸为50mm、20mm、10mm。分模数数列主要用于构件间的缝隙、构造节点的细小尺寸、构配件截面及建筑制品的公偏差等。

2.6 结构缝

建筑物由于温度变化、地基不均匀沉降以及地震等因素的影响，使结构内部产生附加应力和变形，处理不当将会造成建筑物的破坏，产生裂缝甚至倒塌。解决的办法，一是加强建筑物的整体性，使之具有足够的强度和整体刚度来抵抗这些破坏力，不产生破裂；二是预先在这些变形敏感部位将结构断开，预留缝隙，以保证各部分建筑物在这些缝隙中有足够的变形宽度而不造成建筑物的破损。这种将建筑物垂直分割开来的预留缝称为结构缝，亦称变形缝。

结构缝主要包括伸缩缝、沉降缝和防震缝。

1. 伸缩缝

建筑构件因受温度变化的影响而产生热胀冷缩，致使建筑物出现不规则破坏，为预防这种情况，常沿建筑物长度方向每隔一定距离或结构变化较大处预留缝隙，这条缝隙即为伸缩缝或温度缝。

伸缩缝要求把建筑物的墙体、楼板层、屋顶等地面以上部分全部断开，基础部分因受温度变化影响较小，不需断开。伸缩缝的最大间距，应根据不同材料的结构而定，为保证伸缩缝两侧的建筑构件能在水平方向自由伸缩。

2. 沉降缝

当建筑物建造在土层性质差别较大的地基上，或因建筑物相邻部分的高度、荷载和结构形式差别较大时，建筑物会出现不均匀的沉降，以致建筑物的某些薄弱部位发生错动开裂。为此在适当位置设置垂直缝隙，把建筑物划分成几个可以自由沉降的单元，这条缝即为沉降缝。

沉降缝与伸缩缝不同之处在于从建筑物基础底面至屋顶全部断开。沉降缝的宽度随地基情况和建筑物高度的不同而不同，一般为50～70mm。沉降缝通常设置在建筑高低、荷载或地基承载力差别很大的各部分之间，以及在新旧建筑的连接处。

3. 防震缝

在地震区，当建筑物立面高差在6m以上，或建筑物平面型体复杂，或建筑物有错层且楼板高差较大，或建筑物各部分的结构刚度、重量相差悬殊时，应设置防震缝。

防震缝应同伸缩缝、沉降缝协调布置，相邻的上部结构完全断开，并留有足够缝隙，一般砌体结构的房屋防震缝宽取50～100mm。

基础一般可不设防震缝，但在平面复杂的建筑物中，当与震动有关的建筑物各相连部分的刚度差别很大时，也需将基础分开。

结构缝除包括伸缩缝、沉降缝和防震缝外，还包括构造缝以及防连续倒塌的分割缝等。除永久性的结构缝外，还应考虑设置施工接槎、后浇带、控制缝等临时性的缝以消除某些暂时性的不利影响。

《混凝土结构设计规范》(GB 50010—2010)中规定了混凝土结构中结构缝的设计要求：

(1) 应根据结构受力特点及建筑尺度、形状、使用功能，合理确定结构缝的位置和构造形式。

(2) 宜控制结构缝的数量，并应采取有效措施减少设缝的不利影响。

(3) 可根据需要设置施工阶段的临时性结构缝。

结构缝的设置应考虑对建筑功能(如装修观感、止水防渗、保温隔声等)、结构传力(如结构布置、构件传力)、构造做法和施工可行性等造成的影响，应遵循“一缝多能”的设计原则，采取有效的构造措施。

2.7 民用建筑的结构类型

2.7.1 混合结构

混合结构房屋是指主要承重构件由不同的材料所组成的房屋，如楼(屋)盖用钢筋混凝土结构(或木结构)、墙体用砖砌体(砌块砌体或石砌体)、基础用砖砌体(或毛石砌体)做成的房屋。

混合结构房屋中，由板、梁、屋架等构件组成的楼盖或屋盖是其水平承重结构，而墙和柱是其主要竖向承重结构。

1．楼、屋盖

梁板结构体系是建筑屋盖、楼盖广泛采用的一种结构形式。

根据楼盖结构形式的不同，可以分为肋梁楼盖、无梁楼盖、密肋楼盖等。肋梁楼盖可分为单向板肋梁楼盖和双向板肋梁楼盖。其主要传力途径为板→梁→柱或墙→基础→地基。肋梁楼盖的特点是用钢量较低，楼板上留洞方便，但支模较复杂。肋梁楼盖是现浇楼盖中使用最普遍的一种。无梁楼盖是指板直接支承于柱上，其传力途径是荷载由板传至柱或墙。无梁楼盖的结构高度小，净空大，支模简单，但用钢量较大，常用于仓库、商店等柱网布置接近方形的建筑。密肋楼盖中，梁肋的间距小，板厚很小，梁高也较肋梁楼盖小，结构自重较轻。

按施工方法不同，混凝土楼盖可分为现浇式楼盖、装配式楼盖和装配整体式楼盖。

按预加应力情况混凝土楼盖可分为钢筋混凝土楼盖和预应力混凝土楼盖。预应力混凝土楼盖用的最普遍的是无粘结预应力混凝土平板楼盖，当柱网尺寸较大时，它可有效减小板厚，降低建筑层高。

2．墙体的布置

多层房屋墙体所承受的荷载分竖向荷载和水平荷载。其中，竖向荷载包括建筑的自重及楼、屋面在房屋使用阶段所受的活荷载；水平荷载在非地震区主要是指风荷载，有时还包括作用在地下室墙体的侧向土压力和水压力。在地震区，房屋还将受到水平及竖向地震作用的影响。

1) 墙体的类型

墙体按受力情况分为承重墙和非承重墙。凡直接承受楼、屋面等上部结构传来荷载，并将荷载传给下层的墙或基础的墙称为承重墙：凡不承受上部荷载的墙称为非承重墙。非承重墙又可分为自承重墙、隔墙、框架填充墙和幕墙。不承受外来荷载，仅承受自身重量并将其传至基础的墙称为自承重墙；起分隔房间的作用，不承受外来荷载，并且自身重量由梁或楼板承担的墙称为隔墙；框架结构中填充在柱子之间的墙称为框架填充墙；悬挂在建筑物外部骨架或楼板间的轻质墙称为幕墙，包括金属幕墙和玻璃幕墙等。外部的填充墙和幕墙不承受上部楼、屋面的荷载，却承受风荷载和地震荷载。

2) 墙体的布置方式

按墙体的承重体系和荷载的传递路线，承重墙体的布置大致分以下几种类型，如图 2-25 所示。

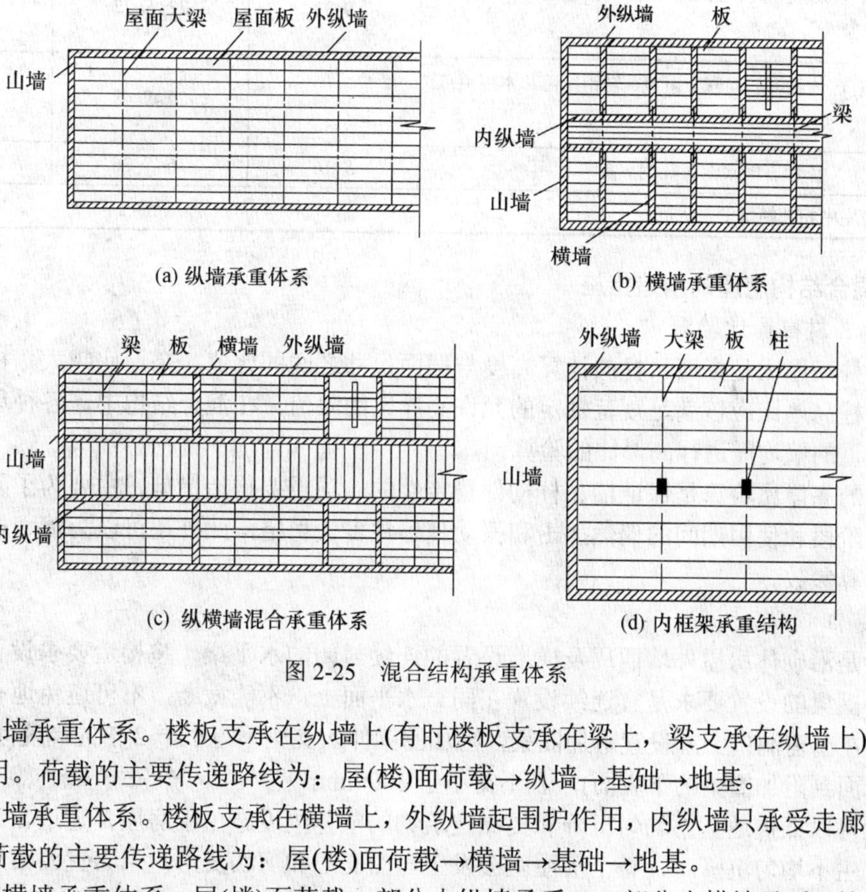

图 2-25 混合结构承重体系

(1) 纵墙承重体系。楼板支承在纵墙上(有时楼板支承在梁上，梁支承在纵墙上)，横墙只起隔断作用。荷载的主要传递路线为：屋(楼)面荷载→纵墙→基础→地基。

(2) 横墙承重体系。楼板支承在横墙上，外纵墙起围护作用，内纵墙只承受走廊传来的部分荷载。荷载的主要传递路线为：屋(楼)面荷载→横墙→基础→地基。

(3) 纵横墙承重体系。屋(楼)面荷载一部分由纵墙承受，一部分由横墙承受。这种承重方案兼有前两种方案的特点，能更好地适应房屋平面变化的需要。

(4) 内框架承重。内框架承重结构指的是房屋内部为框架、房屋四周为砌体的结构，墙和柱都是承重构件。这种结构方案的房屋，一般室内空间较大，但横墙较少，房屋的空间刚度较差。多用于多层工业厂房、仓库和商场等建筑。

3. 混合结构房屋的静力计算方案

混合结构房屋的静力计算，根据房屋的空间工作性能分为刚性方案、刚弹性方案和弹性方案三类。

(1) 弹性计算方案。当山墙(横墙)间距很大时，屋面水平梁的水平刚度较小，楼板处的相对位移值比较大，山墙对墙体中部的计算单元没有多大帮助。

(2) 刚弹性计算方案。当山墙(横墙)间距比较小时，屋面的跨度相对短一些，相应的水平刚度相对较大。楼板处的相对位移比弹性方案小一些。

(3) 刚性构造方案。当山墙(横墙)间距更短时，由于屋面水平梁的水平刚度很大，可以认为屋面没有水平位移。

《砌体结构设计规范》(GB 50003—2011)规定了混合结构房屋静力计算方案划分，如表 2-2 所示。

表 2-2　混合结构房屋静力计算方案

屋盖类别	刚性方案	刚弹性方案	弹性方案
1．整体式、装配整体式和装配式无檩体系钢筋混凝土屋盖或楼盖	$S<32$	$32<S<72$	$S>72$
2．装配式有檩体系钢筋混凝土屋盖、轻钢屋盖和木屋盖或楼板	$S<20$	$20<S<48$	$S>48$
3．冷摊瓦木屋盖和石棉水泥瓦轻钢屋盖	$S<16$	$16<S<36$	$S>36$
注：S 为房屋中相邻横墙的最大间距			

4．混合结构房屋的构造措施

1) 墙、柱高厚比验算

墙、柱高厚比是指墙、柱的计算高度与截面尺寸之间的比值。高厚比越大，构件稳定性越差。墙柱高厚比应该满足规范规定的允许高厚比的限值。在混合结构中，各种承重的墙、柱和非承重的墙均需进行高厚比的验算。

墙柱的高厚比验算是保证墙、柱构件稳定性的一项重要构造措施，主要为了防止施工偏差、施工阶段和使用期间的偶然撞击和振动使墙柱丧失稳定，此外还可以为墙、柱承载力计算确定计算参数。

2) 圈梁

圈梁是沿砌体房屋外墙四周及横墙设置的连续封闭的水平梁，按构造要求设置，不需进行计算。圈梁的设置要求是宜连续设置在同一水平面上，不能截断，不可避免地有门窗洞口堵截时，在门窗洞口上方设置附加圈梁，附加圈梁伸入支座不得小于 2 倍的高度(为被堵截圈梁的上表面到附加圈梁的下表面)，且不得小于 1000mm。

圈梁可以抵抗地基不均匀沉降和提高建筑物的整体刚度。由于房屋是建造在地基上的，当地基产生不均匀沉降时，整个房屋就会发生弯曲变形和剪切变形，当布置圈梁后，圈梁就犹如钢筋混凝土受弯构件中的受拉钢筋一样发挥作用，即承受由于地基不均匀沉降等因素在墙体中引起的弯曲应力，在一定程度上防止或减轻了墙体的裂缝，这是圈梁的主要作用。其次，圈梁还能加强纵、横墙的联系，增强房屋的空间刚度和整体性，对抵抗震动荷载和传递水平荷载有良好的作用。此外，圈梁还可起水平箍筋的作用，可减小墙、柱的压屈长度，提高墙、柱的稳定性等。

3) 钢筋混凝土构造柱

为提高多层砌体结构的抗震性能，规范要求应在房屋的墙体中的适宜部位设置钢筋混凝土柱并与圈梁连接，共同加强建筑物的稳定性。这种钢筋混凝土柱通常被称为构造柱。构造柱主要不是承担竖向荷载，而是抗剪、抗震等横向荷载，一般不进行计算而仅按构造要求配筋。

构造柱通常设置在楼梯间的休息平台处、纵横墙交接处、墙的转角处等。为提高砌体结构的承载能力或稳定性而又不增大截面尺寸，墙中的构造柱也可能按需要设置在墙体的中间部位。从施工角度讲，构造柱要与圈梁、地梁、基础梁整体浇筑，与墙体有水平拉结筋连接(见图 2-26)。在砌体结构中设置与圈梁连接的构造柱，不仅可以增强砌体结构的抗震性能，控制墙体的裂缝产生，还能增强砌体的强度。

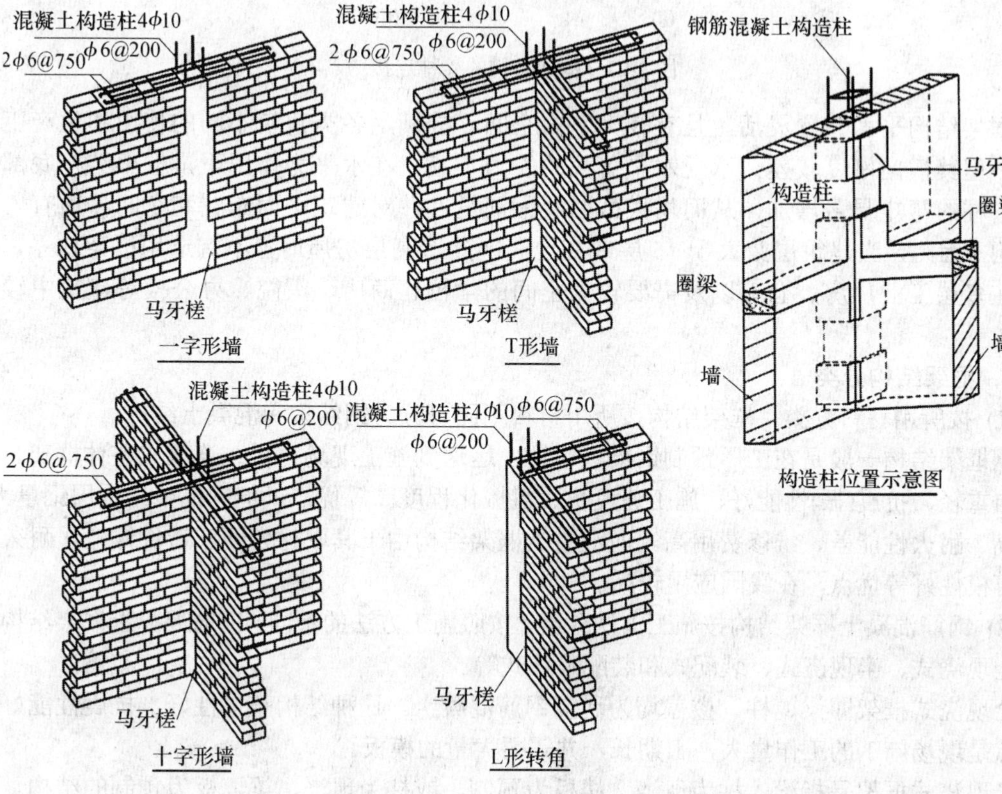

图 2-26　构造柱与墙体拉结示意图

在砌体结构中，如砌体采用空心砌块砌筑，即便墙体不是配筋砌体，也应该在对应砖墙设构造柱的位置将若干相邻的砌块的孔洞中插入钢筋，再灌入流态混凝土，使之成为钢筋混凝土芯柱，用以代替构造柱。

此外，在混合结构房屋中，也应该按照《砌体结构设计规范》的规定设置相应的结构缝(伸缩缝、沉降缝等)。

2.7.2　框架结构

1．框架结构的组成和特点

框架结构是由梁和柱连接而成的一种矩形网格结构，承受竖向和水平作用。框架梁、柱一般为刚性连接，有时为便于施工或由于其他构造要求，也可将部分节点做成铰节点(见图 2-27)。当梁、柱之间全部为铰接时，也称为多层排架，一般用钢筋混凝土作为主要结构材料。当层数较多、跨度、荷载很大时，也可用钢材作为主要承重骨架。

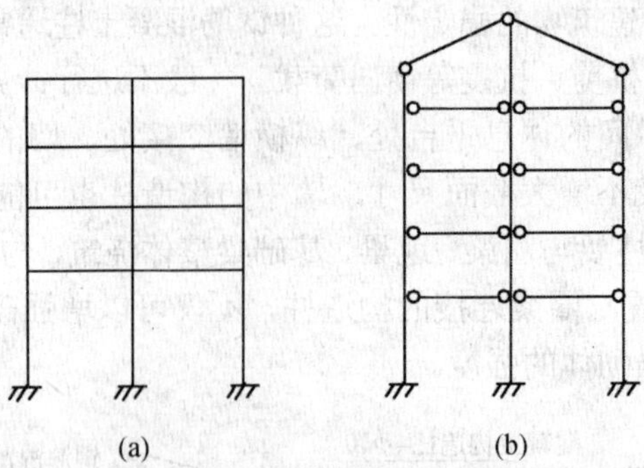

图 2-27　框架结构的梁柱连接

框架结构平面布置灵活，且有较大室内空间，能满足各类建筑不同的使用和生产工艺要求。但其横向刚度较差，承受水平荷载的能力不高，在水平力作用下，框架结构底部各层梁、柱的弯矩显著增加，从而增大截面及配筋量，并对建筑平面布置和空间使用有一定的影响。因此，当建筑层数大于 15 层或在地震区建造高层房屋时，不宜选用框架体系。目前，在多层工业厂房、仓库以及需要较大空间的学校、商店、医院、办公楼等建筑中较多采用。

2．框架结构分类

(1) 按所用材料分类。框架结构按所用材料不同可分为钢结构和混凝土结构。

钢框架结构一般是在工厂预制钢梁、钢柱，运送到施工现场再拼装连接成整体框架。它具有自重轻、抗震(振)性能好、施工速度快、机械化程度高等优点。但钢框架结构用钢量大、造价高、耐火性能差、维修费用高。而混凝土框架结构由于其取材方便、造价低廉、耐久性好及可模性好等优点，在我国应用较广。

(2) 钢筋混凝土框架结构按施工方法分类。按照施工方法的不同，钢筋混凝土框架结构可分为全现浇式、半现浇式、装配式和装配整体式等。

全现浇式框架即梁、柱、楼盖均为现浇钢筋混凝土。这种结构整体性好，抗震性能好，其缺点是现场施工的工作量大，工期长，并需要大量的模板。

半现浇式框架是指梁、柱为现浇，楼板为预制，或柱为现浇，梁、板为预制的结构。由于楼盖采用了预制板，因此可以大大减少现场浇捣混凝土的工作量，同时提高施工效率，降低工程成本。

装配式框架是指梁、柱、楼板均为预制，然后通过焊接拼装成整体框架结构。由于所有构件均为预制，可实现标准化、工业化、机械化生产。但由于在焊接接头处均必须预埋连接件，增加了整个结构的用钢量。装配式框架结构的整体性较差，抗震能力弱。

装配整体式框架是指梁、柱、楼板均为预制，在吊装就位后，焊接或绑扎节点区钢筋，通过浇捣混凝土，形成框架节点，从而将梁、柱及楼板连成整体框架结构。装配整体式框架具有良好的整体性和抗震能力，又可采用预制构件且可省去接头连接件，用钢量少，但节点区现场浇筑混凝土施工复杂是其缺点。

3．框架结构布置

1) 柱网布置

因房屋种类繁多，功能要求各有不同，框架体系柱网尺寸难以统一，可以结合不同的建筑类型选用。图 2-28 为框架结构几种典型的柱网布置。

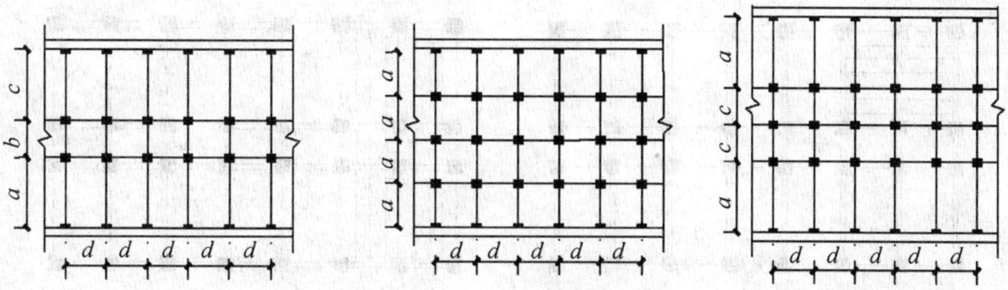

(a) 内廊式　　(b) 等跨式　　(c) 对称不等跨式

图 2-28　框架结构柱网布置形式

(1) 内廊式柱网。常采用对称三跨，边跨跨度 a、c 可为 6m、6.6m、6.9m 等，中间跨为走廊，b 可取 2.4～3m。开间方向柱距 d 可取 3.6～8m。常用在宾馆、办公楼等建筑中。

(2) 等跨式柱网。常用跨度 a 为 6m、7.5m、9m、12m 四种(从经济角度考虑不宜超过 9m，一般最常用为 6m)，开间方向柱距 d 一般为 6m。等跨式柱网适用于厂房、仓库、商店等。

(3) 对称不等跨式柱网。常用的柱网有(5.8+6.2+6.2+5.8)m×6.0m、(7.5+7.5+12.0 +7.5+7.5)m×6.0m、(8.0+12.0+8.0)m×6.0m 等。常用于建筑平面宽度较大的厂房。

除了规整柱网外，还有如图 2-29 所示其他形式的框架柱网布置。

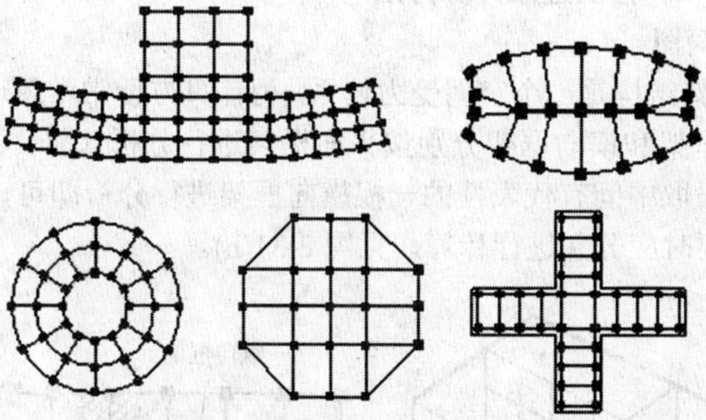

图 2-29　其他框架柱网布置形式

2) 承重框架的布置

沿建筑物长向的称为纵向框架，沿建筑物短向的称为横向框架。按楼板布置方式的不同，框架的布置方案有横向框架承重、纵向框架承重和纵横向框架混合承重等几种。

(1) 横向框架承重方案。这种方案是在横向上布置框架主梁，而在纵向上布置连系梁，如图 2-30(a)所示。横向框架往往跨数较多，所以在纵向仅需按构造要求布置较小的连系梁，这也有利于房屋室内的采光与通风。

(2) 纵向框架承重方案。这种方案是在纵向上布置框架主梁，在横向上布置连系梁，如图 2-30(b)所示。纵向框架承重方案的缺点是房屋的横向刚度较差，进深尺寸受预制板长度的限制。

(3) 纵横向框架混合承重方案。这种方案是在两个方向上均需布置框架主梁以承受楼面荷载，如图 2-30(c)、(d)所示。纵横向框架混合承重方案具有较好的整体工作性能。

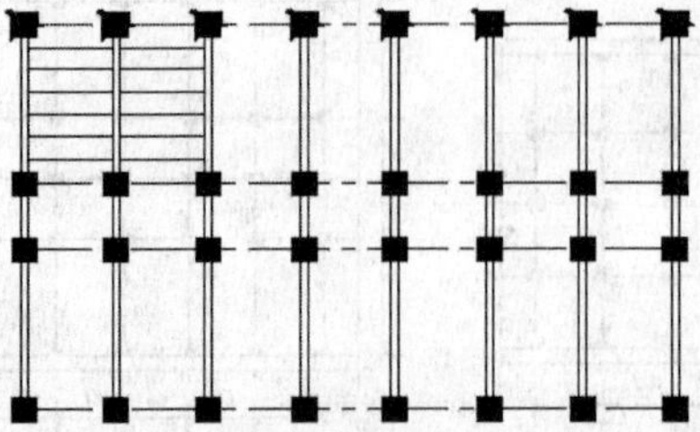

(a) 横向框架承重方案

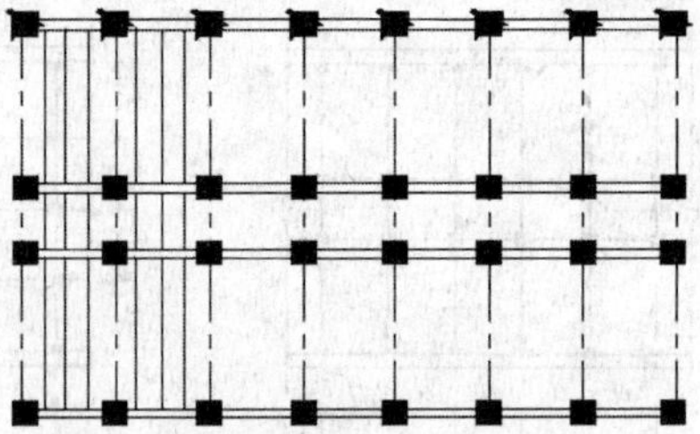

(b) 纵向框架承重方案

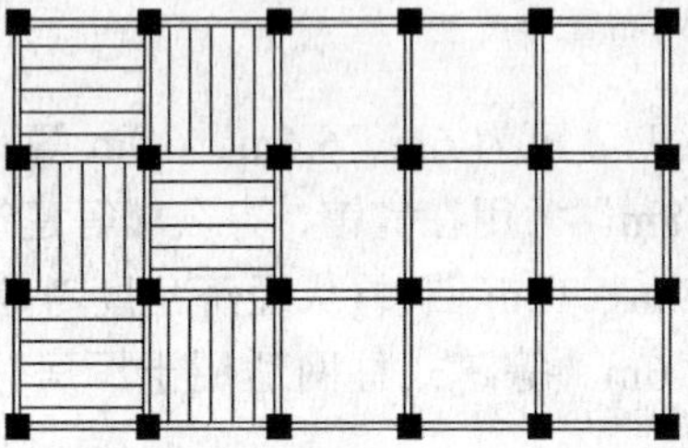

(c) 纵横向框架混合承重方案（装配式楼盖）

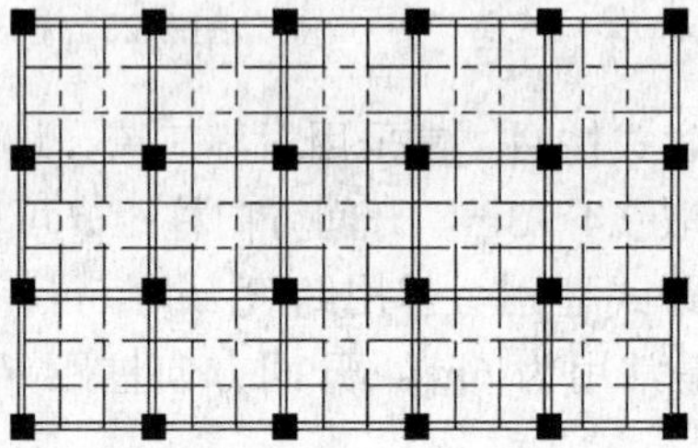

(d) 纵横向框架混合承重方案（现浇式楼盖）

图 2-30　承重框架布置

4. 框架结构内力和侧移的近似计算方法

1) 框架结构计算简图

(1) 计算单元。框架结构是一个空间受力体系，为计算方便常常忽略结构纵向和横向之间的空间联系，将纵向框架和横向框架分别按平面框架进行分析计算，如图 2-31(a)、(c)、(d)所示。结构设计时一般取中间有代表性的一榀横向框架进行分析即可，而作用于纵向框架上的荷载则不相同，必要时应分别进行计算，见图 2-31(b)。

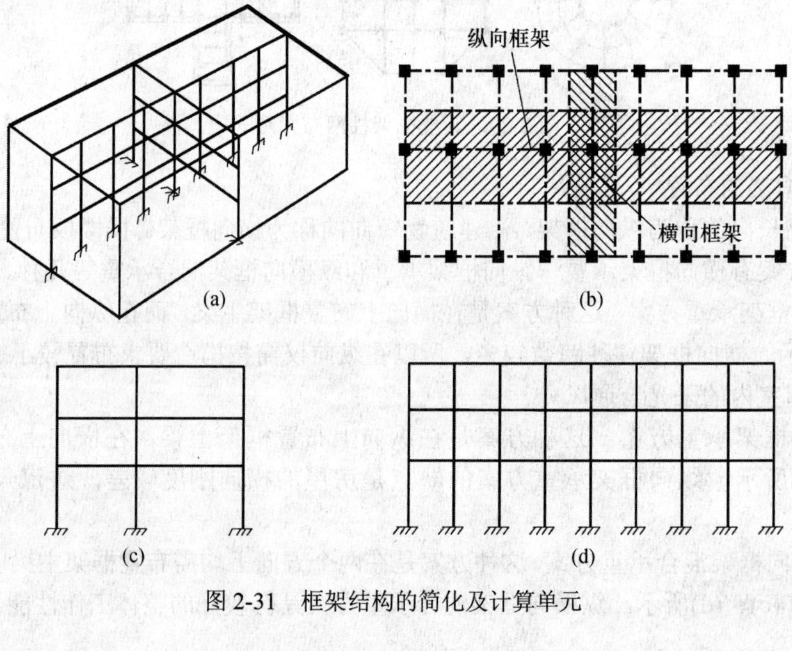

图 2-31　框架结构的简化及计算单元

(2) 荷载的简化。作用于框架结构上的荷载有竖向荷载和水平荷载两种。竖向荷载包括结构自重及楼面活荷载，水平荷载主要为风荷载及地震作用。竖向荷载一般以均布形式分布，因板承受均布荷载，板把荷载传给次梁时，通常认为次梁承受着线荷载，而次梁传至主梁的是集中荷载。作用在墙面上的风荷载，由墙体传到柱或楼盖上，再由柱或楼盖传给框架节点上。所以，水平荷载是以集中力的形式作用在框架上。

2) 竖向作用下框架结构的内力和变形特点

框架结构上承受的荷载，除了结构自重等恒荷载外，还作用着楼面活荷载、雪荷载等活荷载。这些活荷载不一定同时出现，因而计算结构内力时必须找到可能出现的最不利情况。多、高层框架结构可利用分跨计算组合法、最不利荷载位置法、分层组合法及满布荷载法等计算竖向活荷载产生的内力。

通常，多层多跨框架在竖向荷载作用下的侧移不大，可近似地按无侧移框架进行分析，而且当某层梁上作用有竖向荷载时，在该层梁及相邻柱子中产生较大内力，而在其他楼层的梁、柱中所产生的内力很小。因此，在进行竖向荷载作用下的内力分析时，可假定作用在某一层框架梁上的竖向荷载只对本楼层梁相连的框架柱产生弯矩和剪力，而对其他楼层的框架梁和隔层的框架柱都不产生弯矩和剪力。

竖向荷载作用下框架的内力计算采用分层法和二次弯矩分配法。

3) 水平荷载作用下框架结构的内力和变形特点

风或地震对框架结构的水平作用，一般都可简化为作用于框架节点上的水平力。各层节点上的水平力自顶层向下逐层累加得到层间剪力，在层间剪力作用下框架结构各层间要出现相对水平位移，各节点还要发生转动。相对位移和转动角度变化的规律都是越靠近底层越大，各层的剪力也呈现由上向下逐渐变大的趋势。当框架梁的线刚度比柱的线刚度大得较多时，通常就认为梁的刚度为无穷大而不会发生弯曲，框架只能侧移而节点无转动。

水平荷载作用下框架的内力计算一般采用 D 值法进行，其实质是将每层的层间剪力按框架柱的抗推刚度分配到本层的每个柱中。

框架上的节点是剪力和负弯矩相对集中的地方，势必造成节点处钢筋十分拥挤，因而节点处的设计及施工应受到特别的重视，以保证节点的牢固连接和框架的整体刚度。

框架房屋高度增加时，侧向力作用的重要性急剧地增长。建筑物达到一定高度时，侧向位移将很大，控制设计的是水平荷载而不是竖向荷载，是刚度而不是结构材料的强度。因此，当房屋向更高层发展时，应该从提高高层建筑抗侧力刚度方面着手进行设计，而提高抗侧力刚度的有效措施，就是在房屋中设置一些剪力墙。工程实践表明，框架结构的合理层数是 6～15 层，最经济是 10 层左右。而框架的一般高宽比约为 5～7。

2.7.3 剪力墙结构

1. 剪力墙的概念和特点

剪力墙结构是利用建筑物的内、外墙作为承重骨架的一种结构体系。一般房屋的墙体主要承受压力，而剪力墙除了承受竖向压力外，还要承受由水平荷载所引起的剪力和弯矩。所以，习惯上称为“剪力墙”。剪力墙既是承重结构又能起到维护作用。

剪力墙一般是由钢筋混凝土浇筑而成，厚十几厘米至几十厘米。剪力墙结构施工方便，且适用高度范围较大(多层及高层均适用)。

现浇钢筋混凝土剪力墙结构的整体性好，抗侧刚度大，承载力大，在水平作用下侧移小，抗震性能好，在历次大地震中，剪力墙结构破坏较少。但剪力墙的布置受到建筑开间和楼板跨度的限制，墙与墙之间的间距较小，一般为 3～8m，难以满足布置大空间等使用要求。因此，较适合住宅、旅馆等建筑。

2．剪力墙的布置、受力特点和墙体类型

剪力墙一般沿横向、纵向正交布置或沿多轴线斜交布置。一般当采用矩形、T 形、L 形平面时，剪力墙沿纵横两个方向布置；三角形、Y 形平面，剪力墙可沿三个方向布置；多边形、圆形和弧形平面，则可沿环向和径向布置。一般剪力墙结构的剪力墙应沿竖向贯通建筑物的全高，不宜突然取消或中断。

按剪力墙的间距可分为小开间剪力墙结构和大开间剪力墙结构，如图 2-32 所示。小开间剪力墙间距一般为 3.0～3.6m。大开间剪力墙的间距较大，可达 6～8m，墙的数量较少，使用比较灵活，底层墙总截面面积小，墙体耗用材料较少，能充分发挥剪力墙的承载力，结构自重也较小。

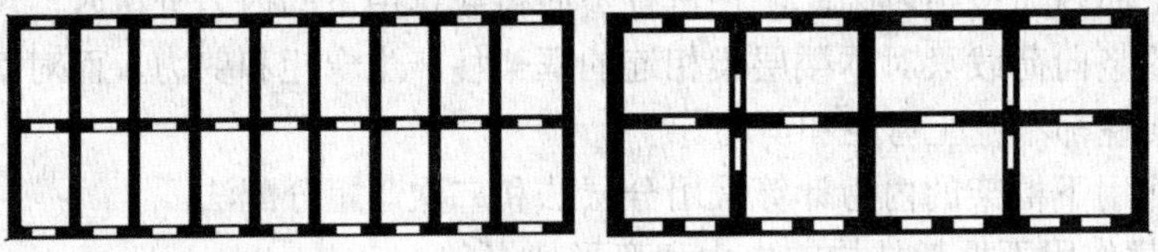

(a) 小开间　　(b) 大开间

图 2-32　普通剪力墙结构

剪力墙在承受平行自身墙面的水平作用时，犹如一根悬臂梁。由于其截面具有较大的抗弯刚度，所以抵抗侧移的能力很高。整个房屋上所承受的水平作用就可按各片剪力墙的刚度进行分配。

为满足使用要求，剪力墙常开有门窗洞口。剪力墙的受力特性与变形状态主要取决于剪力墙上的开洞情况。洞口是否存在，洞口的大小、形状及位置的不同都将影响剪力墙的受力性能。通常把剪力墙开洞后所形成的水平构件和竖向构件分别称为连系梁和墙肢。剪力墙按受力特性的不同主要可分为整体剪力墙、小开口整体剪力墙、双肢墙(多肢墙)和壁式框架等几种类型(图2-33)。不同类型的剪力墙，其相应的受力特点、计算简图和计算方法也不相同，计算其内力和位移时则需采用相应的计算方法。

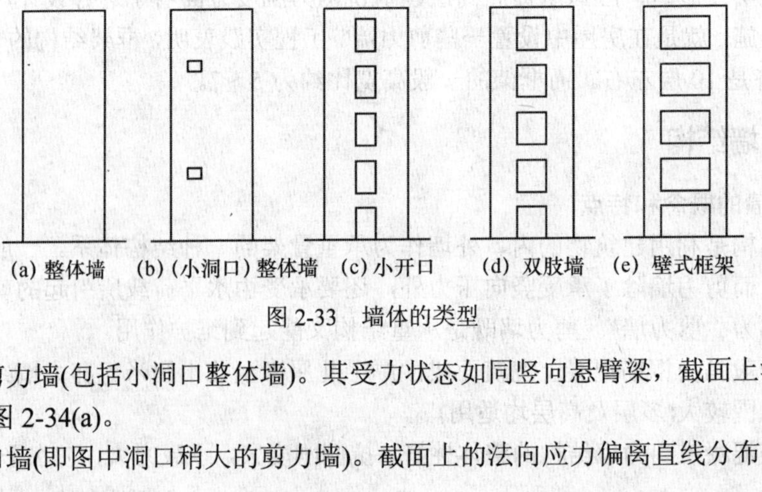

(a) 整体墙　(b)（小洞口）整体墙　(c) 小开口　(d) 双肢墙　(e) 壁式框架

图 2-33　墙体的类型

(1) 整体剪力墙(包括小洞口整体墙)。其受力状态如同竖向悬臂梁，截面上法向应力是线性分布的，见图 2-34(a)。

(2) 小开口墙(即图中洞口稍大的剪力墙)。截面上的法向应力偏离直线分布，应力分布相当于整体弯曲引起的直线分布和局部弯曲应力的叠加，墙肢的局部弯矩不超过总弯矩的15%，且墙肢基本无反弯点，见图2-34(b)。

(3) 双肢剪力墙。双联肢墙(即洞口进一步加大)，连梁的刚度比墙肢的刚度小得多，连梁中部有反弯点，可看成是若干单肢剪力墙由连梁连接而成的剪力墙，见图2-34(c)。

(4) 壁式框架。壁式框架(洞口较大、墙肢截面较小的情况)，墙肢和连梁刚度相差不多，多数墙肢有反弯点，出现明显的局部弯曲，受力特征接近于框架，见图2-34(d)。

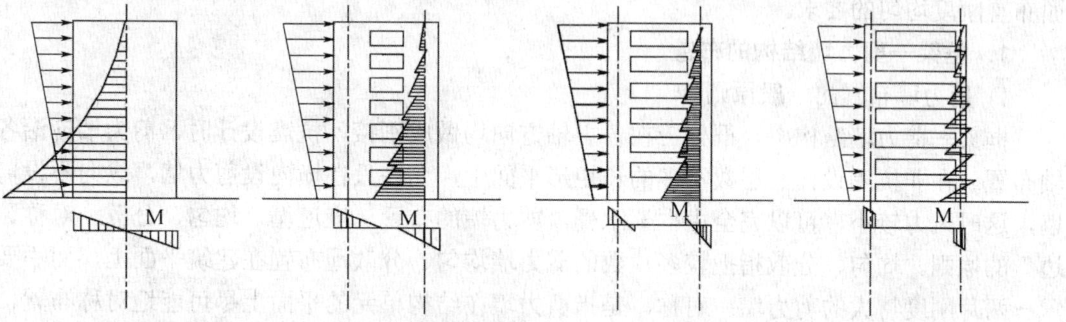

图2-34 剪力墙结构的内力分布特征

在剪力墙结构中，一般外纵墙为壁式框架，山墙为小开口墙或整体墙，内墙为联肢墙或小开口墙。

在多功能的公共建筑中，以及要求下部作商场的公寓住宅建筑中，常常采用上部为剪力墙、下部为柱支承的结构，以扩大底部使用空间的灵活性，这种结构要求荷载从上部剪力墙向下部柱子转换，主要应用于剪力墙结构中(或者框架—剪力墙结构中)，称为底部大空间剪力墙结构(即所谓框支剪力墙结构体系)。

这种结构体系由于以框架代替了若干片剪力墙，故房屋的抗侧力刚度有所削弱，其刚度当然比全剪力墙体系差，不过又比框架—剪力墙体系要好，因为它毕竟还相当于全剪力墙体系的类型。

2.7.4 框架—剪力墙结构

所谓框架—剪力墙结构是把框架和剪力墙两种结构共同结合在一起而形成的结构体系。如果两个方向的剪力墙围成筒体，就形成框架—筒体结构(不是框筒结构)，也属于框架—剪力墙结构，见图2-35。

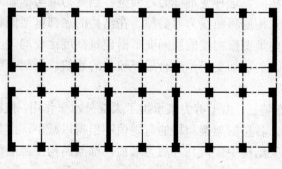

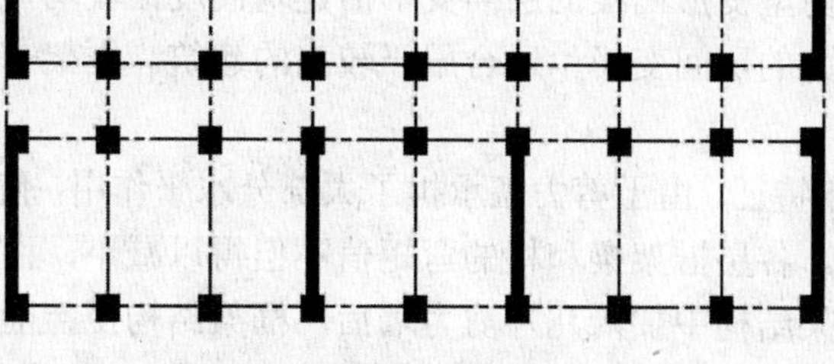

图2-35 框架—剪力墙结构

框架—剪力墙结构房屋的竖向荷载通过楼板分别由框架和剪力墙共同负担，而水平荷载则主要由水平方向刚度较大的剪力墙来承受。这种结构既具有框架结构布置灵活、使用方便的特点，又有较大的刚度和较强的抗震能力，因而广泛地应用于高层办公建筑和旅馆建筑，一般适用于 15～30 层的高层建筑。另外，在 12～15 层范围内，采用框架—剪力墙结构较框架结构更为经济。当建筑物高度增大至 40～50 层，甚至更高时，剪力墙做成筒体更为有效，用多筒体或剪力墙与筒体结合常常可以满足建筑平面为各种几何形状的要求，也容易满足平面布置刚度均匀的要求。

1．框架—剪力墙结构的布置

1) 剪力墙布置的一般原则

框架—剪力墙结构中，框架应在各主轴方向均做成刚接，抗震设计时，剪力墙应沿各主轴布置。在非抗震设计、层数不多的长矩形平面中，允许只在横向设剪力墙，纵向不设剪力墙，这时风力较小，可以完全由框架承受。剪力墙的布置，应遵循“均匀、分散、对称、周边”的原则。均匀、分散指把较多片数的剪力墙均匀、分散地布置在建筑平面上，而不要设置一两片刚度特大的剪力墙；对称，是指剪力墙在结构单元的平面上尽可能地对称布置，使水平力作用线尽量靠近刚度中心，避免产生过大扭转；周边，指剪力墙尽量靠建筑平面外周，以加大其抗扭内力臂，提高其抵抗扭转的能力。

2) 剪力墙布置的位置

框架—剪力墙结构是以剪力墙辅助框架抗侧力的不足。因此，布置剪力墙的数量要适当，如剪力墙布置得太少，将会导致框架负担过重，不仅框架截面和配筋过多，而且房屋的变形尺寸也大；若剪力墙布置得太多，则剪力墙的潜力得不到充分利用而浪费。

一般情况下，剪力墙宜布置在平面的下列部位：

(1) 竖向荷载较大处。增大竖向荷载可以避免墙肢出现偏心受拉的不利受力状况。

(2) 平面变化较大处。在此处用剪力墙加强可以减少角部应力集中的现象。

(3) 楼电梯间。楼电梯间使楼面受大开洞的削弱，宜用剪力墙加强。

(4) 端部附近。在此处布置剪力墙可以增大结构抗扭能力。

在防震缝、伸缩缝两侧一般不同时布置剪力墙。

2．框架—剪力墙结构受力和变形特点

(1) 结构的侧向位移特征。框架与剪力墙的共同工作是超静定结构的一种特殊情况，当它们单独承受侧向荷载时，其侧移曲线截然不同，若考虑框架单独承受全部侧向荷载，框架将产生剪切型的变形曲线。另一方面，若考虑剪力墙单独承受侧向荷载，这时剪力墙的侧移形状与悬臂梁的位移曲线相同，这种变形称为弯曲型。当剪力墙与框架共同工作时，由于二者位移必须协调一致，故结构侧移曲线为弯剪型。在结构的底部框架侧移减小，在结构的上部剪力墙的侧移减小。弯剪型变形曲线的层间变形沿建筑高度比较均匀，既减小了框架也减小了剪力墙单独抵抗水平力的层间变形，适合用于较高的建筑。框架—剪力墙结构的侧向位移曲线见图 2-36。

(2) 结构的内力分布特征。由于剪力墙承担了大部分水平作用，使框架的受力情况和内力分布得到较明显的改善。各层框架梁和柱的弯矩值不但得以减小，而且层与层间弯矩值的差异也显著地缩小。在框架结构中加入几片剪力墙后，框架结构受益匪浅，框架—剪力墙结构的受力特点见图 2-37。

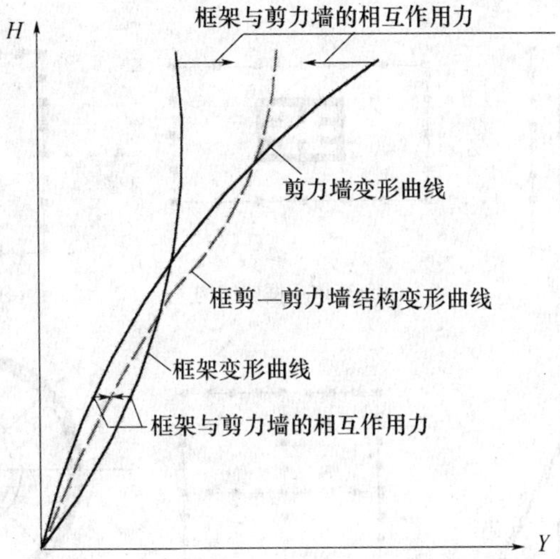

图 2-36　位移曲线

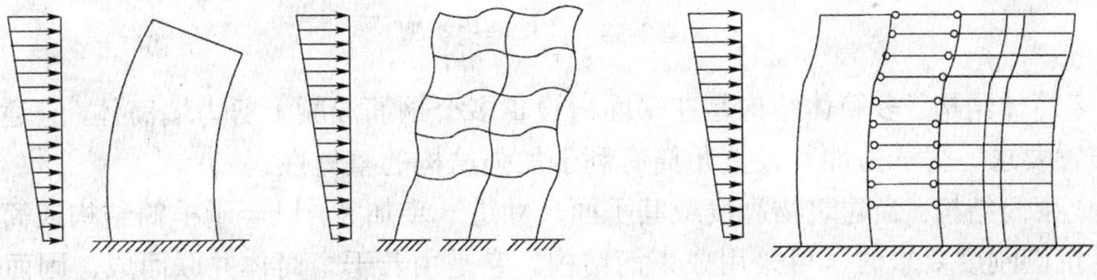

图 2-37　框架—剪力墙结构受力特点

2.7.5　筒体结构及其他结构形式

当建筑物的层数增多、高度加大和设防烈度提高后，以平面结构状态工作的框架、剪力墙所组成的三大常规体系难以满足要求。于是，平面剪力墙可以集中到房屋的内部或外部形成封闭的空间薄壁筒体，它的空间结构体系刚度很大，抗扭性能也好，又因为剪力墙的集中而不妨碍房屋的使用空间，使建筑平面设计重新获得良好的灵活性，所以它最适用于各种高层公共建筑和商业建筑。框架通过减小柱距，形成空间密柱框筒。这些以一个或多个筒体来抵抗水平力的结构即为筒体结构。筒体结构可分单筒、筒中筒体系、桁架筒体系、成束筒体系等。筒体结构多用于高层或超高层公共建筑中。筒体结构形式如图 2-38 所示。

1. 筒体结构形式

(1) 筒中筒结构。筒中筒结构由薄壁内筒和密柱外框筒组成，具有很好的抗风、抗震能力。

在相同的水平荷载作用下，以圆形的侧向刚度和受力性能最佳，矩形最差；在相同的基本风压作用下，圆形平面的风载体形系数和风荷载最小，优点更为明显，矩形平面相对最差；由于正方形和矩形平面的利用率较高，仍具有一定的实用性，但对矩形平面的长宽比需加限制。

(2) 筒体—框架结构。由薄壁内筒和外框架柱组成。以内筒为主抵抗水平荷载，外框架柱柱距大、刚度小，主要承受楼面竖向荷载。

(3) 框筒结构。框筒结构由外框筒和内柱组成。外框筒承受水平荷载，内柱主要承受楼面竖向力。框筒柱距一般在 3m 以内，框筒梁较高，开洞面积一般在 60%以下。

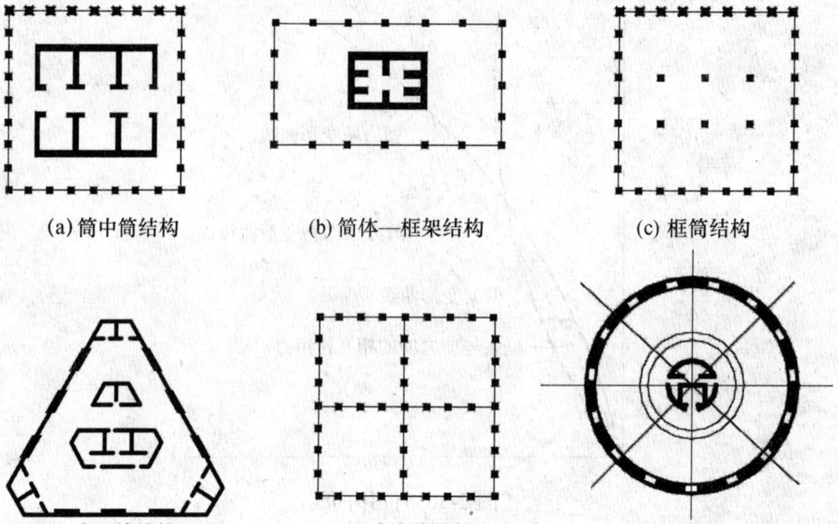

(a) 筒中筒结构　(b) 筒体—框架结构　(c) 框筒结构

(d) 多重筒结构　(e) 成束筒结构　(f) 多筒体结构

图 2-38　筒体结构类型

(4) 多筒体结构。多筒体结构是在平面内设置多个钢筋混凝土剪力墙筒体，它适应于复杂平面的布置要求。另一方面，设置角筒有利于加强结构的整体性。

(5) 成束筒结构。当建筑物高度或其平面尺寸进一步加大，以至于框筒结构或筒中筒结构无法满足抗侧刚度要求时，可采用成束筒结构。它是由若干个筒体并联而成，因而有很大的刚度和很高的强度。

(6) 多重筒结构。筒中筒结构进一步发展即为多重筒结构。在圆形平面建筑中常常采用多重筒结构。

2．高层建筑结构的其他形式

(1) 悬挂式结构。悬挂式结构是以核心筒、刚架和拱等作为主要承重结构，全部楼面均通过钢丝束、吊索牢挂在承重结构上的一种新型结构体系，见图 2-39(a)。这种结构往往具有自重轻、用钢量少、有效面积大等优点。特点是在建筑物的底层形成了较大的、开放的空间，可与周围地面环境连成一体或综合布置，易于满足城市规划的要求。

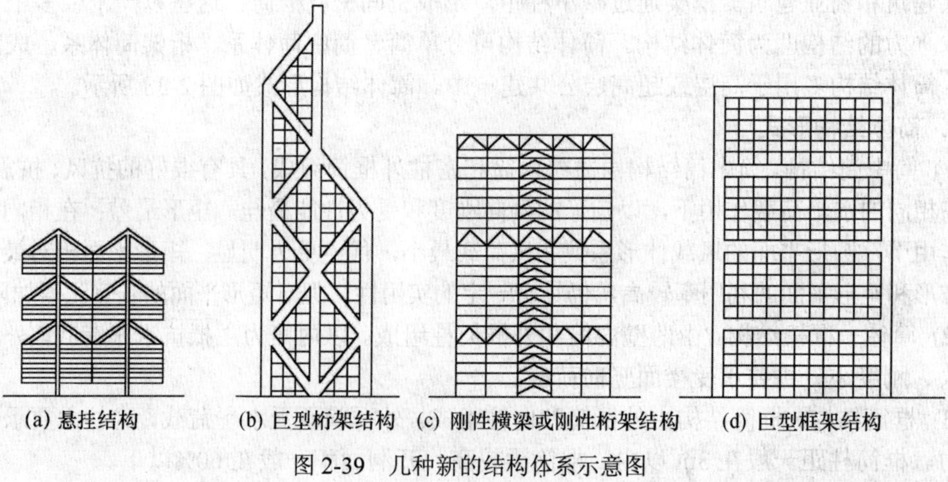

(a) 悬挂结构　(b) 巨型桁架结构　(c) 刚性横梁或刚性桁架结构　(d) 巨型框架结构

图 2-39　几种新的结构体系示意图

(2) 巨型结构。在高层建筑中，通常每隔一定的层数就有一个设备层，因此，可以利用设备层的高度，布置一些强度和刚度都很大的水平构件(桁架或现浇钢筋混凝土大梁)，即形成所谓水平加强层(或称刚性层)的作用。这些水平构件既连接建筑物四周的柱子，又将核心筒和外柱连接起来，由此构成的结构即为巨型结构，见图 2-39(b)、(c)。这些大梁或大型桁架如果与布置在建筑物四周的大型柱子或钢筋混凝土井筒整体连接，便形成具有强大抗侧刚度的巨型框架结构，见图 2-39(d)。这种巨型框架结构也可作为独立的承重结构。在巨型框架构件之间由普通的梁柱构件组成次框架以形成若干层建筑空间，而次框架上的竖向荷载或水平作用力则全部传递给巨型框架。巨型框架结构也为建筑上布置大空间提供了方便。

复习思考题

1. 请说明建筑的分类和分级。

2. 民用建筑是由哪些部分组成的?

3. 何谓建筑模数制?

4. 请问混合结构有哪几种承重体系? 各自的特点是什么?

5. 简述混合结构抗震构造措施。

6. 框架结构的柱网布置形式及结构布置方案有几种?

7. 说明剪力墙结构、框架一剪力墙结构和筒体结构的组成、主要特点和承重构件，结构布置方案有哪些?

8. 结合实际谈谈高层建筑的作用。

第3章　工业建筑

3.1　概　述

3.1.1　工业建筑的分类

工业建筑是人们进行工业生产活动所需要的各种房屋，这些房屋一般又称为厂房。工业建筑的种类很多，一般常按以下几种方法分类。

1．按厂房的用途分

(1) 主要生产厂房。指用于完成主要产品从原料到成品和半成品的整个加工装配过程的厂房，例如机械制造厂的铸造车间、机械加工车间和装配车间等。

(2) 辅助生产厂房。指为主要生产厂房服务的各类厂房，如机械厂的机修车间、工具车间等。

(3) 动力用厂房。指为全厂提供能源和动力的各类厂房，如发电站、变电站、锅炉房、煤气发生站等。

(4) 储藏类建筑。指储藏各种原材料、半成品或成品的仓库，如金属材料库、木料库、成品、半成品仓库等。

(5) 运输用建筑。指主要用于停放、检修各种运输工具的库房，如汽车库、电瓶车库等。

2．按生产状况分

(1) 热加工车间。是指在高温状态下进行生产的车间，这类厂房在生产过程中往往散发大量的热量及烟尘，如炼钢、轧钢、铸造车间等。

(2) 冷加工车间。是指在正常温、湿度条件下生产的车间，如机械加工车间、装配车间等。

(3) 恒温恒湿车间。是指根据产品的特点需要在稳定的温、湿度状态下进行生产的车间，如纺织车间和精密仪器车间等。

(4) 洁净车间。根据产品的要求需在无尘无菌、无污染的高度洁净状况下进行生产的车间，如集成电路车间、药品生产车间等。

(5) 特殊状况的厂房。是指经过特殊的结构、构造处理后能用于特殊生产的厂房。所谓特殊生产主要是指有爆炸可能性，或有大量腐蚀性物质，或有放射性物质产生，或有防微振、高度隔离、防电磁波干扰等特殊要求的生产。

3．按厂房的层数分

(1) 单层厂房。这类厂房是工业建筑的主体，主要适用于生产设备和产品的重量大并采用水平方向运输的工业生产，其广泛应用于机械制造工业、冶金工业、纺织工业等。单层厂房有单跨和多跨之分。多跨大面积厂房在实践中采用的较多，其面积可达数万平方米。

(2) 多层厂房。适用于生产设备和产品较轻并且采用垂直工艺流程的工业生产，如食品、电子、精密仪器以及服装等工业。

(3) 混合层数厂房。在同一厂房内既有单层也有多层的厂房称为混合层数厂房，多用于化工工业和电力工业厂房。

4．按承重构件的材料分

(1) 混合结构厂房。主要由砖柱或带壁柱砖墙和钢筋混凝土大梁或屋架组成，还可以由砖柱和木屋架、轻钢屋架、钢筋混凝土与钢材组合而成的组合屋架组成。混合结构构造简单，但承载能力及抗震性能较差，故仅用于吊车起重量不超过 50kN、跨度不大于 15m、高度不超过 5m 的小型厂房。

(2) 钢筋混凝土结构厂房。柱、屋架或大梁全部用钢筋混凝土制作，一般都采用预制构件，然后经吊装而成，也可采用现浇结构。这种结构坚固耐久，承受荷载的能力强，整体性好，应用广泛。但它自重大，施工复杂，抗震性能不如钢结构。

(3) 钢结构厂房。柱、屋架或大梁全部用钢材制作。这种结构承受荷载的能力强、抗震性较好、构件重量轻、施工速度快，除用于吊车荷载重、高温或振动大的车间以外，对于要求建设速度快、早投产早受益的工业厂房，也可采用钢结构。但钢结构易锈蚀，耐火性较差，使用时应采取相应的防护措施，造价高。

吊车吨位超过 150kN、跨度超过 36m 的大型厂房，通常是用钢筋混凝土柱和钢屋架组成的结构或全钢结构。中等规模的厂房通常用钢筋混凝土柱、屋架或屋面梁组成的钢筋混凝土结构。

5．按厂房结构类型分

(1) 承重墙结构。承重墙一般为砖墙或带壁柱砖墙，水平承重构件为钢筋混凝土屋架、钢木轻型屋架，这种结构构造简单、施工方便，适用于小型没有振动的厂房。

(2) 骨架结构。骨架结构由横向骨架和纵向连系构件所组成。横向骨架主要有排架和刚架两种结构形式，主要由钢材或钢筋混凝土制成的柱、屋架或屋面大梁及基础组成。纵向连系构件是指屋面板(或檩条)、吊车梁、连系梁(或圈梁)、支撑系统等构件。目前在中小型厂房和仓库建筑中广泛应用。

(3) 空间结构。空间结构体系能使建筑材料更合理地发挥其空间工作的受力性能，节约建筑材料，减少结构自重，加大空间跨度，如各种类型的薄壳结构、悬索结构、网架结构等。因此，这类空间结构体系已普遍用于大跨度的工业厂房中。

3.1.2 工业建筑的特点

工业建筑除了要满足适用、安全、经济、美观需求以外，又具有如下特点：

(1) 厂房要满足生产工艺的要求。根据生产工艺的特点，厂房的平面面积及柱网的尺寸较大，可设计成多跨连片的厂房。同时要考虑为工人创造良好的生产环境。

(2) 厂房内一般都有较笨重的机器设备和起重运输设备，要求有较大的敞通空间。厂房结构要能承受较大的静、动荷载以及振动或撞击力。

(3) 厂房在生产过程中会散发大量的余热、烟尘、有害气体，而且噪声较大，故要求有良好的通风和采光。

(4) 厂房屋面面积较大，并常为多跨连片屋面，为满足室内采光、通风的需要，屋盖上往往设有天窗。为了屋面防水、排水的需要，还应设置屋面排水系统(天沟及雨水管)，这些设施均使屋盖构造复杂。

(5) 厂房在生产过程常有大量的原料、半成品、成品等需搬进运出，因此，在设计时应考虑所采用的汽车、火车等运输工具的运行问题等。

(6) 工业生产有时会排放大量腐蚀性液体，因此要求厂房提供快捷畅通的排泄条件，以具备相应抗腐蚀性的能力。

3.2 单层工业厂房结构组成

3.2.1 单层厂房结构的主要构件及其功能

目前，我国单层工业厂房常用的结构体系是装配式钢筋混凝土排架结构，厂房内的构件主要由承重结构和围护结构两大部分组成，见图 3-1。

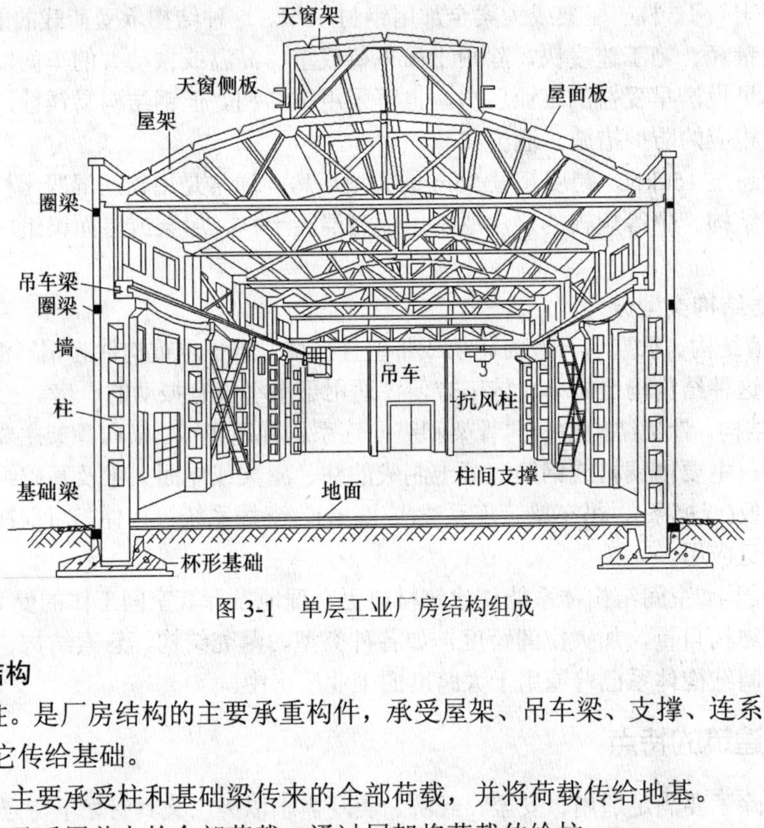

图 3-1 单层工业厂房结构组成

1. 承重结构

(1) 排架柱。是厂房结构的主要承重构件，承受屋架、吊车梁、支撑、连系梁和外墙传来的荷载，并把它传给基础。

(2) 基础。主要承受柱和基础梁传来的全部荷载，并将荷载传给地基。

(3) 屋架。承受屋盖上的全部荷载，通过屋架将荷载传给柱。

(4) 屋面板。铺设在屋架、檩条或天窗架上，直接承受板上的各类荷载，并将荷载传给屋架。

(5) 吊车梁。设置在柱子的牛腿上，承受吊车和起重的重量及运行中所有的荷载，并将其传给柱子。

(6) 基础梁。承受上部墙体重量，并把它传给基础。

(7) 连系梁。它是厂房纵向柱列的水平连系构件，用以增加厂房的纵向刚度，承受风荷载和上部墙体的荷载，并将荷载传给纵向柱列。

(8) 支撑系统构件。分设在屋架之间和纵向柱列之间，用以加强厂房的空间刚度和稳定性，为受压杆件提供侧向支点，承受和传递水平荷载(风荷载、地震作用等)和吊车产生的水平刹车力。

(9) 抗风柱。设置在山墙内侧。当山墙面受到风荷载作用时，一部分荷载由抗风柱上端通过屋顶系统传到厂房纵向骨架上去，一部分荷载由抗风柱直接传给基础。

2．围护构件

(1) 屋面。单层厂房的屋顶面积较大，构造处理复杂，屋面设计应重点解决好防水、排水、保温和隔热等方面的问题。

(2) 外墙。外墙是自承重构件，除承受墙体自重及风荷载外，主要起着防风、防雨、保温、隔热、遮阳和防火等作用。

(3) 门窗。主要供交通运输及采光、通风用。

(4) 地面。主要满足生产及运输要求，并为厂房提供良好的室内劳动环境。

厂房内的所有结构构件及建筑配件均有标准图集，供设计时选用。

3.2.2 单层工业厂房的荷载与受力特点

1．单层厂房的荷载

作用在厂房横向排架结构上的荷载有恒荷载(屋面板自重、屋架自重、天窗架自重、墙自重、柱自重等)、屋面活荷载、雪荷载、积灰荷载、吊车荷载和风荷载等，如图 3-2 所示，除吊车荷载外，其他荷载均取自计算单元范围内。

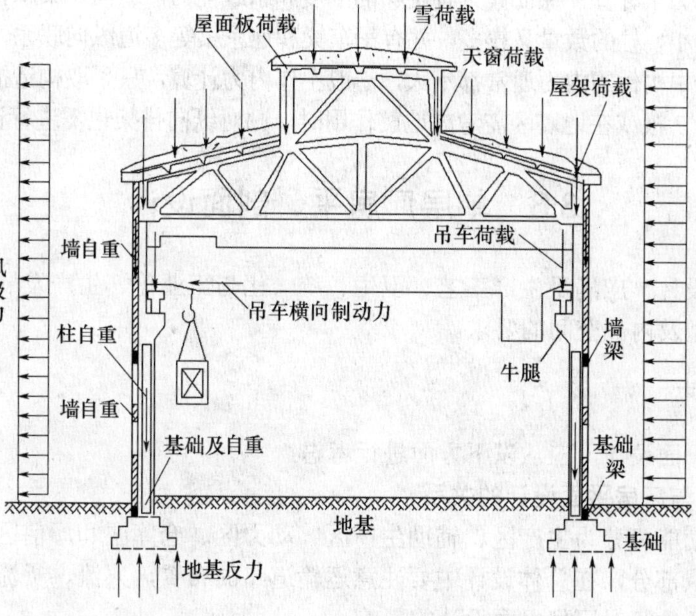

图 3-2　单层厂房结构主要荷载示意图

2．单层工业厂房的受力特点

单层厂房结构是由各种承重构件互相连接而构成的一个空间结构体系，受力十分复杂。目前，在设计中都是将厂房结构沿纵、横两个主轴方向，按两个平面排架结构(横向排架与纵向排架)分别计算，即认为作用于某一平面排架上的荷载，完全由此排架承担，其他结构构件均不受其影响。

(1) 横向排架。横向排架由横向的柱列、屋架(或屋面梁)及柱基所组成。横向排架承担着厂房的主要荷载，包括屋盖荷载(屋盖自重、雪荷载及屋面活荷载等)、吊车荷载(竖向荷载及横向水平荷载)、横向风荷载及纵墙(或墙板)的自重等。作用在这个排架平面的任何荷载，都将通过排架柱传给基础，然后传到地基，如图 3-2 所示。

(2) 纵向排架。纵向排架由纵向的柱列、吊车梁、连系梁、柱间支撑及柱基等构件所组成。纵向排架主要承担纵向水平荷载，例如，作用在山墙和天窗端壁并通过屋盖传来的风荷载和吊车纵向水平荷载等，见图 3-3。

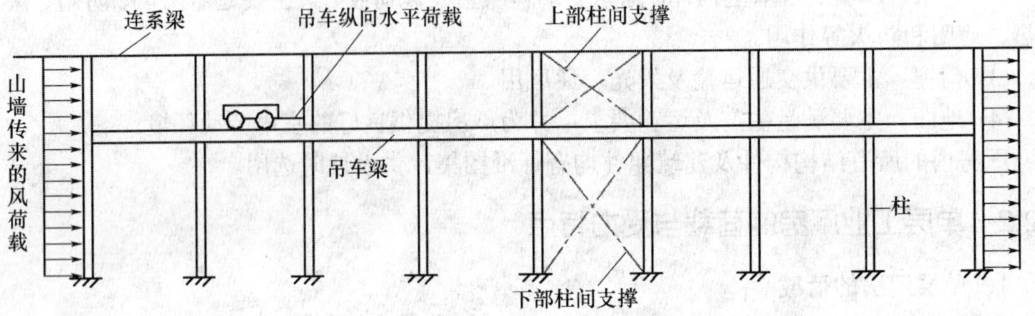

图 3-3　纵向排架受力示意图

横向排架承担着厂房上的大部分主要荷载，而且柱距大，根数少，柱中内力较大，因此必须对其进行力学计算，保证其具有足够的刚度和承载能力。纵向排架承担的荷载较小，纵向柱列的柱距也较小，柱的数量又较多，并有吊车梁和连系梁等多道纵向联系，同时又有柱间支撑，因此纵向排架中构件的内力通常都不大，一般不作内力计算，只采取构造措施。但如果厂房较短，纵向柱少于 7 根或在地震区需考虑地震作用时，则对纵向排架也需进行计算。

3.3　单层厂房平、剖面设计

厂房建筑的设计，应满足生产工艺、卫生、统一化与工业化、生产发展与灵活性以及具有良好的外部造型及内部空间的要求。

3.3.1　平面设计

单层厂房的平面设计，应从以下方面进行考虑：

1．工厂平面与厂房平面设计的关系

工厂平面按功能可分为生产区、辅助生产区、动力区、仓库区和厂前区等。其中生产区是工厂的主要组成部分，在总体设计中要注意运输道路的布置，人流、货流的分布以及工厂所处环境、气象条件等对厂房平面设计的影响。

2．生产工艺流程对平面设计的影响

平面设计主要是根据生产工艺流程对各生产车间和辅助房间进行组合，确定厂房平面形式。以金工装配车间为例，由铸工与锻工车间运来的毛坯和金属材料，在厂房入口处有临时堆放仓库。将材料在机械加工工部加工成零部件后，送入中间仓库或堆场，然后在装配工部进行部件装配、检验、总装配和试验，最后在油漆包装工部进行油漆和包装。在平面设计中，将主要生产工部设在厂房主体中。

根据工艺要求，机械加工和装配工部两个主要生产车间的平面组合形式，决定了厂房的平面形式，一般有以下三种组合，如图 3-4 所示。

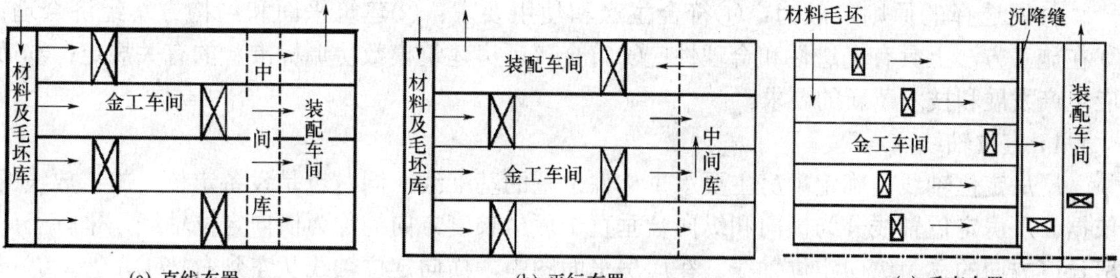

(a) 直线布置　　(b) 平行布置　　(c) 垂直布置

图 3-4　金工装配车间平面组合示意图

(1) 直线布置。将装配工部布置在加工工部的跨间延伸部分。毛坯由厂房一端进入，产品从另一端运出，生产线为直线形，生产路线短捷，连续性好。这种方式适用于规模不大，吊车负荷较轻的车间，见图 3-4(a)。

(2) 平行布置。将加工与装配两个工部布置在互相平行的跨间，零件从加工到装配的运输距离较长，需采用传送装置、平板车或悬挂吊车等越跨运输设备。适用于中、小型车间，见图 3-4(b)。

(3) 垂直布置。加工与装配工部布置在相互垂直的跨间，零件运输路线短捷，但需有越跨的运输设备。结构较复杂，工艺布置和生产运输有优越性，广泛用于大中型车间，见图 3-4(c)。

3．车间内生产特征对厂房平面布置形式的影响

厂房的平面形式除矩形平面外，还有正方形、L 形、槽形和山形等，见图 3-5。

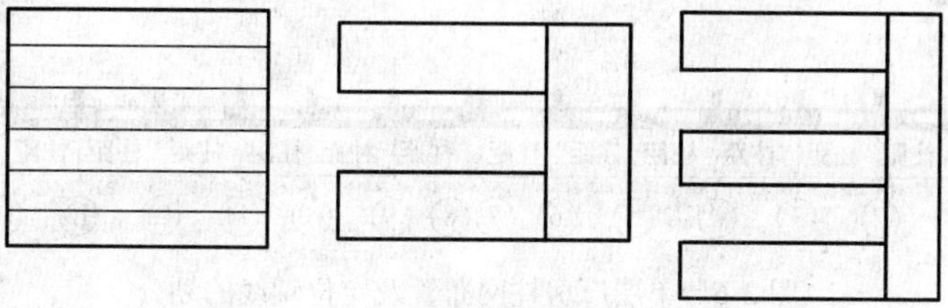

(a) 方形平面　　(b) 匚形平面　　(c) 山形平面

图 3-5　单层厂房的平面布置形式

矩形平面中最简单的是由单跨组成，当生产规模较大、要求厂房面积较多时，常用由多跨组合的矩形平面。它的特点是工段间联系紧密、运输路线短捷、形状规整。适用于冷加工车间和小型的热加工车间，如金工车间、装配车间、中小型锻工车间等。

对于生产过程中散发大量热量、烟尘或其他有害气体的厂房，为了能迅速散热排尘，厂房的平面宽度不宜过大，最好采用长条形。当跨数在 3 跨以下时，可以选用矩形平面，当跨数超过 3 跨时，则需设垂直跨，形成匚形、槽形或山形平面。这些平面形式的特点是厂房各部跨度都不大，在较长的外墙上可开门窗自然通风，以改善室内生产条件。但由于在纵横跨相交处构造复杂，而且由于外墙面积大，增加了投资，室内管线也较长，因而只用于生产中产生大量余热和烟尘的热加工车间。

4．柱网布置

柱在平面上排列所形成的网格称为柱网。柱子纵向定位轴线间的距离称为跨度，横向定位轴线间的距离称为柱距。柱网的选择实际上就是选择厂房的跨度和柱距。

柱网选择的原则一般为：①符合生产和使用要求；②建筑平面和结构方案经济合理；③在施工方法上具有先进性和合理性；④符合《厂房建筑模数协调标准》的有关规定；⑤适应生产发展和技术革新的要求。

1) 定位轴线

厂房定位轴线是确定厂房主要承重构件位置的基准线，同时也是设备定位、施工放线的依据。厂房定位轴线分为横向和纵向，垂直于厂房长度方向的称为横向定位轴线，平行于厂房长度方向的称为纵向定位轴线。在厂房平面图中，横向定位轴线从左到右按①，②，③…顺序编号，纵向定位轴线从下而上按ⒶⒷⒸ…顺序编号，见图 3-6。横向定位轴线用来标注厂房纵向构件如屋面板、吊车梁、连系梁和纵向支撑等的标志尺寸长度，纵向定位轴线用来标注厂房横向构件如屋架或屋面梁的标志尺寸长度。

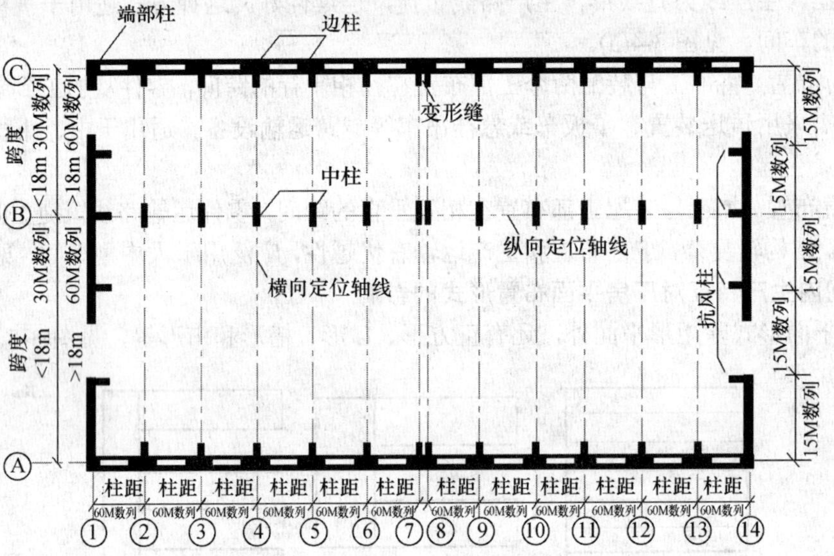

图 3-6　单层厂房柱网布置及定位轴线的划分

2) 厂房跨度尺寸的确定

在柱网中厂房跨度经常是根据设备的大小及其布置情况、物品运输、生产操作及维修所需空间来决定的。此外，为减少厂房构件的尺寸类型，跨度还必须符合《厂房建筑模数协调标准》的规定，跨度不大于 18m 时，应采用扩大模数 30M 数列，即 9m、12m、15m；大于 18m 时，采用扩大模数 60M 数列，即 18m、24m、30m 和 36m。

3) 柱距尺寸的确定

柱距尺寸大小常根据结构方案的技术经济合理性和现实可能性来确定。目前，装配式钢筋混凝土厂房的柱距一般采用扩大模数 60M 数列，常采用 6m。也可以采用扩大柱距，如 12m、18m。因它可增加车间生产面积、使生产工艺等布置灵活，但增加了建筑造价。此外，如有跨越跨度的大型生产设备或运输设备，或设备基础与柱基础发生冲突时，也可扩大柱距。

5．变形缝的设置

变形缝位置的选定要考虑厂房平面各跨间的组合情况。当厂房具有高低平行跨时，纵向伸缩缝最好设在高低跨交接处；当厂房为纵、横跨组合时，由于纵横跨伸缩方向不一致，故在纵横跨交接处也要设置伸缩缝。

在单层厂房中，横向伸缩缝、防震缝处一般是在一个基础上设双柱、双屋架。各柱有各自的基础杯口，这主要是考虑便于柱的吊装就位和固定。横向变形缝处定位轴线的标定采用双轴线处理，各轴线均由吊车梁和屋面板标志尺寸端部通过。两柱中心线各自轴线后退600mm，如图 3-7 所示。

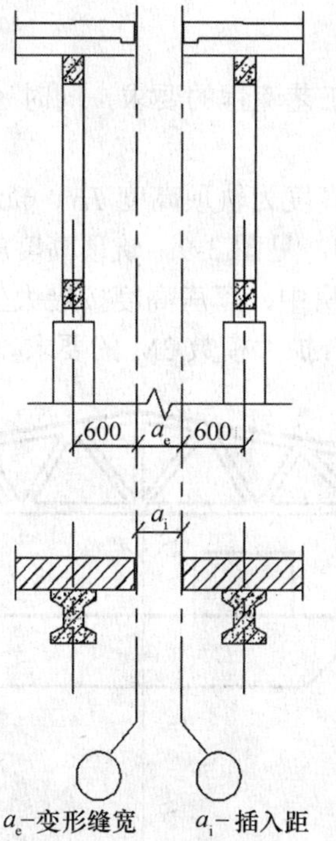

图 3-7　横向伸缩缝

纵向伸缩缝一般采用单柱法。如为等高厂房时，为了便于屋架伸缩，应将伸缩缝两侧的两榀屋架中的一榀搁置在活动支座上，见图 3-8(a)；如果为不等高厂房时，伸缩缝一般应设在高低跨处，低跨的屋架(或屋面梁)应支承在高跨柱外伸牛腿的活动支座上，见图 3-8(b)、(c)。不等高厂

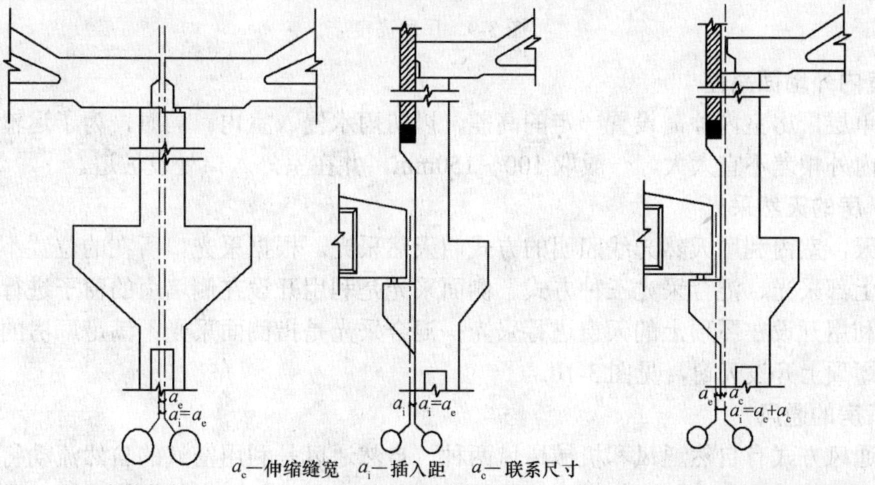

(a) 平行等高跨　(b) 平行不等高跨封闭结合　(c) 平行不等高跨非封闭结合

图 3-8　纵向伸缩缝

房设置纵向伸缩缝时，一般设置在高低跨处，应采用两条定位轴线，二者间的距离为伸缩缝的宽度。高低跨采用单柱处理，结构简单。吊装工程量少，但柱外形较复杂，制作不便。尤其当两侧高度差悬殊或吊车起重量差异较大时往往不甚适宜，这时伸缩缝、防震缝也可结合沉降缝采用双柱结构方案。

3.3.2 剖面设计

厂房的剖面设计应满足生产工艺流程的要求，同时还应考虑采光、通风等问题。

1．厂房高度的确定

在有吊车的厂房中，厂房的高度为轨顶高度 H_1、轨顶到小车顶面的距离 H_2 及小车顶面到屋架下弦的距离 H_3 三部分之和，见图 3-9。轨顶高度应符合《厂房建筑模数协调标准》规定的 6M 的倍数。在无吊车的厂房中，厂房高度按最大生产设备的高度和安装、检修时所需高度两部分之和确定，同时应符合扩大模数 3M 的要求。

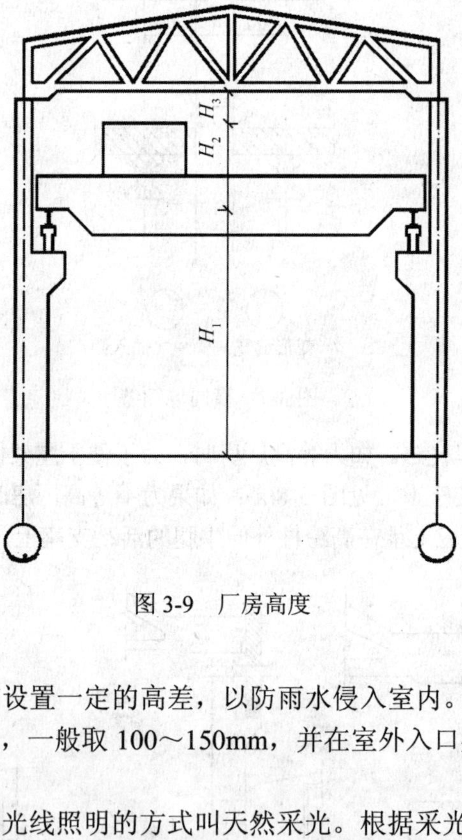

图 3-9　厂房高度

2．室内外地面高差

一般单层厂房室内外需设置一定的高差，以防雨水侵入室内。同时，为了运输车辆出入方便，室内外相差不宜太大，一般取 100～150mm，并在室外入口处设坡道。

3．厂房的天然采光

在白天，室内利用天然光线照明的方式叫天然采光。根据采光口所在的位置不同，有侧面采光、上部采光、混合采光三种方式。侧面采光是利用开设在侧墙上的窗子进行采光；上部采光是利用开设在屋顶上的天窗进行采光；混合采光是指侧面采光不满足厂房的采光要求时，需在屋顶上开设天窗，见图 3-10。

4．厂房的通风

厂房通风方式有自然通风和机械通风两种。自然通风是利用空气的自然流动将室外的空气引入室内，将室内的空气和热量排至室外。这种通风方式与厂房的结构形式、进出风口的位置等因素有关，它受地区气候和建筑物周围环境的影响较大，通风效果不稳定。机械通风

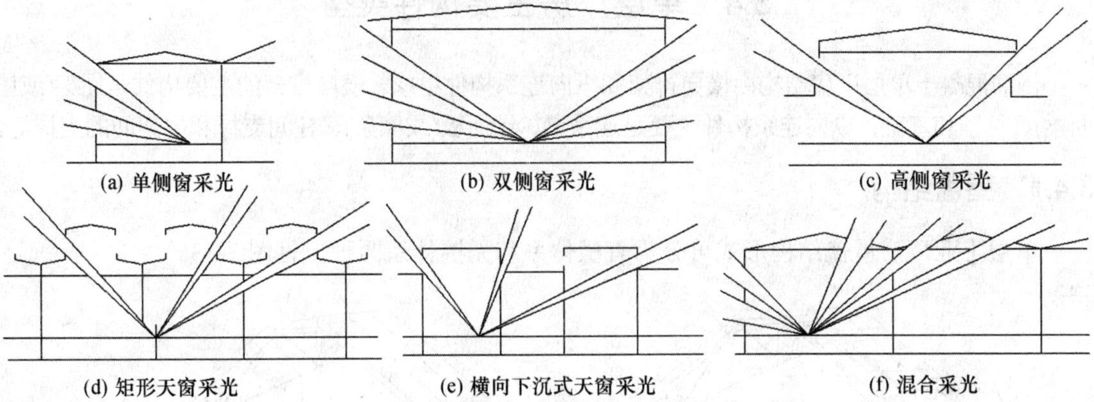

图 3-10　厂房的采光方式

是借助风机，使厂房内部空气流动，达到通风降温的目的。它的通风效果比较稳定，并可根据需要进行调节，但设备费用较高，耗电量较大。在无特殊要求的厂房中，应尽量以自然通风的方式解决厂房通风问题。

厂房中常用的通风天窗的类型主要有矩形通风天窗和下沉式通风天窗，见图 3-11。矩形通风天窗的显著特点是在天窗的两侧设置挡风板以形成负风压区造成拔风效果。

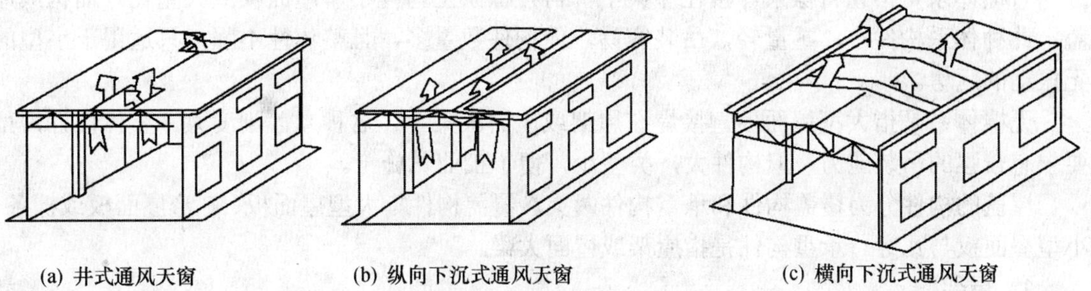

图 3-11　下沉式通风天窗

在我国南方及中部地区，夏季炎热，这些地区的热加工车间，除了采用通风天窗外，外墙还可采取开敞式的形式。开敞式厂房需设置挡雨板，以防止雨水进入室内。开敞式厂房的主要形式见图 3-12。

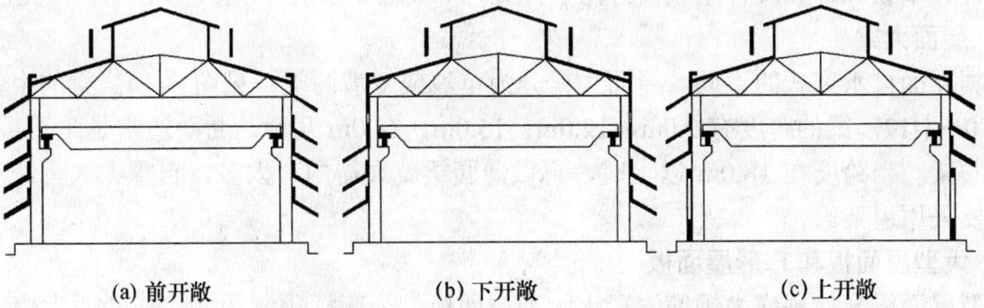

图 3-12　开敞式厂房示意

3.4 单层厂房主要构件类型

钢筋混凝土单层厂房结构由横向排架和纵向连系构件组成。横向排架的主要构件是屋架(或屋面梁)、柱子和基础；纵向连系构件主要是连系梁、屋面板(或檩条)、柱间支撑和屋架间的支撑等。

3.4.1 屋盖结构

单层工业厂房屋盖结构形式可分为有檩体系和无檩体系两种，见图 3-13。

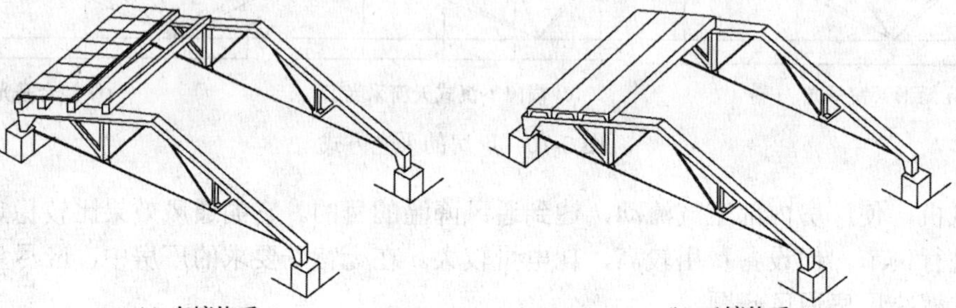
(a) 有檩体系　　(b) 无檩体系

图 3-13　单层工业厂房屋盖结构形式

有檩体系是指先将檩条焊接在屋架上，再在檩条上勾挂小型屋面板或大型瓦片而构成屋盖。此种体系构件小，重量轻，吊装容易，但构件数量多，且整体性不强，只适用于小型的无振动的厂房。

无檩体系是指大型屋面板直接焊在屋架或屋面大梁上。这种屋盖刚度大，整体性好，虽要求有较强的吊装能力，但构件大，类型少，便于工业化施工。

屋盖的构件分为覆盖构件和承重构件两类。覆盖构件指大型屋面板、F 形屋面板或檩条、小型屋面板与瓦等。承重构件是指屋架或屋面大梁。

1．屋架

屋架承受屋面荷载。屋架两端底部和承重柱顶表面设预埋件，电焊后由屋架和柱构成厂房承重骨架。屋架一般为钢筋混凝土现场预制，只有跨度很大的重型车间或高温车间才考虑采用钢屋架。屋架的跨度有 9.0m，12.0m，15.0m，18.0m，24.0m，36.0m 几种，在特殊情况下根据工程需要也可以采用 21.0m，27.0m，30.0m 跨度的屋架。

目前钢筋混凝土屋架从杆件受力特征来看有桁架式屋架和拱形屋架两种。桁架式屋架由上弦杆件、下弦杆件和腹杆组成，外形有三角形、梯形、拱形、折线形等几种，见图 3-14。

2．屋面大梁

根据屋面排水方式的不同，屋面大梁分为单坡或双坡两类，见图 3-14。梁的上弦坡度一般为1/10～1/12，梁的跨度有 9.0m，12.0m，15.0m，18.0m 几种，断面通常是 T 形或工字形，属于薄腹梁。当跨度在 18.0m 以上时，再做薄腹梁就显得用料太多，自重太大，经济性差，这时就要采用屋架。

3．大型屋面板和 F 形屋面板

大型屋面板又称预应力钢筋混凝土大型屋面板，为工厂预制构件，横断面为槽形。F 形屋面板也是一种预应力钢筋混凝土带肋板，也为工厂预制构件，其断面形状为 F 形，见图 3-15。

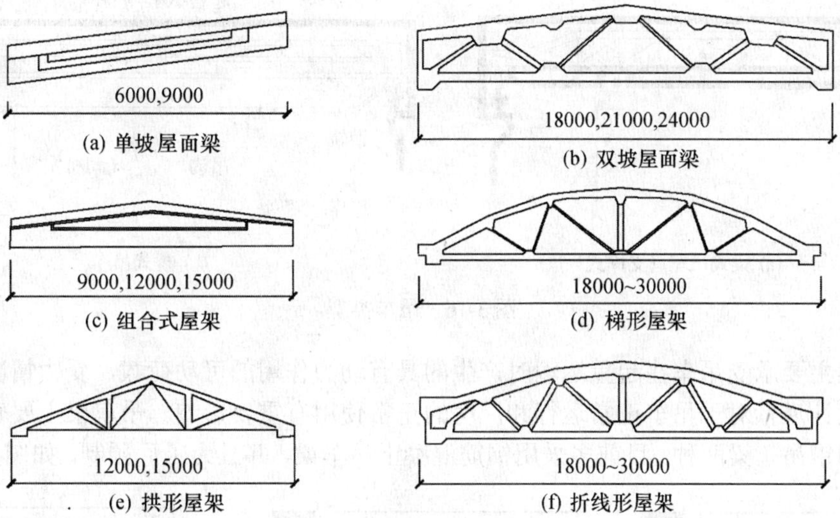

图 3-14 钢筋混凝土屋面梁与屋架

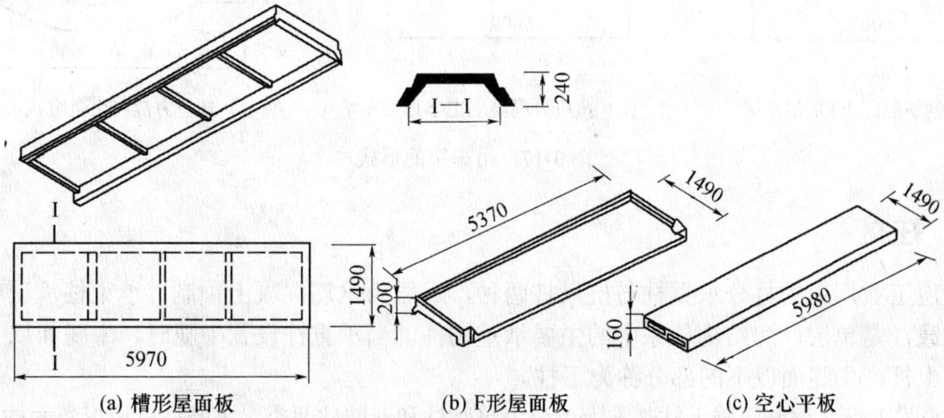

图 3-15 钢筋混凝土大型屋面板

单层厂房屋面板、屋架有许多种形式，如保温的、不保温的、带防水层的与自防水的等等。使用时可按具体要求查取现成标准图集。

4．檩条

檩条用来支承轻型屋面板、瓦，并将荷载传给屋架，它搁置在屋架上，一般与屋架焊接。常用的檩条由钢筋混凝土预制，有预应力和非预应力两种，断面形状有 T 形和倒 L 形两种。在少数厂房中，当采用钢屋架时，檩条改为以钢材制作。

5．轻型屋面板、瓦

轻型屋面板、瓦常用的有钢筋混凝土槽瓦、钢丝网水泥波形瓦、石棉瓦和玻璃钢瓦等，一般用钢质扣件勾挂在檩条上。

3.4.2 吊车梁

在单层厂房中，由于生产工艺和设备维修的需要，通常都要设置吊车。常见的吊车类型有梁式吊车和桥式吊车两种，见图 3-16。

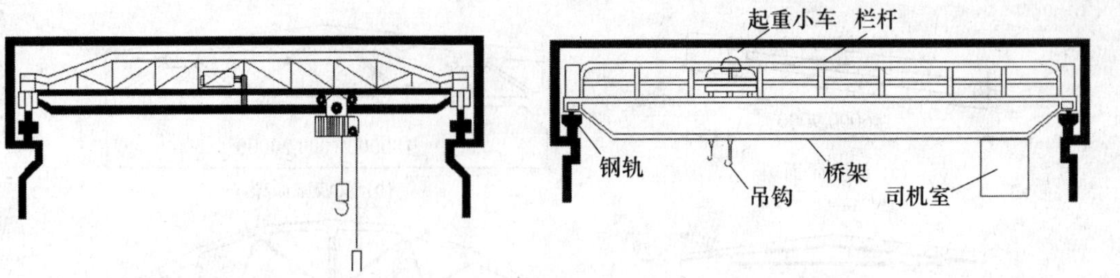

(a) 梁式吊车（支撑式）　(b) 桥式吊车

图 3-16　吊车类型

吊车梁主要承受吊车在起重运输时产生的具有动力作用的可动荷载，受力情况复杂，因此，它的设计质量对于吊车正常运行和厂房的正常使用有重要影响。吊车梁主要有钢筋混凝土吊车梁和钢吊车梁两种。目前多采用钢筋混凝土吊车梁，并且为工厂预制，如图 3-17 所示。

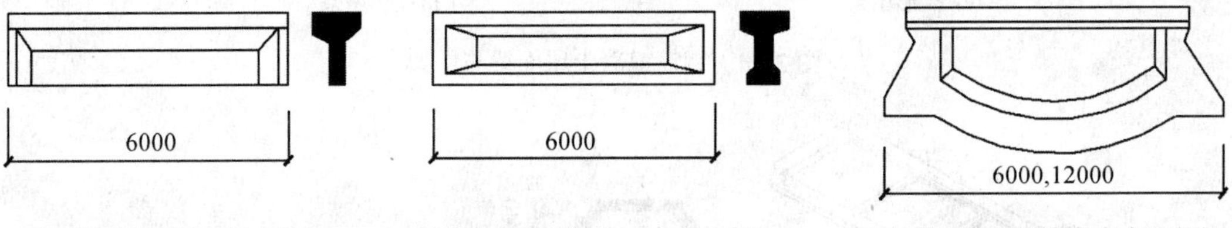

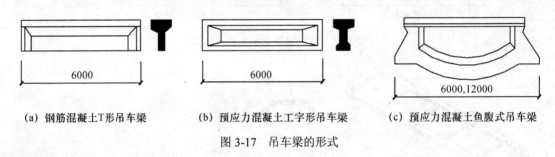

(a) 钢筋混凝土T形吊车梁　(b) 预应力混凝土工字形吊车梁　(c) 预应力混凝土鱼腹式吊车梁

图 3-17　吊车梁的形式

3.4.3　柱

单层工业厂房的柱分承重柱与抗风柱两种，一般为钢筋混凝土预制。承重柱承受着大量建筑荷载，是单层厂房结构体系中的主要承重构件。当承重柱设置牛腿时，牛腿面以上的部分称为上柱，牛腿面以下的部分称为下柱。

从形式上看，钢筋混凝土柱基本上可分为单肢柱和双肢柱两类。单肢柱有矩形断面柱、工字形断面柱和管形断面柱等；双肢柱有平腹杆双肢柱、斜腹杆双肢柱和双肢管柱等多种，见图 3-18。

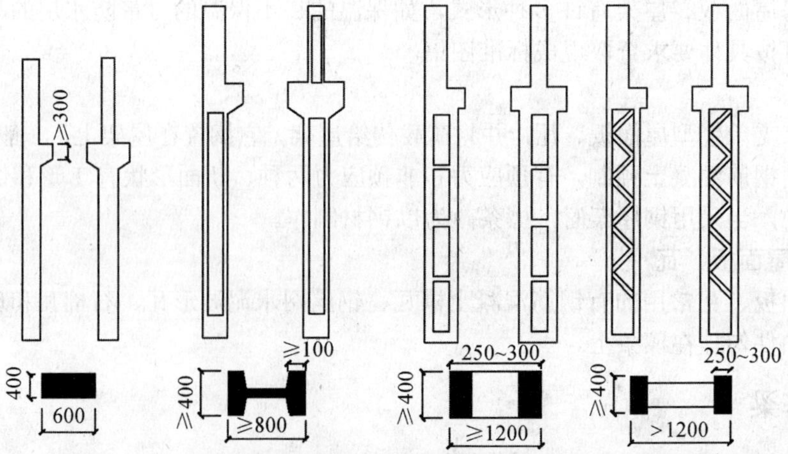

(a) 矩形柱　(b) 工字形柱　(c) 平腹杆双肢柱　(d) 斜腹杆双肢柱

图 3-18　钢筋混凝土柱的几种形式

双肢柱与单肢柱(矩形断面柱和工字形断面柱)相比，受力性能更好，材料使用更为合理，经济效果更好。但双肢柱的模板和钢筋更为复杂，浇捣混凝土困难，整体刚度也不如工字形断面柱。

管形断面柱在受力性能和使用材料上都具有很大的优势，但由于构造复杂，构件本身的节点难以完美实施，因而在实际工程中很少使用。

3.4.4 基础

目前单层厂房大多采用钢筋混凝土现浇独立杯形基础。独立杯基颈项部位做出杯口，以后钢筋混凝土预制柱就插放在杯口内。柱吊装插入杯口后，周边尚有空隙，此空隙在柱位置校正并临时固定后用细石混凝土分两次灌实，见图 3-19。

当上部结构荷载较大，而地基承载力又较小，或地基土的土层构造复杂时，可采用条形基础。此时条形基础仍为钢筋混凝土现浇，在对准柱的位置设置插柱杯口。

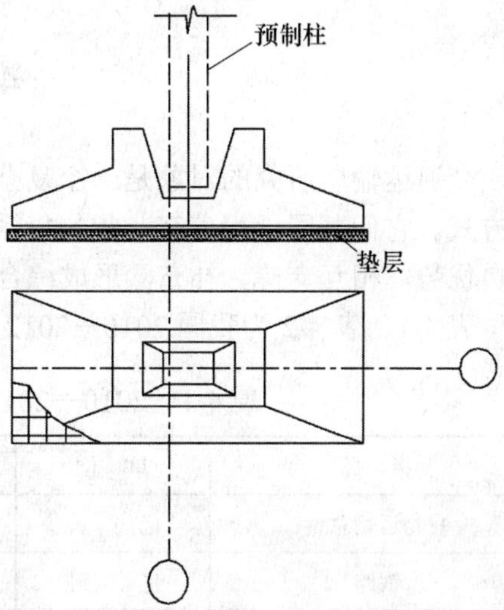

图 3-19　预制柱下杯形基础

3.4.5 圈梁和支撑

为加强单层工业厂房的整体和空间刚度，必须设置圈梁和支撑。

单层厂房设置圈梁后，圈梁将墙体同厂房排架柱、抗风柱等箍在一起，以达到加强厂房的整体刚度，减少和防止由于地基不均匀沉降或较大振动荷载等引起的对厂房的不利影响。一般单层厂房至少应在柱顶和牛腿附近各设一道圈梁。为了简化构造、节省材料，圈梁应尽量和门窗洞口的过梁相结合，使圈梁过梁合二为一。

单层厂房中，支撑联系着房屋主要承重构件，以构成厂房结构空间骨架。支撑对厂房结构和构件的承载力、稳定和刚度提供了可靠的保证，并起传递水平荷载的作用。一般情况下，需在某些关键部位设置。支撑大多以型钢制作，与其他结构构件以电焊或螺栓连接。

柱间支撑一般设在厂房伸缩变化区段的中央。以减少温度变化对构件所产生的应力对柱间支撑的影响。也有将柱间支撑设置在厂房伸缩变化区段两端的第二根与第三根柱子之间，见图 3-1。

为了使屋盖结构形成一个稳定的空间受力体系，保证厂房的安全和满足施工要求，一般要设置必要的屋盖支撑。屋盖支撑包括屋架间的横向水平支撑、纵向水平支撑、垂直支撑、水平系杆以及天窗支撑，其布置的位置、数量和选用类型与单层厂房的柱网、高度、吊车、天窗、振动等情况有关。

复习思考题

1. 简述工业建筑的分类。
2. 请说明单层工业厂房的结构组成及主要构件类型。
3. 单层厂房的平面布置形式有哪几种?
4. 请问什么是柱网、定位轴线、柱距和跨度?
5. 中等规模单层工业厂房横向排架主要承重构件及作用有哪些？纵向联系构件及作用有哪些？

第4章 交通工程

交通运输是是社会和经济得到正常发展的基本保证，它能有效、快速、及时地在地区之间进行人员和物资的流通。

4.1 概　述

交通运输所研究的对象是一个复杂的系统——道路、铁路、航空、水运、管道等各种交通方式。它们共同承担着客、货的集散与交流，并根据不同的自然地理条件和运输功能发挥各自优势，相互支持、补充，形成综合的运输能力。

表4-1、表4-2为我国2010—2012年各种运输方式完成货物运输量、旅客运输量。

表4-1　2010—2012年各种运输方式完成货物运输量

指　标	单　位	2010年	2011年	2012年
货物运输总量	亿　吨	320.3	368.5	412.1
铁路	亿　吨	36.4	39.3	39.0
公路	亿　吨	242.5	281.3	322.1
水运	亿　吨	36.4	42.3	45.6
民航	万　吨	557.4	552.8	541.6
管道	亿　吨	4.9	5.4	5.3
货物运输周转量	亿吨千米	137329.0	159014.1	173145.1
铁路	亿吨千米	27644.1	29465.8	29187.1
公路	亿吨千米	43005.4	51333.2	59992.0
水运	亿吨千米	64305.3	75196.2	80654.5
民航	亿吨千米	176.6	171.7	162.2
管道	亿吨千米	2197.6	2847.2	3149.3

表4-2　2010—2012年各种运输方式完成旅客运输量

指　标	单　位	2010年	2011年	2012年
旅客运输总量	亿　人	328.0	351.8	379.0
铁路	亿　人	16.8	18.6	18.9
公路	亿　人	306.3	327.9	354.3

(续)

指　标	单　位	2010年	2011年	2012年
水运	亿　　人	2.2	2.4	2.6
民航	亿　　人	2.7	2.9	3.2
旅客运输周转量	亿人千米	27779.2	30935.8	33368.8
铁路	亿人千米	8762.2	9612.3	9812.3
公路	亿人千米	14913.9	16732.6	18468.4
水运	亿人千米	71.5	74.2	77.4
民航	亿人千米	4031.6	4516.7	5010.7

本章着重介绍是道路、铁路、桥梁、航空工程等方面。

4.2 道路工程

道路是指供各种无轨车辆和行人通行的基础设施，是一种带状的三维空间人工构造。其主要功能是作为城市与城市、城市与乡村、乡村与乡村之间的联系通道。

根据道路所处位置、交通性质、使用特点可分为公路(连接城镇、乡村和工矿主要供汽车行驶的道路)、城市道路(供城市各地区间交通用)。

4.2.1 公路

公路运输具有机动灵活、直达门户的特点，是整个交通运输的重要组成部分。公路在短途运输中作为集散支线弥补了铁路、水运和空运的不足。

1．分类

公路一般按照国家的行政系统划分、服务范围、在整个公路网中所处的地位及其在政治、经济上所起的作用进行分类，可分为国家干线公路、省干线公路、县公路、乡公路、专用公路。

另外，根据交通部《公路工程技术标准》的规定，公路按其使用任务、功能和适应的交通量分为五个技术等级：高速公路、一、二、三、四级公路。

2．普通公路

公路的基本组成为路基、路面、桥涵、隧道、排水系统、防护工程和交通服务设施。不同等级的公路在不同的条件下其组成会有所不同。

(1) 路基。路基是由土、石材料按一定技术要求，填筑压实而成的结构物，它承受路面传递的行车荷载，是支承路面的基础部分。路基要有足够的稳定性、强度、刚度、耐久性。

图4-1为路基的横断面示意图。

(2) 路面。路面是用各种材料或混合料分层修筑在路基顶面供车辆行驶的层状结构物。路面面层要具有较高的结构强度、刚度、耐磨、不透水和高温稳定性，还具有良好的平整度和粗糙度。

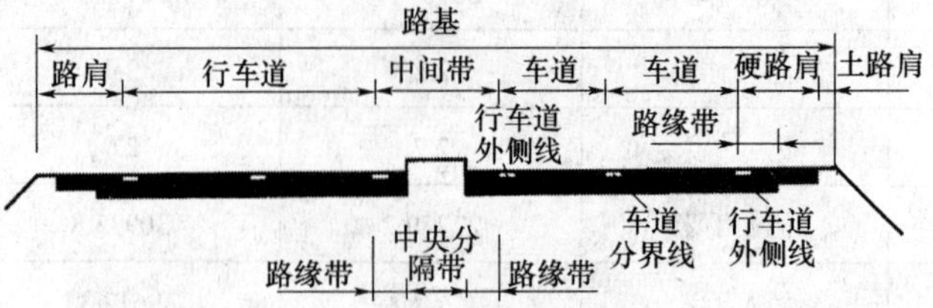

(a) 高速公路和一级公路

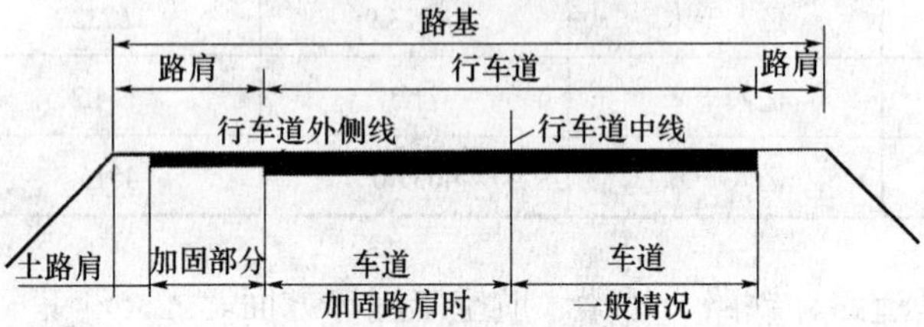

(b) 二、三级公路

图 4-1　路面横断面

路面的基本结构为面层、基层、垫层，见图 4-2。

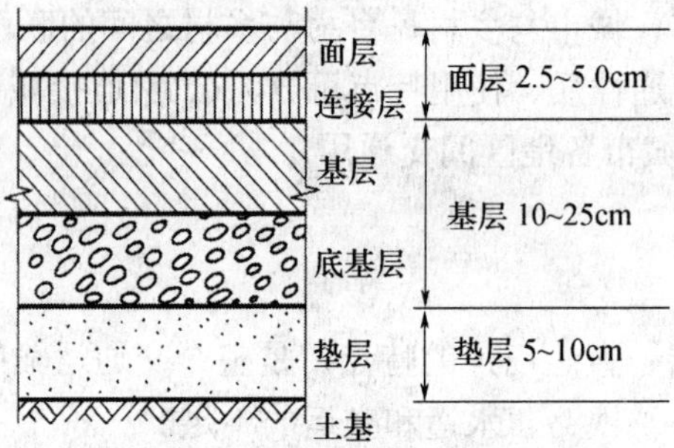

图 4-2　路面结构示意图

(3) 隧道。隧道是指道路穿越山岭、地下或水底而修筑的构造物，详见 10.2 节叙述。

(4) 排水系统。排水系统是为排除地面水和地下水面设置的排水构造物。它包括桥梁、涵洞、边沟、截水沟、排水沟、急流槽、跌水、盲沟、渗井、渡槽。

(5) 防护工程。防护工程是为加固路基边坡，确保路基稳定的结构物。它包括填石边坡、砌石边坡、挡土墙、导流构造物等。

(6) 交通服务设施。交通服务设施包括交通标志、标线；护栏、护墙、护柱；中央分隔带、隔音墙、隔离墙；照明设施；加油站、停车场；养护管理房屋、绿化美化设施。

3．高速公路

高速公路具有行车速度快、通行能力大、物资周转快、经济效益高、交通事故少等特点，是我国运输增长最快的交通设施之一。

世界上最早的高速公路位于德国科隆与波恩之间，长约 30 公里(1932 年)。据 2010 年资料统计，全世界已有 80 多个国家和地区拥有高速公路。美国拥有约 10 万多公里的高速公路，居世界首位。

中国已突破 7 万多千米，位居世界第二位。目前，我国已具有发达的高速公路网，见图 4-3。

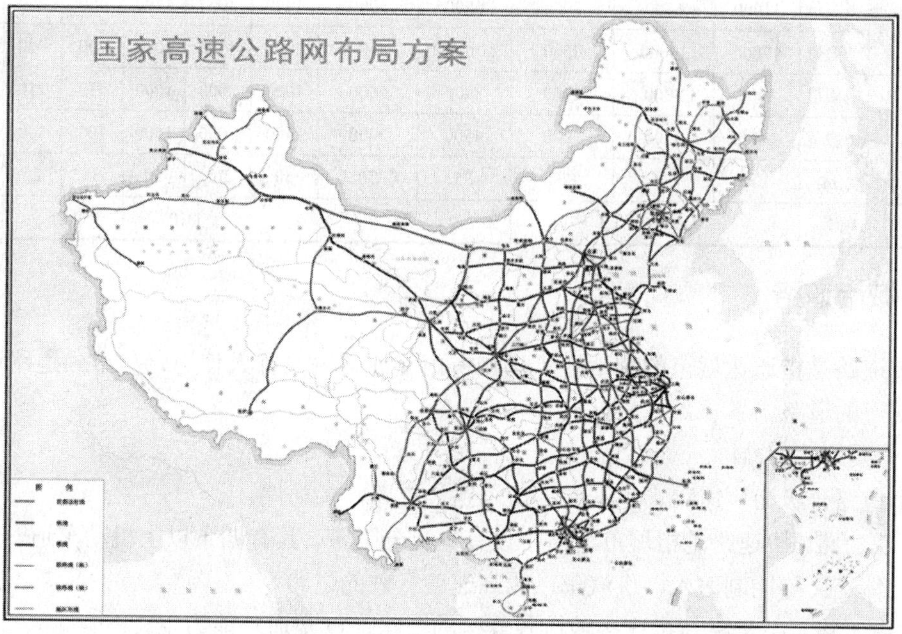

图 4-3　国家高速公路网布局方案

高速公路的设计标准要高于一般公路的设计标准，见表 4-3。

表 4-3　公路设计主要的技术指标汇总表

公路等级		高速公路			一级公路			二级公路		三级公路		四级公路
服务水平		二级			二级			三级		三级		不作规定
适应交通量(辆/昼夜)		25000～100000			15000～55000			5000～15000		2000～6000		400～2000
计算行车速度(km/h)		120	100	800	100	80	60	80	60	40	30	20
车道宽度(m)		3.75	3.75	3.75	3.75	3.75	3.50	3.75	3.50	3.50	3.25	3 或 3.50
车道数		8、6、4	8、6、4	6、4	8、6、4	6、4	4	2	2	2	2	2 或 1
路基宽度(m)	一般值	45～28	44～26	32～24.5	44～24	32～24.5	23	12	10	8.5	7.5	6.5 或 4.50
	变化值	42～26	41～24.5	21.5	41～24.5	21.5	20	10	8.50			
平曲线最小半径(m)	极限值	650	400	250	400	250	125	250	125	60	30	15
	一般值	1000	700	400	700	400	200	400	200	100	65	30
	不设超高 $I\leqslant 2\%$	5500	4000	2500	4000	2500	1500	2500	1500	600	350	150
	不设超高 $I>2\%$	7500	5250	3350	5250	3350	1900	3350	1900	800	450	200
停车视距(m)		210	160	110	160	110	75	110	75	40	30	20
超车视距(m)								550	350	200	150	100
最大纵坡(%)		3	4	5	4	5	6	5	6	7	8	9

(续)

公路等级			高速公路			一级公路			二级公路		三级公路		四级公路
竖曲线半径(m)	凸型	极限值	11000	6500	3000	6500	3000	1400	3000	1400	450	250	100
		一般值	17000	10000	4500	10000	4500	2000	4500	2000	700	400	200
	凹型	极限值	4000	3000	2000	3000	2000	1000	2000	1000	450	250	100
		一般值	6000	4500	3000	4500	3000	1500	3000	1500	700	400	200
竖曲线最小长度(m)			100	85	70	85	70	50	70	50	35	25	20
路基设计洪水频率			1/100			1/100			1/50		1/25		按情况定

4.2.2 城市道路

城市道路是指通达城市的各地区、供城市内交通运输及行人使用、与市外道路连接负担着对外交通的道路。

1. 分类

城市道路分级为快速路、主干路、次干路、支路、街坊路。

(1) 快速路。快速路是指城市道路中设有中央分隔带，具有四条以上机动车道，全部或部分采用立体交叉与控制出入，供汽车以较高速度行驶的道路。

(2) 主干路。主干路是指连接城市各分区的干路，以交通功能为主。

(3) 次干路。次干路具有承担主干路与各分区间的交通集散作用，兼有服务功能。

(4) 支路。支路是次干路与街坊路(小区路)的连接线，以服务功能为主。

2. 城市道路结构

城市道路一般较公路宽阔，为适应复杂的交通工具，多划分机动车道、公共汽车优先车道、非机动车道等。道路两侧有高出路面的人行道和房屋建筑，人行道下多埋设公共管线，为美化城市而布置绿化带、雕塑艺术品，为保护城市环境卫生，要少扬尘、少噪声。公路则在车行道外设路肩，两侧种行道树，边沟排水。

图 4-4 为城市道路横断面的示意图。

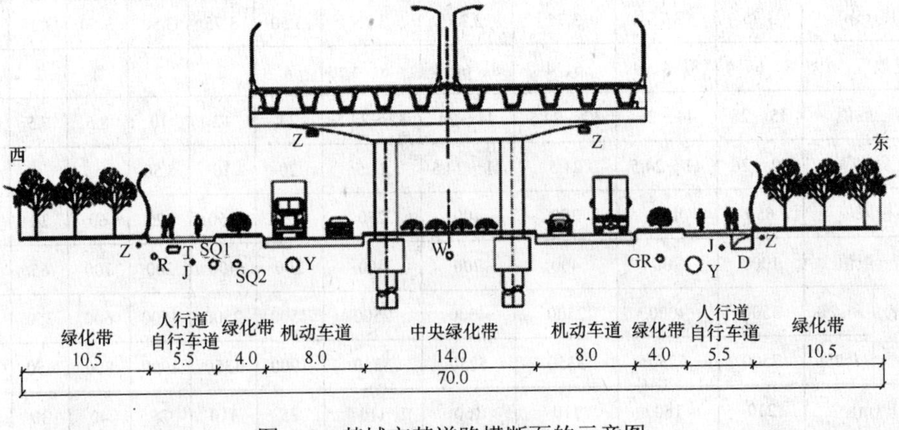

图 4-4 某城市某道路横断面的示意图

R—0.3MPa 中压燃气管；J—给水管；T—通信管(在导管内)；SQ1—10.0MPa 输气管；Y—雨水管；D—电缆沟；SQ2—6.3MPa 输气管；W—污水管；Z—照明；GR—0.4MPa 高压；图中单位为 m。

城市道路在结构上与普通公路相近，但考虑到人流车流要设置广场、停车场以及环形交叉口、立体交叉口等。图 4-5 给出了几种类型的交叉设计。

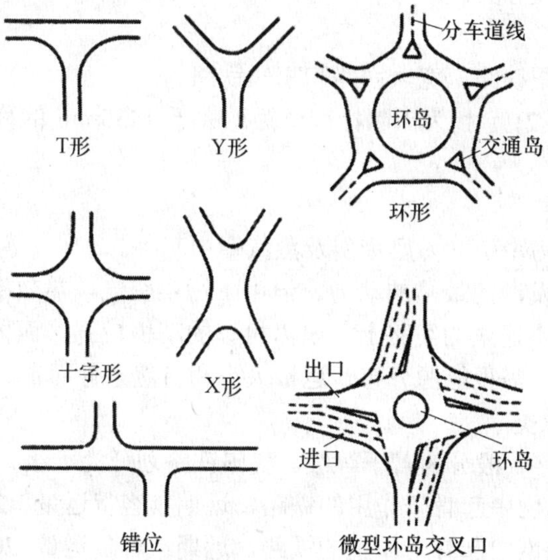

图 4-5　道路交叉口类型

4.3　铁 路 工 程

1825 年 9 月 27 日，世界上第一条铁路在英国的 Stocktong 和 Darlingtong 之间开通，用蒸汽机车牵引，最初的速度为 4.5km/h，全长为 27km。1876 年英国商人在上海修建了我国第一条铁路——淞沪铁路。

铁路因高速可靠、低运价、大量运输引起了世界的重视，并迅猛地发展起来。新中国成立后，中国铁路交通得到蓬勃发展，大幅度地增加了输送能力。1980 年通车总里程为 51940km，铁路承担着全国货物周转量的 50%左右，旅客周转量的 60%左右。至今，中国铁路营运里程突破 10 万 km，形成延伸东南西北的全国铁路网。

图 4-6 为新中国第一条铁路——成渝铁路，于 1950 年 6 月建成，全长 505km。

图 4-7 为青海省西宁市至西藏自治区拉萨市的青藏铁路，全长 1956km。

图 4-6　新中国第一条铁路——成渝铁路

图 4-7　世界上海拔最高的铁路——青藏铁路

4.3.1 分类

铁路可以按多种方式分类。

1．按轨距分类

按轨距分为标准轨距铁路、宽轨铁路和窄轨铁路。

1435mm(4 英尺 8(1/2)英寸)为国际标准轨距。大于 1435mm 的称宽轨，小于 1435mm 的称窄轨。

2．按牵引动力分类

按牵引动力分为电力牵引、内燃牵引及蒸汽牵引三种。

蒸汽机车虽是铁路发源的最早的动力，但由于污染空气，热效率很低以及噪声过大，已经逐渐被淘汰或仅用于小运量的线路上。电力机车的动力较强，而内燃机车灵活性大，两者之中采取何种牵引动力，需视能源分布、运量大小和自然条件而定。

3．按任务、运量分类

按任务、运量，铁路一般分为若干等级。我国铁路划分为Ⅰ级、Ⅱ级、Ⅲ级及地方铁路。

(1) Ⅰ级铁路。在路网中起骨干作用的铁路，远期年客货运量≥20 百万吨。

(2) Ⅱ级铁路。在路网中起骨干作用的铁路，远期年客货运量<20 百万吨；在路网中起联络、辅助作用的铁路，远期年客货运量≥10 百万吨。

(3) Ⅲ级铁路。为某一区域服务，具有地区运输性质的铁路，远期年客货运量<10 百万吨。

4.3.2 铁路选线设计

综合性的铁路选线设计即铁路总体设计，是一项涉及面广、技术比较复杂的工作。铁路选线设计的基本内容是：

(1) 根据国家政治、经济、国防的需要，结合线路经过地区的自然条件、资源分布、工农业发展等情况，规划线路的基本走向，选定铁路的主要技术标准。

(2) 根据沿线的地形、地质、水文等自然条件，村镇、交通、农田、水利设施等具体情况，确定线路的空间位置(平面、立面)，并在保证行车安全的前提下，力争提高线路质量，降低工程造价，节约运营支出。

(3) 布置线路上各种建筑物，如车站、桥梁、隧道、涵洞、路基、挡墙等，并确定其类型或大小，使其总体上互相配合，全局上经济合理。

4.3.3 铁路路基

铁路路基构造一般要比公路更为复杂。它承受来自轨道、机车车辆及其荷载的压力，所以必须填筑坚实，经常保持干燥、稳固和完好状态，并尽可能保证路基面的平顺，使列车能在允许的弹性变形范围内，平稳安全运行。所以，路基土石方要有足够的密实度，而路基边坡、基床和基底要长期保持固定。图 4-8 为铁路路基横断面示意图。

4.3.4 高速铁路

1．概述

高速铁路，简称“高铁”，最高行驶速度在 200km/h 以上、旅行速度超过 150km/h 的铁路系统。高速铁路具有很多的优点：①速度快、旅行时间短；②列车密度高、运量大，乘坐舒

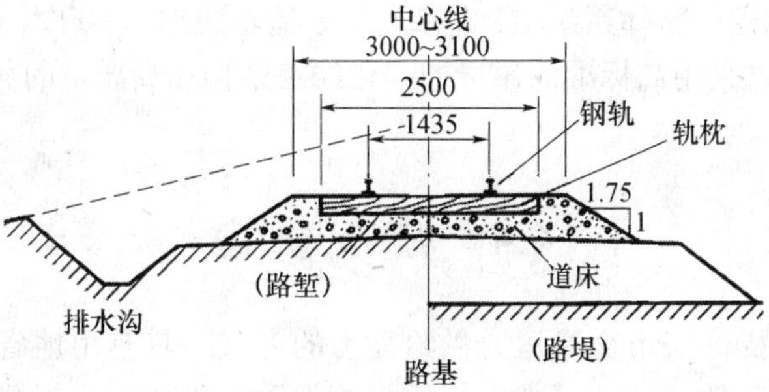

图 4-8　铁路路基横断面示意图

适性好；③土地占用面积小，能耗低，环境污染小,外部运输成本低；④列车运行正点率高，安全可靠；⑤社会、经济效益好。

日本、法国、德国等是世界高铁发展水平最高的几个国家。1964 年，日本铁路新干线的运营(最高时速 200km/h)，标志着铁路高速技术进入实用化阶段。1980 年以后，法国、德国、意大利、西班牙、英国、比利时、瑞士、俄罗斯等国都先后开始兴建高速铁路，其最高时速已经达到 300～350km/h。图 4-9 为日本新干线高速列车，图 4-10 为法国 TGV PBAK 高速动车组。

图 4-9　日本新干线高速列车

图 4-10　法国 TGV PBAK 高速动车组

中国第一条高速铁路——京津城际高铁，全长 120km，列车最高运营速度达到 350km/h。京沪高速铁路是新中国成立以来一次建设里程最长、投资最大、标准最高的高速铁路，全长 1318km，近期最高速度达 300km/h，是世界上一次建成线路里程最长、标准最高的高速铁路。

目前，我国的高速铁路突破 1 万 km，在建规模 1.2 万 km，使我国成为世界上高速铁路运营里程最长、在建规模最大的国家。

2．高速铁路路基

高速铁路的出现对传统铁路的设计施工和养护提出了新的挑战，在许多方面深化和改变了传统的设计方法和关键。

与普通铁路路基相比，高速铁路路基具有以下几个特点：

(1) 高速铁路路基具有多层结构系统。高速铁路路基结构，已经突破了传统的轨道、道床、土路基这种结构形式，既有有碴轨道，也有无碴轨道，并采用强度高、刚度大的路基基床和沉降很小或没有沉降的地基来控制路基的变形。对于有碴轨道，在道床和土路基之间，已抛弃了将道碴层直接放在土路基上的结构形式，作成了多层结构系统。

(2) 严格控制变形是路基设计的关键，为了给高速线路提供一个高平顺、均匀和稳定的轨下基础，采用各种不同路基结构形式。

(3) 在列车、线路这一整体系统中，路基是重要的组成部分。日本及欧洲等国虽然实现了高速，但他们都是通过采用高标准的昂贵的强化线路结构和高质量的养护维修技术来弥补变形问题的不足。

4.4 城市轨道

轨道交通是显著提高城市交通运力供给能力的方式，具有用地省、运能大、安全性能高、运行时间稳定、节约能源，减少大气污染等显著的优势，可为缓解城市交通拥堵提供根本保障。

目前，城市轨道交通可分为轻轨、地铁两种方式。无论是轻轨还是地铁，都可以建在地下、地面或高架桥上。划分两者的依据应是单向最大高峰小时客流量的大小。地铁能适应的单向最大高峰小时客流量为 3～6 万人次，轻轨能适应的单向最大高峰小时客流量为 1～3 万人次。地铁的轴重普遍大于 13t，而轻轨要小于 13t，其次，一般情况下，地铁的平面曲线半径不小于 300m，而轻轨一般在 100m 到 200m 之间，另外，地铁每列车的编组数也要多于轻轨，车辆定员亦多。

世界上首条地下铁路系统是在 1863 年开通的“伦敦大都会铁路”，至今已有一百多年的历史。纽约地铁于 1867 年建成第一条线路，现已发展成为世界上地铁线路最多、里程最长的城市，共有 27 条地铁线路。目前全世界有很多城市都修建了城市轨道交通，如法国的巴黎、英国的伦敦、俄罗斯的莫斯科、美国的纽约、中国的北京和上海等。

北京地铁是中国第一条地下铁道，1969 年 10 月北京地铁第一期工程投入试运营，目前，北京地下铁道现总长 41.6km，30 个运营车站，客运量日平均 125 万人次，北京地铁的满载率和单车运行均居世界第一。北京市还提出规划，到 2015 年实现“三环、四横、五纵、七放射”总长 561km 的轨道交通网络。图 4-11 为北京市地铁网。

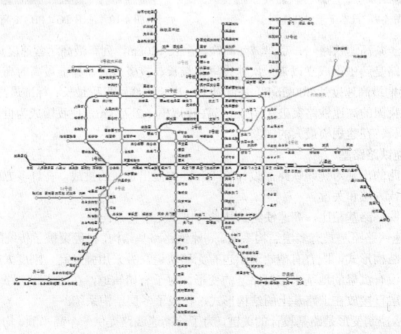

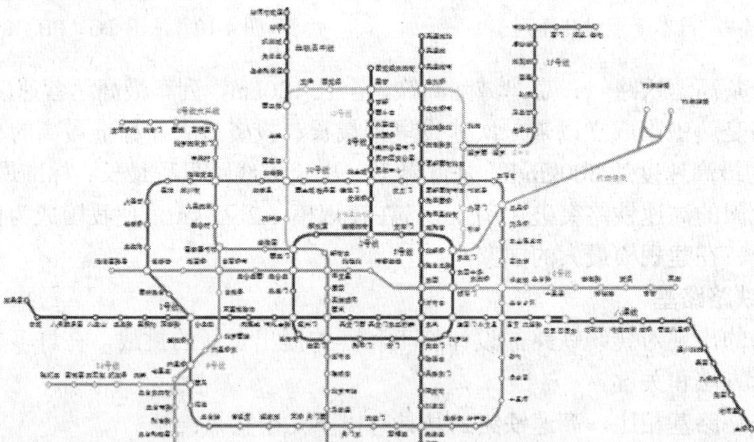

图 4-11　北京市地铁网

中国目前已有北京、上海、广州等15个城市陆续修建了地铁及轻轨线路。

4.5 机场工程

航空运输，是使用飞机、直升机及其他航空器运送人员、货物、邮件的一种运输方式，具有快速、机动的特点，是现代旅客运输，尤其是远程旅客运输的重要方式。

近几年来，随着经济未来长期持续快速增长、产品结构优化升级、经济全球化等因素，带动了航空货运需求的长期、持续、快速增长。如我国 2010 年，中国民航货邮运输量达到570万t，五年年均增长13%。在2011—2020年期间，中国航空货运仍可保持10%以上的年均增长速度。

而机场工程又是航空运输的重要保障。《中国民用机场布局规划》业经国务院批准颁布实施，规划目标是到2020年民用机场总数达244个，形成北方、华东、中南、西南、西北五大区域机场群。

因此，对机场建设，机场规划、跑道设计方案、航站区规划、机场维护等问题，日益受到人们的关注。

机场工程是规划、设计和建造飞机场(习称机场，在国际上航空港)各项设施的统称。为了保证飞机在飞机场起飞、着陆和各种活动，机场工程的内容包括机场规划设计、场道工程、导航工程、通信工程、空中交通控制、气象工程、旅客航站楼及指挥楼工程等。

4.5.1 机场分类

机场一般分为军用和民用两大类，用于商业性航空运输的机场也称为航空港，我国把大型民用机场称为空港，小型机场称为航站。

机场又可分为国际机场、干线机场和支线机场。

(1) 枢纽国际机场。枢纽国际机场是指在国家航空运输中占据核心地位的机场，在整个国家航空运输中都占有举足轻重的地位。例如我国的北京首都国际机场、上海浦东国际机场等。

(2) 区域干线机场。区域干线机场所在城市是省会(自治区首府)、重要开放城市、旅游城市或其他经济较为发达城市或人口密集的城市，旅客的接送人数、货物吞吐量也相对较大。如南昌昌北国际机场、宜宾宗场国际机场等。

(3) 支线机场。支线机场是指除上面两种类型以外的民航运输机场。虽然它们的运输量不大，但作为沟通全国航路或对某个城市地区的经济发展起着重要作用。例如，上饶三清山机场、泸州蓝田机场、泉州晋江机场等。

4.5.2 机场构成

机场作为商用运输的基地可划分为飞行区、候机楼区和地面运输区三个部分。

1. 飞行区

飞行区是飞机活动的区域。为使机场各种设施的技术要求与运行相适应，按照飞机起飞着陆性能和飞机主要尺寸规定飞行区等级，见表4-4。

表 4-4　民航机场的飞行区等级

第一要素		第二要素		
代号	飞机基准飞行场地长度/m	代号	翼展/m	主要起落架外轮外侧间距/m
1	<800	A	<15	<4.5
2	800～1200	B	15～24	4.5～6
3	1200～1800	C	24～36	6～9
4	≥1800	D	36～52	9～14
		E	52～65	9～14

2. 候机楼区

候机楼区是旅客登记的区域，是飞行区和地面运输区的接合部位。它包括候机楼建筑本身以及候机楼外的登机机坪和旅客出入车道。

(1) 登机机坪。登机机坪是指旅客从候机楼上机时飞机停放的机坪，这个机坪要求能使旅客尽量减少步行上机的距离。按照旅客流量的不同，登机机坪的布局可以有多种形式，如单线式、指廊式、卫星厅式等。

(2) 候机楼。候机楼分为旅客服务区和管理服务区两大部分。旅客服务区包括值机柜台、安检、海关以及检疫通道、登机前的候机厅、迎送旅客活动大厅以及公共服务设施等。管理服务区则包括机场行政后勤管理部门、政府机构办公区域以及航空公司运营区域等。

3. 地面运输区

地面运输区是车辆和旅客活动的区域。大型城市为了保证机场交通的通畅都修建了从市区到机场的专用高速公路，甚至还开通地铁和轻轨交通，方便旅客出行。在考虑航空货运时，要把机场到火车站和港口的路线同时考虑在内。此外，机场还需建有大面积的停车场以及相应的内部通道。

4.5.3 跑道

跑道是机场飞行的主体，是机场重要的工程设施。跑道布置可分为单条跑道、多条跑道、开口 V 形跑道和交叉跑道四种基本形式，见图 4-12。

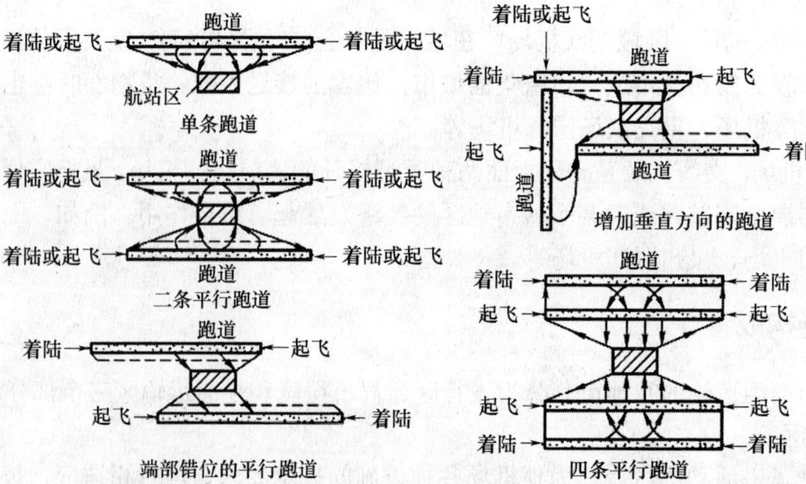

图 4-12　机场跑道方案

1．跑道长度

跑道直接供飞机起飞着陆用，是机场最重要的组成部分。决定机场跑道长度的因素有机型、最大起飞全重、气候、机场海拔高程、风速、跑道坡度及起飞距离、加速停止距离、着陆距离等条件。

2．跑道宽度

跑道的宽度取决于飞机的翼展和主起落架的轮距，一般不超过 60m。一般来说，跑道是没有纵向坡度的，但在有些情况下可以有 3°以下的坡度，在使用有坡度的跑道时，要考虑对性能的影响。

3．跑道路面

跑道道面分为刚性和非刚性道面。刚性道面由混凝土筑成，能把飞机的载荷承担在较大面积上，承载能力强，在一般中型以上空港都使用刚性道面。国内几乎所有民用机场跑道均属此类。

非刚性道面有草坪、碎石、沥青等各类道面，这类道面只能抗压不能抗弯，因而承载能力小，只能用于中小型飞机起降的机场。

4.5.4 机坪与机场净空区

1．机坪

停机坪是供飞机停放、上下旅客、完成起飞前准备和到达后各项作业使用。

机坪的用途主要有三个。第一，为飞机或其他航空器停放提供场所；第二，为飞机或其他航空器的维修保养工作提供场所；第三，连接滑行道或飞机跑道，跑道直接供飞机起飞着陆用，是机场最重要的组成部分。

2．机场净空区

为了保证飞机起飞着陆安全，沿着机场跑道周围要有一个没有影响飞行安全的障碍物的区域，这个区域叫做机场净空区。根据起飞着陆安全的要求，制定出净空区各处地形地物的许可高度。

4.5.5 旅客航站区

旅客航站区主要由航站楼、站坪及停车场所组成。

1．航站楼

航站楼的布局包括竖向和平面形式。其主要考虑是把出发和到达的旅客客流分开，提高运行效率。航站楼的垂直形式主要有一层式、一层半式、两层式三种。航站楼及站坪的平面形式有前列式、指廊式、卫星式、远机位式等四种。

航站楼建筑面积根据高峰小时客运量确定。面积配置标准与机场性质、规模及经济条件有关，目前我国一般采用国内航班 14～26m^3/人，国际航班 28～40m^3/人。

2．站坪及停车场

机场站坪就是飞机停靠的泊位。供客机停放、上下旅客、完成任务起飞前的准备和到达后各项作业使用。

停车场所的面积主要根据高峰小时车流量、停车比例及平均每辆车所需面积确定。高峰小时车流量可根据高峰小时旅客人数、迎送者、出人机场的职工与办事人员人数以及平均每辆车载量确定。

4.6 桥 梁 工 程

桥梁是指供铁路、道路、管道、渠道等交通运输线路跨越水体或山谷的工程构筑物。

桥梁也是道路的组成部分，各种道路工程的关键节点，使交通更加直接便利。桥梁往往也是一个国家或地区经济实力、科学技术、生产力发展等综合国力的体现。因此，它也是一种功能性的造型艺术工程，具有时代特征的景观工程。如中国古代著名的赵州桥、上海卢浦大桥(图 4-13)。

图 4-13　上海卢浦大桥

4.6.1　桥梁的分类

桥梁的分类，可以有多种的形式。

(1) 按用途分为公路桥、铁路桥、公路铁路两用桥、农桥、人行桥、运水桥(渡槽)、其他专用桥梁(如通过管路、电缆等)。

(2) 按材料类型分为木桥、圬工桥、钢筋砼桥、预应力桥、钢桥。

(3) 按桥跨结构形式分为梁式桥、桁架桥 、拱式桥 、刚构桥 、斜拉桥、悬索桥。

(4) 按使用性分为公路桥、公铁两用桥、人行桥、机耕桥、过水桥等。

(5) 按跨径大小和多跨总长分为小桥、中桥、大桥、特大桥。

(6) 按行车道位置分为上承式桥、中承式桥、下承式桥。

(7) 按跨越方式分为固定式的桥梁、开启桥、浮桥、漫水桥。

(8) 按结构形式可分为梁桥、板桥、拱桥、钢结构桥、吊桥、组合体系桥(斜拉桥、悬索桥)。

4.6.2　桥梁的基本组成

按传统法，桥梁主要由桥跨结构、墩台、基础、附属工程等部分组成。但随着大型桥梁的增多、结构先进性和复杂性的增强，对桥梁使用品质的要求越来越高，传统提法的局限性逐渐显露。

现在的提法是，桥梁由“五大部件”与“五小部件”组成。

1．五大部件

所谓“五大部件”是指：桥梁承受汽车或其他运输车辆荷载的桥跨上部结构与下部结构，是桥梁结构安全性的保证。

(1) 桥跨结构(或称桥孔结构、上部结构)。桥跨结构为路线遇到障碍(如江河、山谷或其他路线等)的结构物。

(2) 支座系统。支座系统支承上部结构并传递荷载于桥梁墩台上，应保证上部结构在荷载、温度变化或其他因素作用下所预计的的位移功能。

(3) 桥墩。桥墩是在河中或岸上支承两侧桥跨上部结构的建筑物。

(4) 桥台。桥台是设在桥的两端；一端与路堤相接，并防止路堤滑塌；另一端则支承桥跨上部结构的端部。为保护桥台和路堤填土，桥台两侧常做一些防护工程。

(5) 墩台基础。墩台基础是保证桥梁墩台安全并将荷载传至地基的结构。基础工程在整个桥梁工程施工中是比较困难的部分，而且常常需要在水中施工，因而遇到的问题也很复杂。

2．五小部件

所谓“五小部件”，是直接与桥梁服务功能有关的部件，过去总称为桥面构造。

(1) 桥面铺装(或称行车道铺装)。桥面铺装的平整、耐磨性、不翘曲、不渗水是保证行车舒适的关键。特别是在钢箱梁上铺设沥青路面时，其技术要求甚严。

(2) 排水防水系统。排水防水系统应能迅速排除桥面积水，并使渗水的可能性降至最小限度。城市桥梁排水系统应保证桥下无滴水和结构上无漏水现象。

(3) 栏杆(或防撞栏杆)。栏杆既是保证安全的构造措施，又是有利于观赏的最佳装饰件。

(4) 伸缩缝。伸缩缝是指桥跨上部结构之间或桥跨上部结构与桥台端墙之间所设的缝隙，以保证结构在各种因素作用下的变位。为使行车顺适、不颠簸，桥面上要设置伸缩缝构造。

(5) 灯光照明。现代城市中，大跨桥梁通常是一个城市的标志性建筑，大多装置了灯光照明系统，构成了城市夜景的重要组成部分。

图 4-14 为桥梁结构组成示意图。

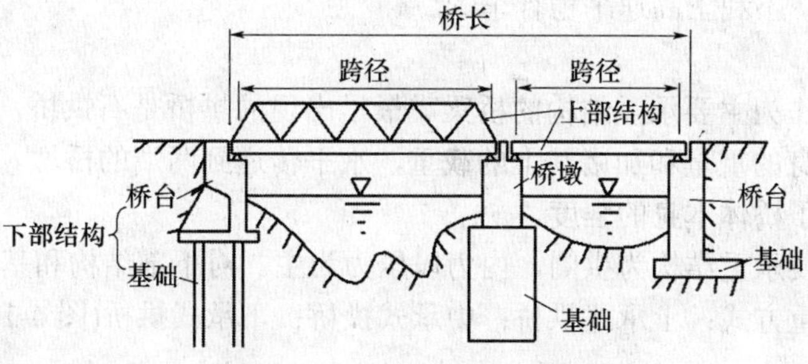

图 4-14　桥梁结构组成示意图

4.6.3　桥梁的结构形式

1．梁式桥

梁式桥是一种最简单常用的桥梁上部结构形式，用于中小跨径桥梁。主梁常用断面形式有工字形、T 形、箱形和板式桥等(见图 4-15)。其特点为结构简单，但跨越能力有限，制造和架设均很方便，使用广泛，在桥梁建筑中占有很大比例。

梁式桥的主要形式有简支梁桥、连续梁桥、悬臂梁桥(图 4-16)。

(1) 简支梁桥。简支梁桥的缺点是邻孔两跨之间有异向转角，影响行车平顺。为此，现代公路桥多采用桥面连续的简支梁桥来改善。此外，简支梁桥的桥墩上需设置两跨桥端的支座，体积增大，较连续梁桥和悬臂梁桥要多耗费一些材料，阻水面积也大一些。

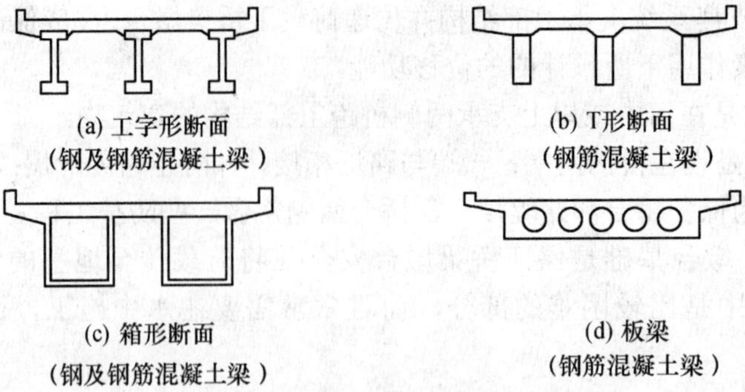

图 4-15　梁式桥主梁常用断面形式

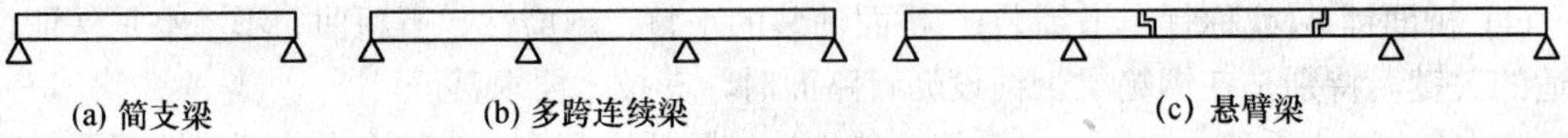

图 4-16　梁式桥的主要形式

(2) 连续梁桥。连续梁桥更适合采用悬臂拼装或悬臂灌筑、纵向拖拉或顶推法施工。由于它是超静定结构，当一孔受到破坏时，邻孔可给予支持而不坠落，对修复与加固有利，而且刚度较大，抗震性能也好。连续梁桥的缺点是，当地基发生差异沉降时，梁内要产生额外的附加内力，为此在设计中需考虑在支点处设置顶梁与调整支座标高的装置。

(3) 悬臂梁桥。悬臂梁桥内力不因地基不均匀沉陷而变，故可适用于地质不良的地区，但仍具有支点负弯矩卸载的优点(减小跨中的正弯矩)。悬臂梁桥也适合采用悬臂拼装或悬臂灌筑法施工。其缺点是锚固孔一旦破坏，将株连悬挂孔和悬臂的倒塌；结构刚度不如连续梁大，而且桥面伸缩缝多，不利于高速平稳行车。

2．拱桥

拱桥是指以拱作为主要承重结构的桥梁。最早出现的拱桥是石拱桥，借着类似梯形石头的小单位，将桥本身的重量和加诸其上的载重，水平传递到两端的桥墩。各个小单位互相推挤时，同时也增加了桥体本身的强度。

在拱桥中，主要承重结构为拱圈，内力以压力为主。对下部结构和基础要求较高。

拱桥的三种承重方式：上承式拱桥；中承式拱桥；下承式拱桥(图 4-17)。

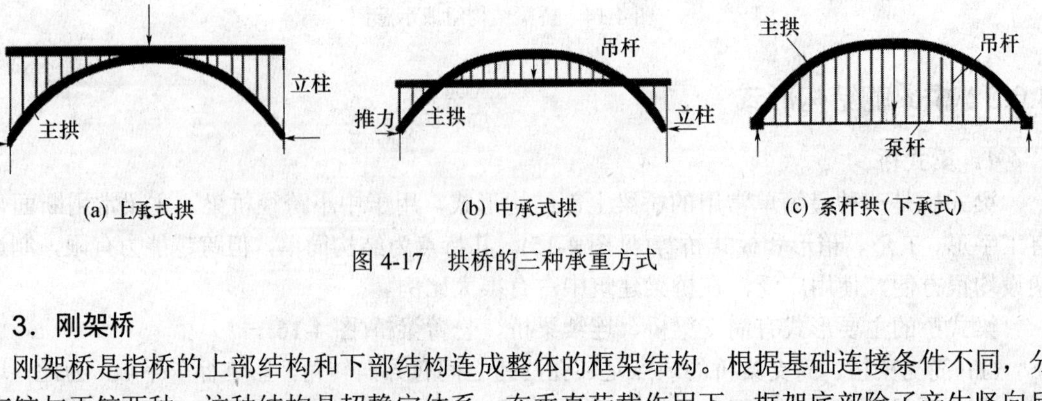

图 4-17　拱桥的三种承重方式

3．刚架桥

刚架桥是指桥的上部结构和下部结构连成整体的框架结构。根据基础连接条件不同，分为有铰与无铰两种。这种结构是超静定体系，在垂直荷载作用下，框架底部除了产生竖向反力外，还产生力矩和水平反力。

刚架桥的特点是能尽量降低公路线路的标高，增加桥下净空。

刚架桥的类型可分三种形式：T 形刚架桥；连续刚架桥；斜腿刚架桥，见图 4-18。

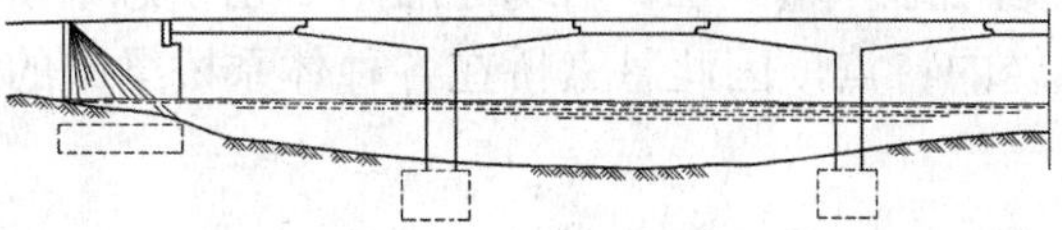

(a) T形刚架桥

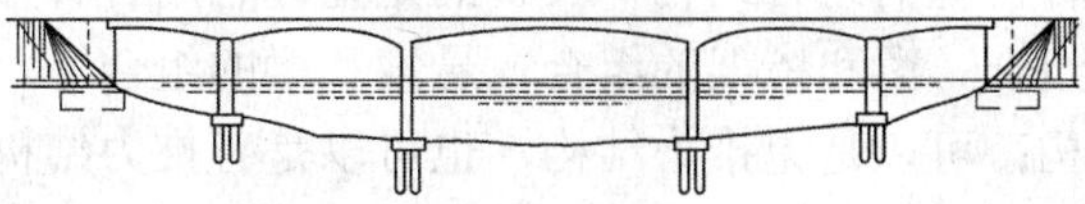

(b) 连续刚架桥

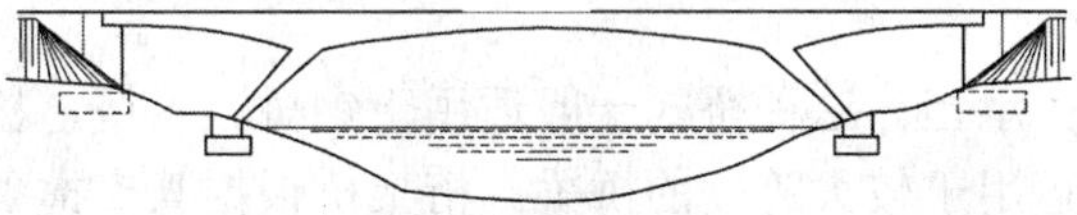

(c) 斜腿刚架桥

图 4-18　刚架桥受力示意及其类型

4. 斜拉桥

斜拉桥，又称斜张桥，是指一种由一条或多主塔与钢缆组成来支撑桥面的桥梁，是由承压的塔、受拉的索和承弯的梁体组合起来的一种结构体系。其可看作是拉索代替支墩的多跨弹性支承连续梁。它具有弯矩减小、降低建筑高度、减轻结构重量、节省材料等优点。斜拉桥的跨度一般介于悬索桥和桁架桥之间，通常为钢梁或钢筋混凝土梁。

斜拉桥主要由塔、主梁和斜拉钢索组成。斜拉索可平行布置，也可以为扇形布置。钢索一般分设在桥两边，但有时也可在中间设单面索，如主跨为 175m 的广州海印大桥。

斜拉桥根据纵向斜缆布置有辐射式、竖琴形、扇形和星形等多种形式，见图 4-19。

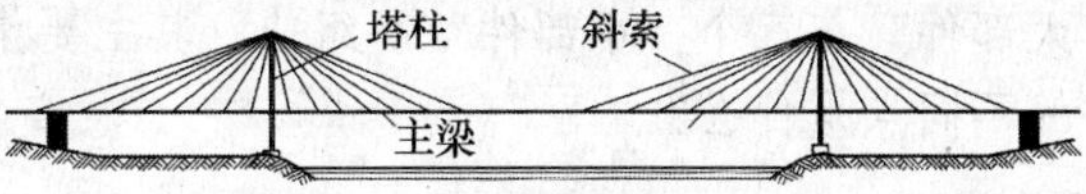

(a) 辐射式

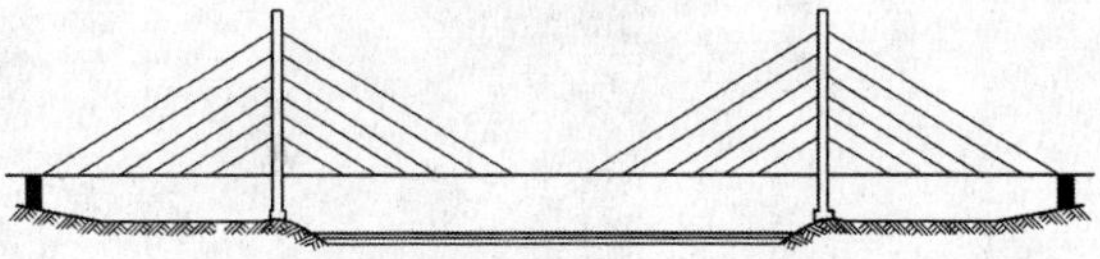

(b) 竖琴形

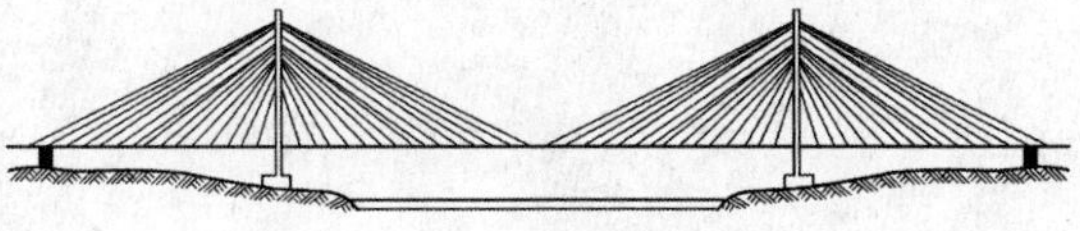

(c) 扇形

图 4-19　斜拉桥的索型

5. 悬索(吊)桥

悬索桥是在桥的两端设置索锚，借助于架设在桥塔的拉索，通过分布设置的吊杆将桥上的荷载传至悬索上。为了保障悬索桥的稳定性，两根塔架外的另一面也有悬索，这些悬索保障塔架本身受的力是垂直向下的。

悬索桥由悬索、索塔、锚碇、吊杆、桥面系等部分组成。悬索是主要承重构件，它主要承受拉力，一般用抗拉强度高的钢材(钢丝、钢缆等)制作。由于悬索桥可以充分利用材料的强度，并具有用料省、自重轻的特点，因此悬索桥在各种体系桥梁中的跨越能力最大，跨径可以达到 1000m 以上。

6．组合体系桥

有一些桥还采用两种桥型的组合结构，其目的是充分利用各种形式桥的受力特点，发挥其优越性，如拱和梁的组合、梁和桁架的组合、悬索和梁的组合等。组合体系可以是静定结构，也可以是超静定结构；可以是无推力结构，也可以是有推力结构；结构构件可以用同一种材料，也可以用不同的材料制成。

7．桁架桥

荷载由各杆件的轴力承担。这种桥式一般适用于钢桥、木桥，极少用于混凝土桥。桁架桥高一般大于梁式桥，可用于较大跨度的桥梁。桁架桥根据其支撑条件也可分为简支桥和连续梁桥等。

复习思考题

1. 道路的组成有哪几个部分？
2. 公路路基的横断面形式有哪几种？
3. 高速公路有哪些优势？
4. 怎样考虑铁路路基稳定性问题？
5. 当今世界上建设高速铁路有几种模式？
6. 城市轻轨有哪些优点？
7. 桥梁由哪五个“大部件”与五个“小部件”所组成？其主要作用是什么？
8. 刚架桥和梁式桥的不同点是什么？

第5章 港口工程

港口是具有一定面积的水域和陆域。港口的服务对象为车、船、货、客，它是供船舶出入和停泊、旅客及货物集散并变换运输方式的场地。因此，港口既是国际贸易综合运输中心，也是国际贸易物流后勤基地，是综合运输系统中水陆联运的重要枢纽。

世界第一大港口是荷兰鹿特丹港(图 5-1)。鹿特丹港区面积为 10556 公顷，港口长度 40km，拥有各类码头集散站共计 90 多个，总泊位 656 个。

除此之外，还有美国的纽约港、新奥尔良港和休斯顿港、日本的神户港和横滨港、法国的马赛港、英国的伦敦港等，都是世界上著名的港口。

中国目前对外开放港口 140 多个，主要港口有上海港、香港、大连港(图 5-2)、秦皇岛港、天津港、青岛港、连云港、宁波舟山港等等。

图 5-1 世界第一大港——鹿特丹港

图 5-2 大连港

我国在“十一五”期间，沿海港口建设投资超过 3500 亿元，在长江干线、西江航运干线和京杭运河等沿线相继建成了一批规模化、专业化港区。截至 2010 年年底，全国规模以上港口数量为 96 个，拥有生产用码头泊位 32148 个，其中万吨级及以上泊位 1659 个。

表 5-1 为 2005—2010 年世界 20 大港口集装箱吞吐量一览表。从表 5-1 中可以看出，我国港口已跃居世界前列。表 5-2 为 2013 年我国港口上半年排名。

表 5-1 2005—2010 年世界 20 大港口集装箱吞吐量 (单位：千标准箱)

排名	港口	国家或地区	2010 年	2009 年	2008 年	2007 年	2006 年	2005 年
1	上海港	中国	29 069	25 002	27 980	26 168	21 710	18 084
2	新加坡港	新加坡	28 431	25 866	29 918	27 932	24 792	23 192
3	香港	香港	23 699	20 983	24 248	23 881	23 538	22 602
4	深圳港	中国	22 510	18 250	21 413	21 099	18 468	16 197
5	釜山港	韩国	13 144	10 502	13 425	13 270	12 038	11 843

(续)

排名	港口	国家或地区	2010 年	2009 年	2008 年	2007 年	2006 年	2005 年
6	宁波舟山港	中国	13 144	10 502	11 226	9 349	7 068	5 191
7	广州港	中国	12 550	11 190	11 001	9 200	6 600	4 684
8	青岛港	中国	12 012	10 260	10 320	9 462	7 702	6 310
9	迪拜港	阿联酋	11 600	11 124	11 827	10 653	8 923	7 619
10	鹿特丹港	荷兰	11 140	9 743	10 783	10 790	9 654	9 286
11	天津港	中国	10 080	8 700	8 500	7 103	5 950	4 801
12	高雄港	中国台湾	9 180	8 581	9 676	10 256	9 774	9 471
13	巴生港	马来西亚	8 870	7 309	7 970	7 120	6 326	5 543
14	安特卫普港	比利时	8 470	7 309	8 662	8 175	7 018	6 488
15	汉堡港	德国	7 910	7 007	9 737	9 889	8 861	8 087
16	丹戎帕拉帕斯港	马来西亚	6 540	6 000	12 550	12 550	5 600	5 500
17	洛杉矶港	美国	6 500	6 748	7 849	8 355	8 469	7 484
18	长滩港	美国	6 260	5 067	6 487	7 312	7 290	6 709
19	厦门港	中国	5 820	4 680	5 035	4 627	4 019	3 342
20	纽约-新泽西港	美国	5 290	4 561	5 265	5 299	5 092	4 792

表 5-2　2013 年上半年中国港口吞吐量排名

2013 年上半年			2011 年		
排名	港口	吞吐量(亿吨)	排名	港口	吞吐量(亿吨)
1	宁波舟山港	4.05	1	宁波舟山港	6.91
2	上海港	2．68	2	上海港	6.2
3	天津港	2.5	3	天津港	4.51
4	青岛港	2.3	4	广州港	4.29
5	广州港	2.2	5	苏州港	3.8
6	大连港	1.69	6	青岛港	3.75
7	营口港	1.67	7	大连港	3.38
8	日照港	1.59	8	唐山	3.08
9	秦皇岛港	1.34	9	秦皇岛港	2.87
10	深圳港	1.16	10	营口港	2.61

5.1　港口的发展简史

港口的出现源于古代渔捞的开始。最原始的港口是天然港口，有天然掩护的海湾、水湾、河口等场所供船舶停泊。如，腓尼基人约于公元前 2700 年在地中海东岸兴建了西顿港和提尔港(在今黎巴嫩)，罗马时代在台伯河口兴建了奥斯蒂亚港(意大利)。

中国在汉代建立了广州港，同东南亚和印度洋沿岸各国通商。后来又建立了杭州港、温州港、泉州港和登州港等对外贸易港口。到唐代，有明州港(今宁波港)和扬州港。宋元时期，又建立了福州港、厦门港和上海港等对外贸易港口。

随着社会经济的发展，商业和航运业的扩展，运输船舶逐渐大型化、专业化，港口也从内河港向河口港、海港和深水港发展。产业革命后，开始了大规模的港口建设。港口发展的各阶段及其特点见表 5-3。

表 5-3　港口发展的各阶段及其特点

港口代别	第一代港口	第二代港口	第三代港口
1.发展时期	20 世纪 60 年代以前	60 年代以后	80 年代以后
2.主要货物	杂货	件杂货和干/液散货	用货和成组、集装箱货
3.发展形态	单一、封闭、保守	强调扩张的发展态势	面向商业化
3.1 战略形态	面向交通	面向工业	物流平台
3.2 港口功能	多种运输方式	运输枢纽、工业活动基地	国际贸易运输中心、国际商贸后勤基地
	装卸、储存、中转	装卸、储存、中转	装卸、储存、中转
4.业务范围与空间	活动限于码头装卸区	临港工业及相关产业	商贸、中转及相关产业和货物配送
	港内独立活动	致力于扩大港区范围	向陆域发展
		港口与用户关系密切	与贸易、运输一体化
5.组织管理	与用户关系松散	港城非正式关系	港城关系密切
		港内各种活动关系松散	港口经营组织扩大
6.生产特点	货物移动	货物流动	货物、信息流动
	简单的分项服务	联合服务	综合物流服务
	低增值	提高增值	高增值
7.服务方式	港到港	部分联运点到点	多式联运门到门
8.决定因素	资本与劳动	资本与技术	资本、技术与信息

注：本表引自《中国工程咨询》，2006，(8)

5.2　港口分类

港口有多种分类方式。

1．按所在位置分类

按所在位置分为河港、海港和河口港。

(1) 河港。河港是指沿江、河、湖泊、水库分布的港口，如南京港、武汉港等。河港直接受河道径流的影响，天然河道的上游港口水位落差较大，装卸作业比较困难；中、下游港口一般有冲刷或淤积的问题，常需护岸或导治。

(2) 海港。海港是指沿海岸线分布的港口，如大连港、秦皇岛港、青岛港等。

(3) 河口港。河口港是指位于江、河入海处受潮汐影响的港口，如丹东港、营口港、广州港、上海港等。

2．按用途分类

按用途分为商港、军港、渔港、工业港、避风港。

(1) 商港。商港是指专门从事客货运业务的港口。如上海、香港、鹿特丹和汉堡等港口都是世界上著名的商港。商港的规模大小以吞吐量表示，图 5-3 为中国的上海港，其年吞吐量突破 3000 万标准箱。又如神户港、伦敦港、纽约港、大连港、天津港、广州港和湛江港等都是著名的商港。

图 5-3　上海港集装箱码头

(2) 工业港。工业港是指为临近江、河、湖、海的大型工矿企业直接运输原料、燃料和产品的港口。如深圳的盐田港集装箱码头、上海市的吴泾焦化厂煤码头。

(3) 渔业港。渔业港是指专门从事渔业的港口，我国的渔港一般只用于渔船的停泊、装运物资等，而现代化的渔港应具备各种鱼类的加工设备。我国共有六个国家级中心渔港，分别是辽宁锦州渔港(图 5-4)、江苏吕泗渔港、山东蓬莱渔港、宁波象山石埔渔港、广东阳江渔港和广西北海南澫渔港。

(4) 军港。军港是指为军事目的而修建的港口，是海军基地的组成部分。通常有停泊、补给等设备和各种防御设施。

(5) 避风港。避风港是指专为船舶、木筏等在海洋、大潮、江河中航行、作业遇到突发性风暴时避风用的港口。

3．按成因分类

按成因分为天然港、人工港。如天津港(图 5-5)位于渤海湾西岸，是中国最大的人工港。

图 5-4　辽宁锦州渔港

图 5-5　天津港

4．按港口水域在寒冷季节是否冻结分类

按港口水域在寒冷季节是否冻结可分为冻港和不冻港。

秦皇岛港和天津港都是我国北方的重要港口。秦皇岛港较天津港偏北 100 多千米，但天津港冬季结冰封冻,而秦皇岛港却是北方有名的不冻港。

5．按潮汐关系、潮差大小等分类

按潮汐关系、潮差大小，是否修建船闸控制进港，可分为闭口港和开口港。

6．按对进口的外国货物是否办理报关手续分类

按对进口的外国货物是否办理报关手续可分为报关港和自由港。

报关港要求进口的外国货和外国人需向海关办理报关手续；自由港对来港装卸货物和货物在港内储存与加工不需经过海关，也不交税。汉堡港、香港港和新加坡港均属于自由港。

5.3　港口的组成

港口由水域和陆域两大部分组成，见图 5-6。

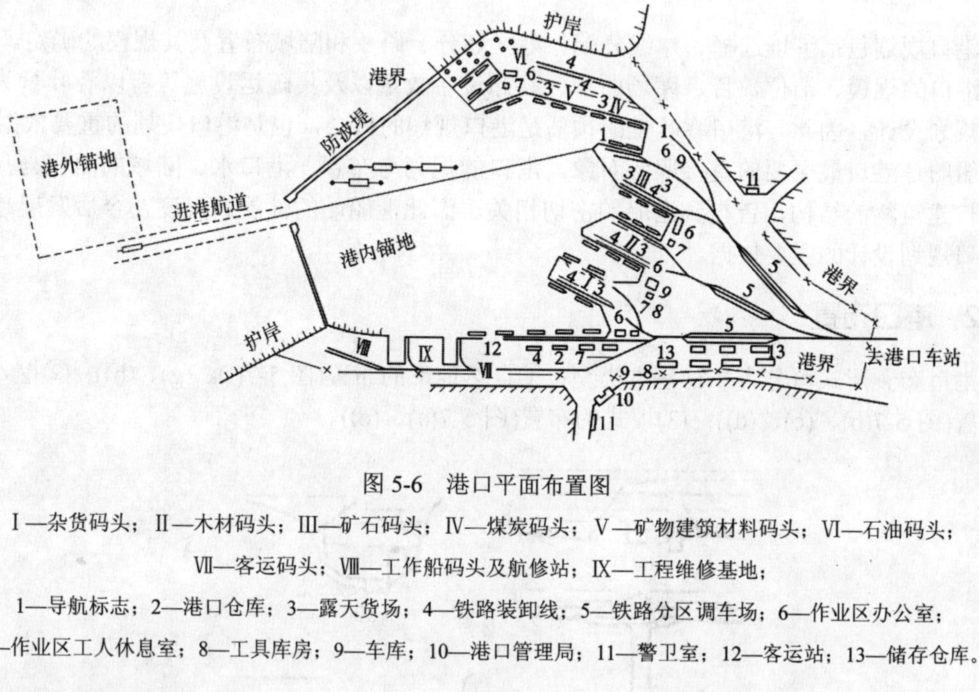

图 5-6　港口平面布置图

Ⅰ—杂货码头；Ⅱ—木材码头；Ⅲ—矿石码头；Ⅳ—煤炭码头；Ⅴ—矿物建筑材料码头；Ⅵ—石油码头；Ⅶ—客运码头；Ⅷ—工作船码头及航修站；Ⅸ—工程维修基地；

1—导航标志；2—港口仓库；3—露天货场；4—铁路装卸线；5—铁路分区调车场；6—作业区办公室；7—作业区工人休息室；8—工具库房；9—车库；10—港口管理局；11—警卫室；12—客运站；13—储存仓库。

5.3.1　港口水域

港口水域是指港界线以内的水域面积，包括进港航道、港地、锚地、防波堤等。它要求有适当的深度和面积，水流平缓、水面稳静，港口水域天然掩护条件较差的海港需建造防波堤。

港口水域又可分为港外水域和港内水域。

1．港外水域

港外水域包括进港航道和港外锚地。有防波堤掩护的海港，在口门以外的航道称为港外航道。港外锚地供船舶抛锚停泊，等待检查及引水之用。

2．港内水域

港内水域包括港内航道、转头水域、港内锚地和码头前水域或港池。为了克服船舶航行惯性，要求港内航道有一个最低长度，一般不小于 3～4 倍船长。船舶由港内航道驶向码头或者由码头驶向航道，要求有能够进行回转的水域，称为转头水域。供船舶停靠和装卸货物用的毗邻码头水域，称为码头前水域或港池。

5.3.2 港口陆域

港口陆域则由码头、港口仓库及货场、铁路及道路、装卸及运输机械、港口辅助生产设备等组成。

陆域岸边建有码头，岸上设港口、堆场、港区铁路和道路，并配有装卸和运输机械，以及其他各种辅助设施和生活设施。陆域是供旅客集散、货物装卸、货物堆存和转载之用，要求有适当的高程、岸线长度和纵深。

5.4 港口规划与布置

5.4.1 港口规划

港口规划包括港址选择、岸线分配、港区划分、码头和陆域布置及其规模的确定。

港口的规模、泊位数目、库场面积、装卸设备数量以及集疏运设施等皆以吞吐量为依据进行规划设计。因此，港口吞吐量的预估是港口规划的核心，也是港口规划的重要依据。

船舶是港口最主要的直接服务对象，港口的规划与布置，港口水、陆域的面积与尺度以及港口建筑物的结构，皆与到港船舶密切相关。因此，船舶的性能、尺度及今后发展趋势也是港口规划设计的主要依据。

5.4.2 港口布置

港口布置形式可分为三种基本类型：①自然地形的布置(图 5-7(f)、(g)、(h))；②挖入内陆的布置(图 5-7(b)、(c)、(d))；(3)填式的布置(图 5-7(a)、(e))。

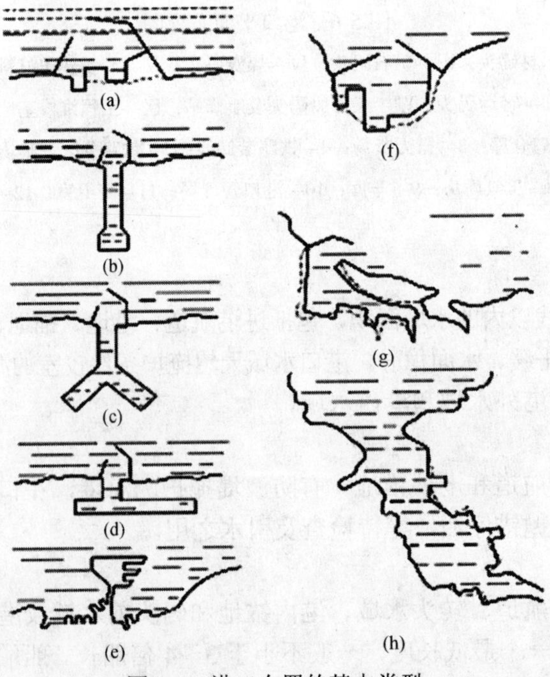

图 5-7 港口布置的基本类型

5.5 港口建筑物

5.5.1 码头建筑

码头是供船舶系靠、装卸货物或上下旅客的建筑物的总称。它是港口中主要的建筑物之一。

1．码头布置方式

常规的码头布置方式包括顺岸式、突岸式和挖入式三种。

(1) 顺岸式。顺岸式码头的前沿线与自然岸线大体平行，在河港、河口港及部分中小型海港中较为常用。其优点是陆域宽阔、疏远交通布置方便，工程量较小。

(2) 突堤式码头。突堤式码头前沿线与自然岸线间有较大角度，优点是在一定水域内有较多泊位，缺点是宽度有限，库场面积较小，作业不方便。如大连、天津、青岛等港口均采用了这种形式。

突堤式码头(图 5-8)布置有两种方案：直突堤和斜突堤。

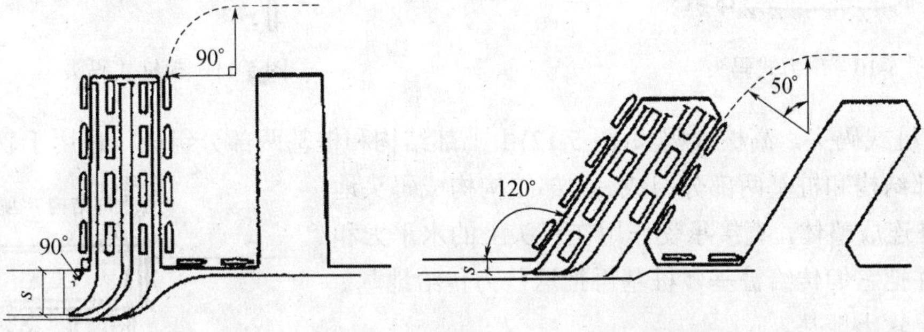

(a) 直突堤　　(b) 斜突堤

图 5-8　突堤式码头布置形式

(3) 挖入式码头。挖入式码头的港池由人工开挖形成，在大型河港及河口港中较常见。如中国的唐山港口(图 5-9)等。在地形条件适宜或岸线不足时可建这种港池。其优点是可延长码头岸线，多建泊位；掩护条件较好。缺点是开挖土方量较大，在含砂量大的地方易受泥砂回淤的影响，在寒冷地区封冻时间较长。

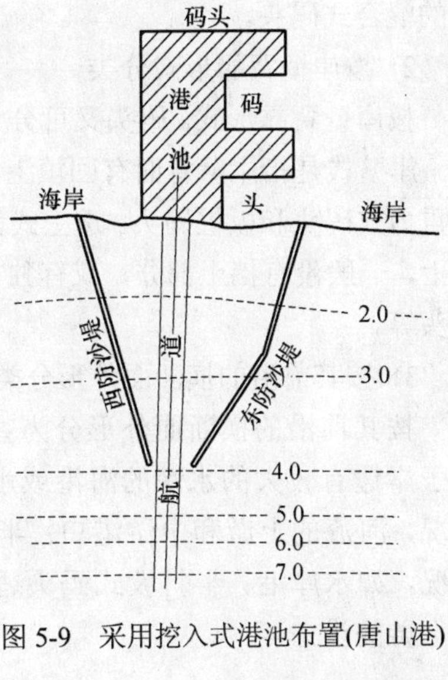

图 5-9　采用挖入式港池布置(唐山港)

2．码头形式

1) 码头按其结构形式分类

码头按其结构形式分为重力式、板桩式、高桩式、混合式等。

(1) 重力式码头。重力式码头靠自重(包括结构重量和结构范围内的填料重量)来抵抗滑动和倾覆的。从这个角度说，自重越大越好，但地基将受到很大的压力，使地基可能丧失稳定性或产生过大的沉降。为此，需要设置基础，通过它将外力传到较大面积的地基上

(减小地基应力)或下卧硬土层上。这种结构一般适用于较好的地基。图 5-10 为重力式码头示意图。

(2) 板桩式码头。板桩式码头(图 5-11)依靠打入土中的板桩来挡土，由于板桩较薄又承受较大的土压力，只适用于水深 10m 以下的码头。靠打入土中的板桩来挡土，受到较大的土压力：为了减小板桩的上部位移和跨中弯矩，上部一般用拉杆拉住，拉杆力传给后面的锚锭结构。由于板桩是一较薄的构件，又承受较大的土压力。

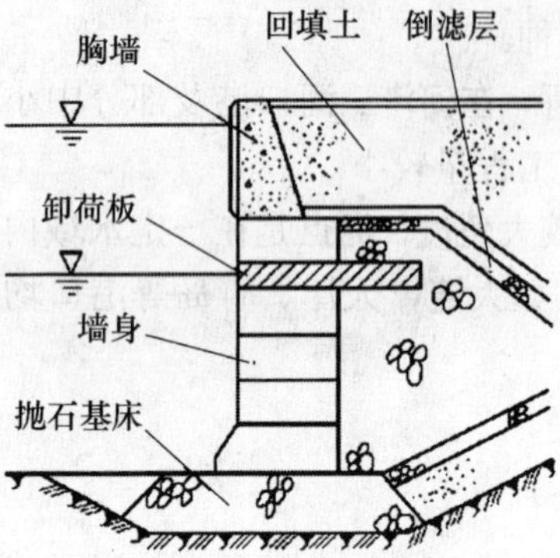

图 5-10　重力式码头

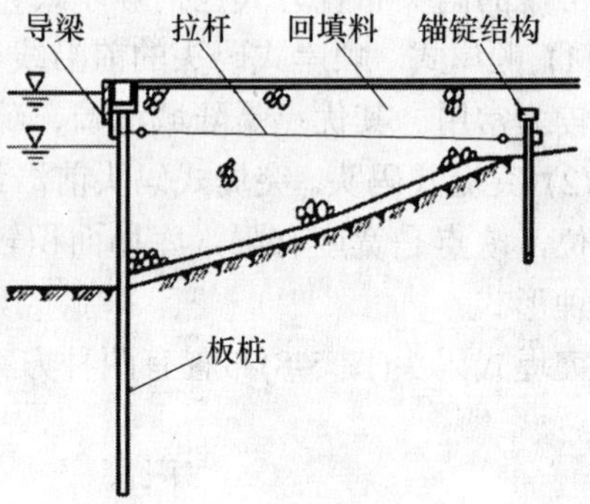

图 5-11　板桩式码头

(3) 高桩式码头。高桩式码头(图 5-12)由上部结构和桩基两部分组成，适用于软土地基，主要由上部结构和桩基两部分组成。上部结构构成码头地面，并把桩连成整体，直接承受作用在码头上的水平力和竖向力，并把它们传给桩基，桩基再把这些力传给地基。一般适用于软土地基。

(4) 混合式码头。图 5-13(a)为下部为重力墩，上部为梁板式结构，码头前沿为板桩结构的混合式码头。

图 5-13(b)为由基础板、立板、水平拉杆及锚碇结构组成的混合式码头。

2) 按岸壁背靠形式分类

按岸壁背靠形式。码头又可分为岸壁式与透空式两大类。岸壁式是指岸壁背面有回填土，受土压力作用，如顺岸重力式码头和板桩码头。透空式为码头建筑在稳定的岸坡上，一般没有挡土部分，或有独立挡土结构，如高桩式码头等。

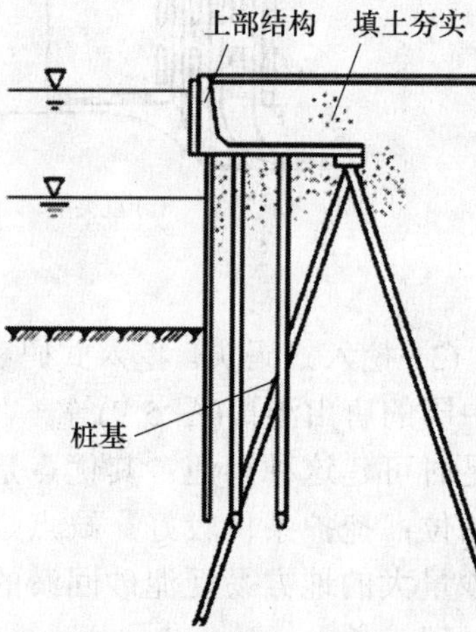

图 5-12　高桩式码头

3) 按其前沿的横断面外形分类

按其前沿的横断面外形分为直立式、斜坡式、半直立式和半斜坡式等。直立式码头适用于岸边有较大的水深的海港或水深变化不大的河港；斜坡式码头适用于水位变化较大的情况，河流的上游和中游港口；半直立式码头适用于高水位时间较长而低水位时间较短的情况，如水库港；半斜坡式码头适用于枯水时间较长而高水位时间较短的情况，如天然河流上游的港口。

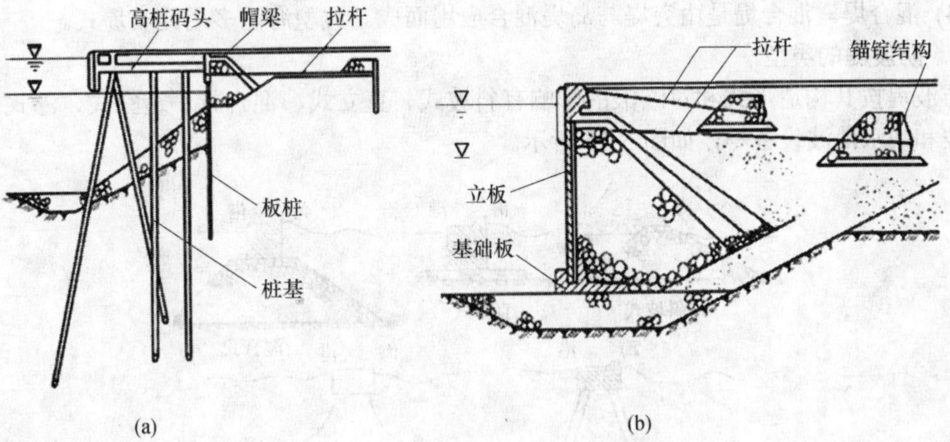

图 5-13　混合式码头

5.5.2　防波堤

防波堤为港口提供了掩护条件，可以阻止波浪和漂沙进入港内，保持港内水面的平稳和所需的水深，兼有防沙、防冰的作用。

1. 防波堤的平面布置

防波堤的平面布置，因地形、风浪等自然条件及建港规模要求等而异，一般可分为四大类型：单突堤、双突堤、岛堤、混合堤，见图 5-14。

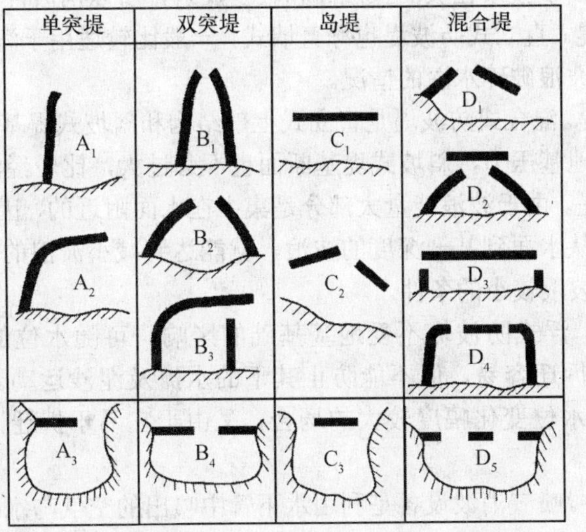

图 5-14　防波堤布置形式

(1) 单突堤防波堤。单突堤防波堤是在海岸适当地点筑一条堤，伸入海中，使堤端到达适当深水处。

(2) 双突堤式防波堤。双突堤式防波堤是自海岸两边适当地点，各筑突堤一道伸入海中，遥相对峙，达深水线，两堤末端形成一突出深水的口门，以围成较大水域，保持港内航道水深。

(3) 岛堤。岛堤筑堤于海中，形同海岛，专拦迎面袭来的波浪与漂沙。堤身轴线可以是直线、折线或曲线。

(4) 混合堤。混合堤是由突堤与岛堤混合应用而成。大型海港多用此类堤式。

2．防波堤的类型

防波堤按其构造形式和对波浪的影响有斜坡式、直立式、混合式、透空式、浮式以及喷气消波和喷水消波设备等，如图 5-15 所示。

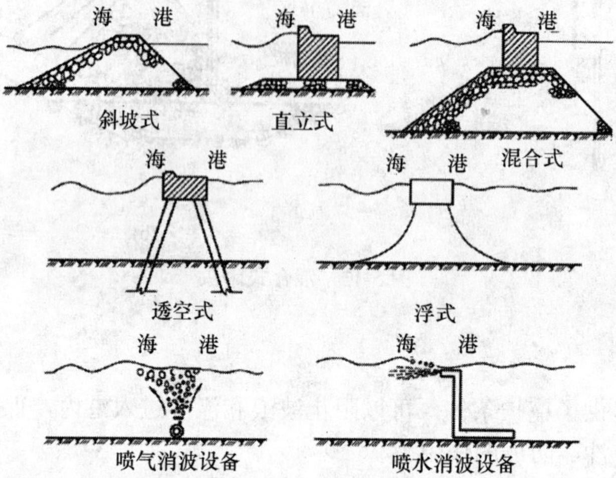

图 5-15　防波堤类型

(1) 斜坡式防波堤。斜坡式防波堤在我国使用最广泛。它的优点是对地基承载力的要求较低；施工比较简单，由于波浪在坡面上破碎和较少反射，所以消波性能良好。

(2) 直立式防波堤。直立式防波堤也称直墙式，一般比较适用于海底土质坚实，地基承载能力较好和水深大于波浪破碎水深的情况。

(3) 混合式防波堤。混合式防波堤是直立式上部结构和斜坡式堤基的综合体。采用混合式，可减少直立墙高度和地基压力，斜坡式堤基断面也不必过大，比较经济合理。

(4) 透空式防波堤。由于波浪能量大部分是集中在水面附近的，因此，没有必要使建筑物下部挡波，只需挡住从水面到某一深度的波浪，就能达到减小波浪的目的。透空式防波堤特别适用于水深较大、波浪较小的条件。

(5) 浮式防波堤。浮式防波堤不受地基基础的影响，可随水位的变化而上下，能削减波浪，修建迅速，且拆迁容易，但不能防止其下的水流及泥沙运动。一般说来，浮式防波堤适合于波浪较陡和水位变化幅度较大的场合，又由于它易于拆迁，因而可以用作临时工程的防浪措施。

(6) 喷气消波设备。喷气消波设备是利用水下管中喷出的空气与水掺和所形成的空气帘幕来削减波浪的。它的最大优点是当喷气管安设在足够的水深时，船舶可以经越其上驶入港内，畅通无阻。

5.5.3　护岸建筑

天然河岸或海岸，因受波浪、潮汐、水流等自然力的破坏作用，会产生冲刷和侵蚀现象。这种现象可能是缓慢的，水流逐渐地把泥沙带走，但也可能在瞬间发生，较短时间内出现大量冲刷，因此，要修建护岸建筑物。

护岸方法可分为两大类：直接护岸和间接护岸。

1．直接护岸建筑

直接护岸建筑即利用护坡和护岸墙等加固天然岸边，抵抗侵蚀。直接护岸建筑有斜面式护坡、直立式护岸墙，混合式护岸也被经常采用。

2．间接护岸建筑

间接护岸建筑利用在沿岸建筑的潜堤或丁坝，促使岸滩前发生淤积，以形成稳定的新岸坡。

(1) 潜堤。利用潜堤促淤就是将潜堤位置布置在波浪的破碎水深以内而临近于破碎水深之处，大致与岸线平行，堤顶高程应在平均水位以下，并将堤的顶面作成斜坡状，这样可以减小波浪对堤的冲击和波浪反射。

(2) 丁坝。丁坝自岸边向外伸出，对斜向朝着岸坡行进的波浪和与岸平行的沿岸流都具有阻碍作用，同时也阻碍了泥沙的沿岸运动，使泥沙落淤在丁坝之间，使滩地增高，原有岸地就更为稳固。丁坝的结构形式很多，有透水的，有不透水的；其横断面形式有直立式的，有斜坡式的。

5.6 港口仓库与货场

港口是货物的集散点，也是车船换装的地方。仓库、货场是港口的储存系统。这是由于出口的货物通常是分批陆续到港，需在港口聚集成批，等待装船；而进口货物由于种类繁多，收货人及收发地点也各不相同，一般需在港口进行检查、分类，有时还需进行包装整理等，因此港口必须建有足够数量的仓库和货场。

港口仓库与货场主要作用是加速车船周转，提高港口吞吐能力。

港口的仓库与货场应满足以下要求：

(1) 库的容积和通过能力必须与码头线的通过能力相适应。

(2) 位置必须与货物装卸工艺流程、铁路和道路布置统一考虑，港口仓库通常与码头线平行布置。

(3) 库的构造与设备必须适应货物性质，能保护货物，方便库内运输，便利货物的收发，并满足防火、防潮和通风等要求。

(4) 库结构要经济耐用。

(5) 有的河港仓库应考虑洪水淹没的特殊问题。

港口仓库可分为普通仓库和特种仓库(筒仓、油罐等)。

堆货物场地从其使用特点和构造来看包括件货堆场和散货堆场。

复习思考题

1. 港口的分类是什么？
2. 港口水工建筑物有哪几类？
3. 港口如何布置与规划？
4. 港口内的防波堤起什么作用？
5. 码头的作用是什么？
6. 在港口工程建设中，防波堤的功能是什么？

第6章　水利工程概述

水利工程是对自然界的地表水和地下水进行控制和调配，以达到除水害兴水利而兴建的各项工程。按其服务对象分为防洪工程、农田水利工程、水力发电工程、港口工程、给水排水工程、环境水利工程、海涂围垦工程等。可同时为防洪、供水、灌溉、发电等多种目标服务的水利工程，称为综合利用水利工程。水利工程需要修建坝、堤、溢洪道、水闸、进水口、渠道、渡漕、筏道、鱼道等不同类型的水工建筑物，以实现其目标。现阶段的资源水利是以水资源的优化配制为主要手段，实现水与经济、社会、环境持续协调发展，用水资源的可持续发展的全面要求，使水资源在整体上发挥最大的经济效益、社会效益和环境效益。

水利工程与其他工程相比，主要具有如下特点：

(1) 影响面广：水利工程规划是流域规划或地区水利规划的组成部分，而一项水利工程的兴建，对其周围地区的环境将产生很大的影响，既有兴利除害有利的一面，又有淹没、浸没、移民、迁建等不利的一面。

(2) 水利工程一般规模大，投资多，技术复杂，工期较长。为此，制定水利工程规划，必须从流域或地区的全局出发，统筹兼顾，以期减免不利影响，得到最佳的效果。

6.1　水资源概况

水是一种极为宝贵的自然资源，是人类生存和社会发展必不可缺的物质资源。无论在工农业生产、交通运输以及日常生活方面，水都是不可或缺的，“水是生命之源、生产之要、生态之基”，水也是国家的重要战略资源。

我们通常所说的水资源，是指在目前的技术经济条件下，可为人类利用的河流、淡水湖泊和可开采的地下水等水量。水资源不同于土地和矿藏等自然资源，其具有循环性和有限性、用途广泛和不可替代性、时空分布不均匀性、有利性和有害性并存等特点。

随着世界各国经济的发展和人口的增加，到2025年世界上无法保证获得安全用水的人数估计超过28亿人。我国是水资源贫乏国家之一。全球水资源短缺正导致世界的致命危机，其制约着经济发展，造成生态恶化。除此之外，洪水灾害也是人类的心腹大患，因此，各国都很重视水的问题。21世纪，水资源已经成为全球的热门话题。

水利事业是对自然流域进行控制和改造，除水害、兴水利，开发、利用和保护水资源的国民经济事业。

6.1.1　地球上的水

地球上海洋的面积比陆地的面积大得多，估计地球表面的总面积为$5.0987\times10^8km^2$，其中海洋面积为$3.61059\times10^8km^2$，占地球总面积的大约70.8%；陆地面积为$1.48811\times10^8km^2$，占29.2%。

地球上水体总量为 $13.86×10^8 km^3$，其中 96.5%的水是海洋中的咸水，约 1%为矿化地下水，天然淡水仅有 $0.35×10^8 km^3$，只占 2.5%，并且，绝大多数淡水还处于人类难以实际利用的状态，见表 6-1。天然淡水约 70%处在极地冰盖和高山冰川中，其余的淡水多数为深层地下水，取之不易。对人类而言，便于利用的江河湖泊等地表淡水总量为 $1.046×10^4 km^3$，占淡水总量的 0.3%，特别是河流的淡水为全球淡水的 0.006%。所以，地球上的水资源是有限的，并且时空分布不均，水量的多少也会引起旱涝等灾害。

表 6-1 地球上水体的分布情况

(单位: $10^6 km^3$)

项目	总水量	占百分比	淡水量	占百分比
世界总水量	1385.98461	100	35.02921	100
海水	1338.0	96.5		
地下水	23.4	1.7	10.53	30.6
土壤水	0.0165	0.001	0.0165	0.05
冰雪总量	24.0641	1.74	24.0641	68.7
其中: 南极	21.6	1.56	21.6	61.7
格陵兰岛	2.34	0.17	2.34	6.68
北极	0.0835	0.006	0.0835	0.24
山岳	0.0406	0.003	0.0406	0.12
冰土地下水	0.3	0.22	0.3	0.68
地表水	0.18999	0.014	0.010459	0.30
其中: 湖泊	0.1764	0.013	0.091	0.26
沼泽	0.01147	0.0008	0.01147	0.03
河川	0.00212	0.0002	0.00212	0.006
大气中水	0.0129	0.001	0.0129	0.04
生物内水	0.00112	0.0001	0.00112	0.003

可开发利用的水资源在全球分布并不平衡。根据联合国教科文组织的《世界水资源开发报告》，从地域来看，拉丁美洲是水资源最为丰富的地区，水资源约占全球总量的三分之一，其次是亚洲，水资源约占全球总量的四分之一。欧洲水资源分布极为不均，欧洲大陆 1 8 % 的人口居住在水资源匮乏地区。

尽管水资源是可再生资源，但受世界人口增长、人类对自然资源过度开发、基础设施投入不足等因素的影响，水资源的供应量远远不能满足人类生产和生活的需要。人类生存所必需的基本生活用水面临着短缺、卫生不达标或获取困难等问题。世界卫生组织推测，如果没有更好的办法调整世界淡水供求平衡，2025 年地球上的淡水资源储量将下降到只有现在的一半。

6.1.2 世界水资源分布概况

世界上水资源的分布与人口的分布很不平衡，富在于水，穷也在于水。展开世界地图，可以明显地看到水资源较丰富的国家有巴西、苏联、加拿大、美国、印度尼西亚、中国等，而少雨缺水的非洲撒哈拉沙漠以南正是世界最穷的国家所在。全球 26 个缺水国家中，非洲占 40%。表 6-2 列出了 20 世纪 80 年代初期一些典型地区与国家人均水资源拥有量跟人均国民生产总值(GNP)的关系。非洲人均水量为欧洲的 1/10，人均 GNP 相当于 1/20。四个富水国的人均水量为穷水国的 20 倍，人均 GNP 为穷水国的 24 倍。可见，人均国民生产总值与人均水资源拥有量呈正向相关。因为富水地区的用水宽松，基本不受时空的限制，有充分选择优化配置的余地；而贫水地区的用水常需采取调水蓄水的工程措施，增加成本，降低效率，影响产值。当然，这不是绝对的，还有水资源的利用问题。例如非洲撒哈拉沙漠以南地区和美国西部地区干旱少雨的情况相似，但是美国通过开发地下水和大规模调水进行补偿，从而取得了较高的产值，跳出了穷困的圈子，是治穷致富的典型，成为流域治理的榜样，可供第三世界在水利工作中借鉴。

表 6-2　富水国家与贫水国家人均拥有水量与人均生产总值(GNP)比较

富水国			贫水国		
地区	人均水量(万 m^3)	人均 GNP(万美元)	地区	人均水量(万 m^3)	人均 GNP(万美元)
欧洲 45%的国家	0.9	0.9	非洲 50%的国家	<0.10	<0.050
加拿大	12.0	1.2	中国	0.24	0.029
瑞典	2.2	1.2	印度	0.25	0.026
芬兰	2.1	1.0	泰国	0.26	0.080
美国	1.0	1.4	埃及	0.13	0.070

现在世界人口每年以近 1 亿人的速度递增，水的需求量从上世纪中开始到目前为止已增加 3 倍。然而水质却在急剧地恶化，水资源面临着前所未有的威胁。据联合国近些年的统计资料显示：目前世界上有 80 个国家约 15 亿人口面临淡水不足，其中 26 个国家的 3 亿多人完全生活在缺水状态中，估计还要有十余个国家加入缺水行列，特别是在非洲、亚洲的中部和南部、中东等地区已处于供不应求的状态。世界银行提供的报告警告：世界上近 40%的人口难保有足够的洁净用水。特别是近几十年来，全球用水量每年都以 4 %～ 8 %的速度持续递增，淡水供需矛盾日益突出。联合国环境规划署的数据显示，如按当前的水资源消耗模式继续下去，到 2025 年，全世界将有 35 亿人口缺水，涉及的国家和地区将超过 40 个。2009 年 1 月，瑞士达沃斯世界经济年会报告警告说，全球正面临“水破产”危机，水资源今后可能比石油还昂贵。

水危机带来的负面影响触目惊心。首先，缺水将制约经济发展。农业用水约占全球淡水用量的 70%，水资源短缺会阻碍农业发展，危及世界的粮食供应。工业用水约占全球淡水用量的 20%，缺水会导致工业停产限产。此外，水资源危机带来的生态系统恶化和生物多样性破坏，将严重威胁人类生存。同时，水危机也威胁着世界和平，围绕水的争夺很可能会成为地区或全球性冲突的潜在根源和战争爆发的导火索。

6.1.3　我国水资源概况

由于我国地理位置的特殊性、地质地貌的复杂性、气候条件的季风性、生态系统的多样性，加之人多水少、经济增长快和城市以及工农业用水的迅速增加，水资源时空分布不均是我国的基本国情水情，洪涝灾害频繁、水资源严重短缺、水土流失严重以及水生态环境脆弱等特点，决定了我国是世界上治水任务最为繁重、治水难度最大的国家之一。

我国地域辽阔，国土面积 9.6×10^6km^2，全国大小河川总长度约 4.2×10^5km。流域面积在 100km^2 以上的河流有 5000 多条，其中流域面积在 1000 km^2 以上的河流将近 1600 条。天然湖泊面积在 1km^2 以上的约有 2800 多个，其中面积在 100 km^2 以上的约有 130 多个，全国湖泊总面积约 7.56×10^4km^2。此外，还有许多大小冰川，总面积为 5.7×10^4km^2。我国平均年降雨 630mm，水资源总量约为 2.81×10^{12}m^3，其中河川年径流总量 2.71×10^{12}m^3，我国的水资源总量仅次于巴西、苏联、加拿大、美国和印度尼西亚，居世界第六位。但由于我国人口众多，人均占有量大约为 2156m^3(2007 年数据)，仅为世界平均数的约 1/4。到了 2030 年左右，预测中国人口规模达到约 16 亿的峰值，这一数据预计会下降到 1760m^3。根据世界银行报告：人均 3000m^3 是缺水上限，人均 1000m^3 是缺水下限，而目前中国北方人均水资源拥有量为 757m^3，所以我国是水资源贫乏大国。我国总用水量预测见表 6-3。

表 6-3　我国总用水量预测一览表

年　份	1990	2000	2010	2030	2050	2090
总用水量(km^3)	505	600	690	850	960	10200
基本条件：人口适度增长，工业高速发展，坚持节水原则，控制用水定量等						

我国自然降雨在时空上分布不均，更造成许多地区水资源供需矛盾日益尖锐。东南和华南降雨多、西北和华北降雨少。华南沿海平均年降雨量在 1600mm 以上，淮河、秦岭以南降雨大于 800mm，华北和东北大部分在 400～800mm 之间，西北广大地区则少于 250mm，少雨地区的面积约占全国面积的一半。而且降雨季节性强，约 70%的降雨集中在夏秋季的七、八月，并多以暴雨形式出现，其他月份则降雨稀少。此外，我国降雨量年际变化也很大，丰水年和枯水年的水量悬殊。例如，北京 1959 年降水 1405mm，1921 年降水仅 256mm，相差近 5 倍。由于降雨量的年际和年内变化很大，所以容易形成水旱灾害。

按目前的正常需要和不超采地下水，全国年缺水约为 200×10^8～300×10^8m^3，在一般年份，农业受旱面积 1～3 亿亩，因旱减收粮食 200×10^8～300×10^8kg，上千万人饮水困难。全国有四百多个城市供水不足，其中比较严重缺水的有一百多。水资源短缺问题，已经成为未来几十年我国全面实现小康社会所面临的重大挑战之一。

洪水灾害仍然是中华民族的心腹之患，20 世纪 90 年代的十年有六年发生大水，特别是 1998 年的严重洪涝灾害，经济损失上亿元，牵制和影响经济工作大局。给洪水找出路是解决我国洪涝灾害问题的要点，利用水利工程的蓄洪区和分洪河道，对洪水实行“拦、分、蓄、滞、排”的科学有效的控制。而且也可以利用洪水自身有利的一面，使其资源化，比如可以补充地表水和地下水，改善河流和水库天然淤积或冲刷状况，为湿地和滩地等输送水，改善水生态环境，稀释污水，提高受污水体的自净能力等。

水环境恶化日趋严重，近年来，水污染、水土流失、沙尘暴、地下水超采和湿地退化等问题使得我国水体水质呈恶化趋势，引起了全社会的极大关注。

上述问题已经成为制约国民经济和社会发展的重要因素，2011 年 7 月中央水利工作会议在北京举行，这在我国历史上是史无先例的。主要目标是到 2020 年，基本建成防洪抗旱体系、水资源合理配置和高效利用体系等。所以说，水利是伟大而永久的事业，水工建设是最重要的基础建设。

修建水库弥补水量的时间分布不均，跨流域地区调水弥补水量在空间上的分布不均，“十五”期间我国水利基本建设投资总规模大约为四千多亿元。水资源短缺问题已经成为未来二十年我国全面实现小康社会目标所面临的重大挑战之一，水资源的开发利用不仅是经济建设中的水利问题，还对国力强弱和国家安危具有现实的战略意义。继续坝库建设，增加稳定水流，提高江河的可利用率，是今后一定时期内的主要措施，其具有把用水按需下放、防御洪水和发电等重要作用。

在今后的20～30年的一段时间，我国水电发展将迎来高峰，特别是还要修建许多200～300m级高坝，水利科学会进一步发展和提高。

6.2 水工建筑物和水利枢纽工程

6.2.1 水工建筑物的分类及其作用

为了综合利用水资源，最大限度地满足水利事业部门(灌溉、防洪、发电、航运及给水)的需要，必须对整个河流和河段进行全面的开发和治理的综合利用规划。为实现河流综合利用规划，就需要修建不同类型的建筑物，用以挡水、泄水、引水、输水等，这种用来直接实现各种水利目标的工程建筑物称为水工建筑物。水工建筑物就是在水的静力或动力的作用下工作，并与水发生相互影响的各种建筑物，其控制和调节水流，防治水害，是开发利用水资源的建筑物，也是实现各项水利工程目标的重要组成部分。

1. 按水工建筑物的用途分类

1) 一般性建筑物

不只为某一项水利事业服务的水工建筑物称为一般性建筑物。根据它们的功能及其在枢纽中所起的作用又可分为如下几种：

(1) 挡水建筑物。用以拦截水流，壅高水位或形成水库，如各种类型的坝和水闸以及抗御洪水(或潮水)的堤防等；它们可以拦蓄洪水或暂时不用的河水以备后用，可以提高上游水位，既可以加大发电出力或自流灌溉高地，又可以淹没急流险滩大大改善航运条件。河堤和海塘还可以用来抵挡洪水或海潮的袭击，保护人民的生命财产安全。

(2) 泄水建筑物。用以宣泄水库或渠道等的多余的水量或排放冰凌，以保证工程和下游的安全；也可以在汛前放水降低上游水位，以便检修、排沙或起到增加防洪库容等作用，如各种溢洪道、溢流坝、泄洪隧洞、泄水管道和泄水闸等。

(3) 输水建筑物。从水库或河道向下游输送灌溉、发电或工业用水的建筑物，如输水隧道、管道、渠道等。

(4) 取水建筑物。系输水建筑物的首部建筑，用来从水库或河道取水，满足灌溉、发电和给水等的用水要求，如深式进水口、进水塔和各种进水闸等。

(5) 整治建筑物。用以调整和改善河道的水流条件，防止水流和波浪对河床、岸坡的冲刷破坏，如护岸护底建筑物、导流堤、丁坝、顺坝。

2) 专门水工建筑物

(1) 水电站建筑物。如水电站厂房、压力前池、调压井等。

(2) 水运建筑物。如船闸、升船机、过木道等。

(3) 农田水利建筑物。如专为农田灌溉用的量水设备、沉沙池、渠系及渠系建筑物。

(4) 给水排水建筑物。如专门的进水闸、抽水站、滤水设备等。

(5) 过鱼建筑物。如鱼道、鱼梯、鱼闸、举鱼机等。

2．按水工建筑物使用期长短分类

(1) 永久性水工建筑物。永久性建筑物是指工程运用期间长期使用的建筑物，根据重要性又可分为主要建筑物和次要建筑物，前者是指失事后将造成下游灾害或严重影响工程效益的建筑物，如拦河坝、泄洪建筑物、输水建筑物及水电站厂房等。

(2) 临时性水工建筑物。临时性水工建筑物指失事后不致造成下游灾害或对工程效益影响不大并易修复的建筑物，如挡土墙、导流墙等。临时性建筑物指工程施工期间使用的建筑物，如围堰和导流建筑物等。

3．其他分类

有些水工建筑物的功能并非单一，难以严格区分其类型，如各种溢流坝，既是挡水建筑物，又是泄水建筑物；闸门既能挡水和泄水，又是水力发电、灌溉、供水和航运等工程的重要组成部分。有时施工导流隧洞可以与泄水或引水隧洞等结合。

水工建筑物还可以按照不同的特点分类，例如挡水建筑物中的大坝按筑坝材料分类，有土石坝、混凝土坝、浆砌石坝等；按结构受力特点分类，有重力坝、拱坝等。

4．我国大坝近几十年的建设概况

水工建筑物中，大坝是最主要的建筑物之一，我国大坝近几十年的建设概括如下：

1973 年 30m 以上的大坝 1644 座，其中 100m 以上的 14 座，分别占世界的 2.5%和 3.5%；1988 年 30m 以上的大坝 3769 座，其中 100m 以上的 429 座，分别占世界的 41%和 7.2%；2005 年 30m 以上的大坝 4839 座，其中 100m 以上的 130 座，分别占世界的 37.8%和 15%；2008 年 30m 以上的大坝 5191座，其中 100m 以上的 142 座。

20 世纪以来，水工建筑物在世界各国发展迅速，规模也越来越大。如中国在建及拟建水工建筑物与已建成的相比，无论在形式上、规模上都有较大的改进和提高，土石坝的高度从 100m 提高到大于 200m，而混凝土坝的高度在 300m 左右；电站装机容量将达到 300～400 万 kW 甚至 1000 万 kW 以上；一些抽水蓄能或混合式抽水蓄能电站已开始兴建；一些大规模的引水、供水、灌溉等工程亦将相继投入实施。

5．世界高坝建设的发展趋势

从全世界而言，水工建筑物的前景是向高水头、大容量、新材料、新结构等方面发展，当今世界高坝坝型发展中最具特色的三种为：200m 级的碾压混凝土坝、250m 级的面板堆石坝和 300m 级的双曲拱坝。随着施工技术不断提高和大型、高效施工机械及高速、大容量电子计算机的采用，高拱、深埋隧洞及大型地下建筑物等的设计和研究将会有较快的进展。此外，预制构件装配化的中小型水工建筑物的应用，以及水工建筑物监测和管理调度技术等也将随之有较大发展。

6.2.2 水利工程建筑物的特点

水利工程建筑物与房屋建筑物相比，有如下特点：

1．工作条件的复杂性

水工建筑物在水中工作，水对它产生巨大的作用和影响。作用的形式有静水压力、浮托力、渗透压力、波浪压力、冰压力、动水压力等。有时是几种作用同时存在，这使得水工建筑物的工作条件比其他建筑物更为复杂。

2．施工建造的艰巨性

水工建筑物的施工首先要解决的一个问题就是施工导流。要求在整个施工期间，在保证建筑物安全的前提下，让河水改道并顺利下泄，这是一项重要而又艰巨的工作。其次，水工建筑物的工程量一般较大，建筑物往往需要开挖一定深度的基坑，作一些复杂的基础处理。此外，洪水对施工有很大的威胁，一般要在洪水到来之前完成关键性的工程。大型水利工程场地场面大、工种多，因而场地的布置、组织管理工作也十分复杂。

3．设计选型的独特性

水工建筑物的形式、构造、尺寸和工作条件，与建筑物所在地区的地形、地质及水文条件有密切关系，由于各个地区情况不同，以及自然条件多变，因而水工建筑物具有较大的个别性。

4．工程效益的显著性

水工建筑物，特别是大型水利枢纽的兴建，将会给国民经济带来显著的效益。例如，丹江口水利枢纽建成后，从1968年至1983年底发电524亿kW·h，经济效益达34亿元，相当于工程造价的4倍，为河南唐白河地区及湖北省北部1100万亩农田提供灌溉水源，并为华北地区调水创造条件。

5．环境影响的多面性

水工建筑物，特别是大型河川综合利用水利枢纽，对人类社会产生较大的影响，同时也由于改变了河流的自然条件，对生态环境、自然景观、甚至对区域气候都有可能产生较大影响。其有利方面如绿化环境、改良土壤，形成旅游和疗养场所，甚至发展为新兴城市。但另一方面，由于水库水位抬高，在库区造成淹没，需要移民和迁建；库区周围地下水位升高，对矿井、房屋、铁路、农田等产生不良影响；甚至引起由于水质、水温等因素使库区附近的生态平衡发生变化；在地震多发区建造大型水库，有可能引起诱发地震；库尾的泥沙淤积，可能使航道恶化；清水下泄又可能使下游河道遭受冲刷等。

6．失事后果的严重性

一旦大坝倒塌失事，库内巨大的水量倾泄下游，将会造成超过自然情况所能发生的严重灾害。据统计，我国1954年至2006年间已有3000多起溃坝事件，其中土石坝占98%，坝高30m以下的占92%。目前由于科技的进步，坝的可靠性逐步提高，破坏率已经降至0.2%。据有关专家统计，按大坝中失事以及出现事故的统计结果为：地基渗漏或沿连接边墩渗漏占16%；地基丧失稳定性占15%；洪水漫顶及泄洪能力不足占12%；坝体集中渗漏占11%；侵蚀性水或穴居动物通道占9%；地震(包括水库诱发地震)占6%；温度裂缝和收缩裂缝占6%；水库蓄水或放空不当占5%；冰融作用占4%；运用不当占4%；波浪作用占2%；原因不明的有10%。而且大坝事故多在施工期以及使用初期发生，说明设计和施工中的缺欠大部分是在使用初期就暴露出来。有些水工建筑物的失事与某些难以预见的自然因素和人们当时认识能力及技术水平限制有关，也有些是不重视勘测、试验研究或施工质量欠缺所致，后者应加以杜绝。

6.2.3 水利枢纽的任务

水利枢纽是由若干不同用途的水工建筑物组成的综合体，其任务是实现河流综合利用对某一河段的开发和利用提出要求，完成有关各水利事业部门提出的任务。

如果水工建筑物所组成的综合体覆盖相当大的一个区域，其中不仅包括一个水利枢纽，而且是包括几个水利枢纽，形成一个总的体系，那么，这一综合体便称为水利系统，例如我国以礼河梯级的水利发电系统、以苏北灌溉总渠为骨干的苏北灌溉系统、安徽淠史杭灌溉系统、京杭南北大运河的航运系统等。有时，某些水利系统甚至是跨流域的，例如南水北调工程，就是把长江流域多余水量的一部分调到北方干旱缺水地区，这是我国水利规划中的最大的跨流域的调水工程系统。本书内容主要是整个河流开发和治理中某一河段上的水利枢纽及其组成建筑物。

6.2.4 水利枢纽的组成建筑物

一个水利枢纽应包括哪些组成建筑物，要由河流综合利用规划中对该枢纽提出的任务来确定。例如，为了满足防洪、发电及灌溉等的要求，必须在河流适当地点修建拦河坝，用以抬高水位形成水库，调节河道的天然流量，即把洪水期河道不能容纳的部分洪水存蓄在水库里，以便消减河道的天然流量，防止洪水灾害的发生。但在运行过程中还可能会遇到水库容纳不下的洪水，这就需要建造一个宣泄洪水的通道，称为溢洪道或泄水隧洞。为了引用库中蓄水以供水力发电、农田灌溉和城市给水等应用，还要建造通过坝身的引水管道或穿过河岸山体的引水隧洞，以及水电站建筑物。其中拦河坝、溢洪道、引水道(或输水道)是组成河川水利枢纽必不可少的水工建筑物(图 6-1)。

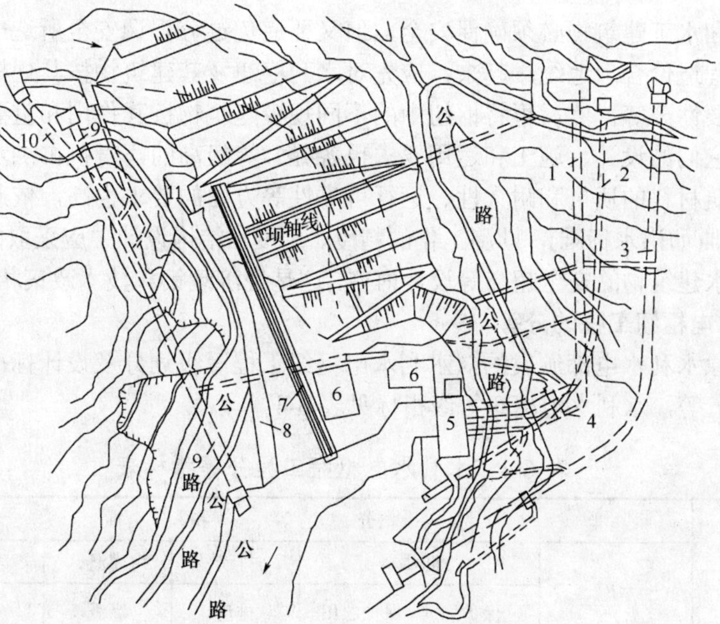

图 6-1 碧口水电站枢纽布置图

1—引水发电隧洞；2—排沙洞；3—左岸泄洪洞；4—调压井；5—发电厂房；6—开关站；7—过木道；8—溢洪道；9—泄洪洞；10—导流洞；11—灌溉管道。

图 6-1 是甘肃省白龙江碧口综合利用水利枢纽工程布置示意图，它是一座以发电为主，综合防洪、灌溉、养鱼等用途的大型水利水电工程。其主要建筑物有：最大坝高达 101.8m 的土质心墙坝，用以拦河挡水，形成 5.16×10^8m^3 的库容；右岸溢洪道和左、右岸泄洪隧洞，共同担负着宣泄水库中多余洪水的任务，其中右岸泄洪洞在施工期兼作导流洞；左岸排砂隧洞，在枢纽运行期间用以排除库内的部分泥沙，延长水库的寿命；水电站建筑物，包括引水隧洞、调压井、压力管道和电站厂房，装有水轮发电机 3 台，总装机容量为 30 万 kW；过木道设于

右岸坝肩，解决上游木材的过坝问题，年过坝量 50 万 m^3；灌溉引水管道，供右岸农田用水。

都江堰水利工程位于四川成都平原西部的岷江上，是公元前 256 年修建的一座大型的水利工程，是现存的最古老而且依旧在发挥作用、造福人民的水利工程。其主要水工建筑物由鱼嘴分水堤、飞沙堰溢洪道、宝瓶口进水口三大部分构成，科学地解决了江水自动分流、自动排沙、控制进水流量等问题。

三峡工程是当今世界上较大的水利枢纽工程，其位于长江三峡之一的西陵峡的中段，宜昌市的三斗坪，三峡工程建筑由大坝、水电站厂房和通航建筑物三大部分组成。大坝为混凝土重力坝，大坝坝顶总长 3035m，最大坝高 181m，设计正常蓄水水位枯水期为 175m(丰水期为 145m)，总库容 393 亿 m^3，其中防洪库容 221.5 亿 m^3。水电站左岸设 14 台，右岸 12 台，共 26 台水轮发电机组。通航建筑物包括永久船闸和垂直升船机，均布置在左岸，永久船闸为双线五级连续船闸。2006 年 5 月 20 日三峡大坝落成，长江三峡水利枢纽工程提前两年正式开始履行其防洪使命。三峡工程以解决长江水患为主要功能，工程完工之后，长江中下游地区将能够抵御百年一遇的洪水。除了防洪，三峡工程还具有发电、航运等综合效益。

6.2.5 水利枢纽和水工建筑物的等级划分

水利枢纽和水工建筑物必须确保安全，但又要避免过分强调安全所造成的浪费，为了使工程安全和工程造价合理地统一起来，应先对水利枢纽及其建筑物按其规模、效益及其在国民经济中的重要性分等；然后再将枢纽中的不同规模建筑物按其作用和重要性分级。等别、级别不同，对它们的设计、施工和运用要求也各异。等级高的，对抗御洪水能力、强度和稳定安全度、建筑材料的质量和耐久性、运行可靠性等方面的要求也高，依此原则来确定工程的规划设计标准(如洪水标准)，勘测工作的精度、广度，结构设计中应采取的强度、稳定和安全系数以及挡水建筑物的安全超高等设计内容，这是经济政策和技术政策相结合的重要体现。

1．水利水电枢纽工程的分等

根据我国原水利水电部颁发的《水利水电枢纽工程等级划分及设计标准》规定，水利水电工程划分为五等，水利水电枢纽等级指标见表 6-4。

表 6-4 水利水电枢纽工程分等指标表

工程等别	工程规模	分等指标						
		水库	防洪		排涝	灌溉	供水	发电
		水库总库容/亿 m^3	保护城镇及工矿区	保护农田面积/万亩	排涝面积/万亩	灌溉面积/万亩	供水对象重要性	装机容量/万 kW
I	大(1)型	≥10	特别重要	≥500	≥200	≥150	特别重要	≥120
II	大(2)型	10～1.0	重要	500～100	200～60	150～50	重要	120～30
III	中型	1.0～0.1	中等	100～30	60～15	50～5	中等	30～5
IV	小(1)型	0.1～0.01	一般	30～5	15～3	5～0.5	一般	5～1
V	小(2)型	0.01～0.001		<5	<3	<0.5		<1

对于综合利用的水利工程，如按表 6-4 中指标分属几个不同等别时，整个枢纽的等别应以其中的最高等别为准。规模巨大且在国民经济中占有特别重要地位的水利水电枢纽工程，

经论证其等别可另行确定。

2．水工建筑物的分级

水利水电枢纽工程的水工建筑物，根据其所属工程等别及其在工程中的作用和重要性划分为五级，级别按表 6-5 确定。

表 6-5　永久性水工建筑物的级别

工程等别	Ⅰ	Ⅱ	Ⅲ	Ⅳ	Ⅴ
主要建筑物	1	2	3	4	5
次要建筑物	3	3	4	5	5

注：1—主要建筑物是指失事后将造成下游灾害或严重影响工程效益的建筑物。例如：坝、泄洪建筑物、输水建筑物及电站厂房等。

2—次要建筑物是指失事后不致造成下游灾害或对工程效益影响不大易于恢复的建筑物。例如：挡土墙、导流墙、工作桥及护岸等

对于同时具有几种用途的水工建筑物，应根据所属最高等别确定其级别。对具特殊条件的水工建筑物，经过论证，可适当地提高或降低其级别。

可以提高一级的情况为：

(1) 水库的大坝坝高超过一定限度。

(2) 建筑物的工程地质条件特别复杂。

(3) 当采用实践经验较少的新坝型和新结构时。

(4) 综合利用的枢纽工程，如按库容和不同用途的分等指标，其中有两项接近同一等别上限时的共同建筑物。

当临时性水工建筑物失事，将使下游城镇工矿区或其他国民经济部门造成严重灾害，或严重影响工程施工时，视其重要性或影响程度，应提高一级或两级。低水头或失事后损失不大的建筑物，则可适当降低级别。

6.3 水　库

6.3.1 水库的作用与类型

水库是人工建造的蓄水湖泊。可在河流的适当地点筑坝挡水，在坝体上游形成人工蓄水湖，或在湖泊出水口附近建造水利枢纽，变天然湖泊为水库，大多数水库是建在河流上。我国水库数量从新中国成立前的 1200 多座增加到约 9.8 万座，总库容从约 200 亿 m^3 增加到约 9.323 亿 m^3。大江大河重要河段基本具备防御新中国成立以来发生最大洪水的能力，重要城市防洪标准达到 100～200 年一遇。修建水库作为抗洪防灾和水资源开发利用的重要手段，一直是国民基础经济建设的重要组成部分。由于我国水资源分布时间、空间显著的不均匀性，水库的建设开发在我国经济建设过程中一直处于非常重要的地位。尤其近年来，我国水电开发迅速发展，带来巨大的社会效益和经济效益。

1．水库的作用

(1) 拦蓄洪水以防止水涝灾害，例如：三峡工程可以拦蓄百年一遇的入库洪峰流量 83700m^3/s，使下泄流量控制在 56700m^3/s 以内，使其下游的沙市最高水位低于 44.5m，宜昌

下游的长江大堤可不用加高，相当于把长江大堤的防洪标准从目前的二十年一遇提高到百年一遇。

(2) 按用水部门需要，有计划地分配径流。

(3) 抬高水位，为有关部门服务。

水库与天然湖泊的不同在于水库的水位和水量不仅取决于水库上游的天然水量，也取决于人们的控制和调度。所以，兴建水库是人类开发水利资源和水能资源的重要手段。

大型水库应考虑综合性利用开发，如防洪、灌溉、给水、航运、水产养殖、改善环境、开展旅游等。但是，这些不同方面的要求，往往互相矛盾，难以全面照顾，所以，要以水库的地理环境、工程规模等具体条件，决定开发的主要目标，兼顾其他方面。有的水库以防洪为主，如淮河流域的一些水库；一些水库以发电为主，如吉林省的白山水电站。

2．水库的分级

水库规模的大小，通常以库容的大小来衡量(表 6-6)。

表 6-6　水库分级表

水库类型	大型		中型	小型		塘坝
	巨型	大型		小(1)型	小(2)型	
总库容($\times 10^8 m^3$)	>10	10～1	1～0.1	0.1～0.01	0.01～0.001	<0.001

水库总库容是划分水利枢纽工程等级的最重要的指标，它从总体上表明了水利枢纽的规模，我国已建成各类水库中多为小型水库。

3．水库的分类

1) 按水库在河流上的位置分类

(1) 山谷水库是指建在山谷丘陵区的水库，还可再分为峡谷水库和丘陵水库。

高山峡谷一般是在河流上游，流域面积小，水量少，河床坡降大，河谷横断面多呈“V”字形。在此修建水库库容不大，但容易获得高水头，大落差，对水利发电有意义。

丘陵区一般在河流中、上游，流域面积较大，水量较充沛，河床坡降较缓，横断面多呈“U”形，往往是河流开发重点，可以防洪、发电、灌溉和改善航运条件等。

(2) 平原水库是建于河流中、下游平原区的水库。

位于河流的中、下游，河床坡降较缓，河面宽阔，淤积严重，横断面变化较大。河流沿岸多是村落、城镇、交通要道等人烟稠密的地方。为了避免过大的淹没损失，可以建筑低水头水利枢纽。

2) 按水库调节周期的长短分类

(1) 日或周调节水库。是指在一日之内或在一周之内按用水量调节一次的水库。水电站的用水量就可以在一日之内或一周之内进行调节。某个时段电力负荷大，用水量也大；某些时段用电量少，用水量也少；有的电力负荷变化周期是一天，有的是一周。

(2) 年调节水库。是指由于不同季节河川流量变化较大，通常情况在汛前空到一定高程，汛期蓄存一部分洪水或者多余水量，以提高同年枯水期的河川流量，进行一年内水量的重新分配的水库。大多数中、小型水库均属此种类型。

(3) 多年调节水库。这类水库库容一般都较大，它是将丰水年的多余水量蓄存起来，以补枯水年水量的不足，进行多年内的水量重新分配的水库。对大型水库来讲，水库蓄满或泄空的仅是兴利库容的一部分，而完全泄空只是在一系列枯水年才会发生。例如永定河上的官厅水库、黄河上的三门峡水库及丹江口水库等均为多年调节水库。这类水库同时也可以进行年、周或日调节。

6.3.2　水库的特征水位与特征库容

水库的作用或功能是多方面的。各种功能都必须有具体的指标，这些指标的形式就是具有各种含义的特征水位和特征库容(图 6-2)。其关系到拟建水库工程的总体规模、总体目标、淹没的范围和搬迁人口等各方面的重大得失问题。

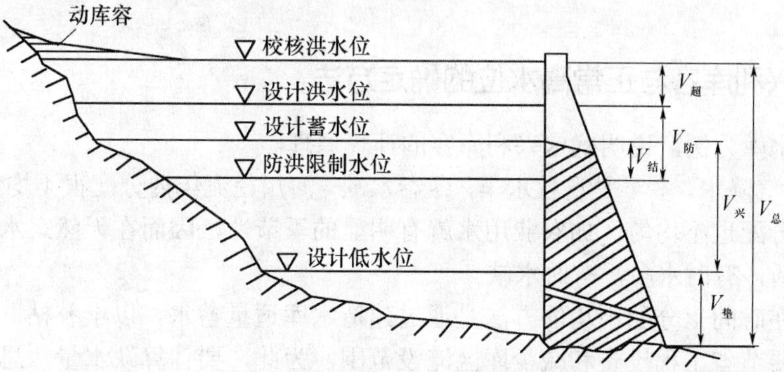

图 6-2　水库特征水位和库容示意图

1．设计低水位与垫底库容

水库在正常用水调节条件下，所能允许泄空的最低水位，称为设计低水位或死水位，其以下的库容为垫底库容(或叫死库容)。死水位以下的水量，一般不许动用。为了维持水库的正常运行，死水位由河流泥沙淤积高程(在水库有效使用年内)、自流灌溉孔口高程、水电站保证出力所需水头、上游航运所需的水深、养殖业的要求等方面的条件来决定。只有特殊原因，如排沙、检修和备战等，才考虑泄放这部分水体。

2．设计蓄水位(正常高水位)与兴利库容

为满足各用水部门在枯水期或枯水年的需水量，水库要在丰水期或丰水年积蓄一定的水量，以保证除损耗之外，能满足水库正常运行，这部分库容称为兴利库容或有效库容，有效库容蓄满后的水位称正常高水位或设计蓄水位，确定兴利库容是水库建设的重要目标之一。

3．防洪限制水位与结合库容

为使水库在汛期发挥调节洪水的作用，规定在洪水到来之前，把水库的蓄水下泄到某一水位，腾空一部分库容，以备拦蓄洪水，这一特定水位称防洪限制水位(汛前限制水位)，从防洪限制水位到设计蓄水位之间的库容为结合库容(或叫共用库容)。

4．设计洪水位与防洪库容

水库的预定防洪目标称为设计洪水，体现防洪目标的设计参数是设计洪水位与防洪库容，设计洪水位要按照水工建筑物的级别，采用规范规定的设计洪水累积频率或重现期进行设计洪水调节计算。进行设计洪水调节计算时出现的最高水位为设计洪水位，自汛前限制水位到设计洪水位之间的库容为防洪库容或设计调洪库容，防洪库容是衡量水库防洪能

力的重要指标。

5．校核洪水位与非常拦洪库容

按发生校核洪水累积频率的洪水进行水库蓄洪调节计算，将能达到的最大高度，称为校核洪水位，这是水库非常运行情况的最高水位。自汛前限制水位到校核洪水位之间的库容称为非常拦洪库容(或校核调洪库容)，自设计洪水位到校核洪水位之间的库容为超高库容。

6．水库总库容

校核洪水位以下的库容为水库的总库容。

水库的特征水位和库容的确定，与河流的水情、国民经济各部门的要求和建设投资等条件有关。

6.3.3 水库兴利库容与正常高水位的确定方法

以年调节水库为例，说明确定兴利库容的计算原理。

我国的大气降水，多半是夏秋水丰，冬春水缺，河川径流年内分配很不均匀。另一方面，用水量在年内分配也不均匀，如农业用水就有明显的季节性，因而在天然来水量与用水量之间常常发生矛盾，有时水多，有时水缺。

解决降水在时间上分配不均的方法是通过建造水库适量蓄水，以丰补枯。蓄水既要满足用水需要，又要节省工程投资和减少库区淹没范围，为此，要计算缺水量。思路是通过对一年中各个时段(月)的天然径流流量过程线与用水流量过程线进行比较，找出各个缺水时段的缺水量，累加之，即可得出一年的缺水量，再计入损耗水量就是应有的蓄水量，即为兴利库容。

例如，根据某一水文站历年实测的年内来水过程及用户的年内用水过程可计算出任何一年的缺水量，亦即可计算出任何一年的兴利库容，但我们必须确定出有代表性的兴利库容。实测表明，历年的年径流量各不相同，即年径流量有年际变化。因此要用概率统计理论来寻求有代表性缺水年，即设计枯水年，以使计算出的兴利库容对用水有合理的保证。

通常是用多年实测的水文资料绘制出年平均流量序列的累计频率曲线，按照具体情况采用 90%～95%的设计累计频率所对应的年径流量作为设计枯水年径流量，选择与设计枯水年径流量相近的、枯水期最长、枯水流量最小的实测年内设计流量过程，按其年径流量与设计枯水年的年径流量的比例，确定设计枯水年的年内设计流量过程线。

具体的计算多采用列表法：首先以一年为计算时间，分别按上述原则求出天然河道不同时段(月)来水量和用水量情况，计算出各月来水量和用水量之差，即为余水量和缺水量，再求出连续缺水月份的缺水量之和，即为兴利库容，按库容与水位的关系曲线，就可确定出正常高水位(设计蓄水位)，多余的来水可作为弃水下泄(表 6-7)。

表 6-7 考虑损失的年调节水库计算表

月份	来水量($\times10^4m^3$)	用水量($\times10^4m^3$)					水量差额($\times10^4m^3$)		月末库容($\times10^4m^3$)	弃水量($\times10^4m^3$)
		灌溉	发电	给水	渗漏及蒸发	合计	盈余	不足		
1	213		509	13	25	547		334	1730	
2	205	140	461	13	27	641		436	1294	
3	161		509	13	40	562		401	893	

(续)

月份	来水量 ($\times10^4m^3$)	用水量($\times10^4m^3$)					水量差额($\times10^4m^3$)		月末库容 ($\times10^4m^3$)	弃水量 ($\times10^4m^3$)
		灌溉	发电	给水	渗漏及蒸发	合计	盈余	不足		
4	249	379	493	13	47	932		683	210	
5	599	246	509	13	41	809		210	0	
6	1520	128	495	13	58	694	826		826	
7	1645	131	508	13	59	711	934		1760	
8	1420	112	509	13	49	683	737		2497	
9	773	14	495	13	42	564	209		2627	79
10	600		510	13	32	555	45		2627	45
11	346		493	13	25	531		185	2442	
12	309	140	509	13	25	687		378	2064	
合计	8040	1270	6000	156	470	7916		2627		124

6.3.4 防洪库容与设计洪水位

1. 设计洪水

1) 洪水

河中流量激增，水位猛涨并具有一定危害性的大水称为洪水。我国大部分地区在大陆季风气候影响下，降雨时间集中，强度很大。汛期集中全年雨量的 60%～80%，而汛期中最大一个月雨量又占全年的 25%～50%，因此，我国大部分地区的洪水是由于连续暴雨或久雨不晴形成的；其次，由于春季迅速融雪、冬季冰凌塞流也可造成灾害性洪水。

一切水工建筑物在运行期间都将遇到洪水的袭击，排水工程中泄水建筑物结构尺寸、取水工程中建筑物的设置高程、水库设计、堤防工程都必须掌握河段的洪水情势。因此，洪水的水文计算也是工程设计中的重要课题。

2) 设计洪水三要素

考虑到水工建筑物在运用期间防御洪水的需要和可能发生的洪水情势，常需要拟定一个适当的洪水作为设计水工建筑物的依据和标准，这种设计中预计的洪水称为水工建筑物的设计洪水。设计洪水的分析计算主要有三个问题，即洪峰流量大小、洪水流量逐时变化情况(洪水过程线)及一定时段内的洪水总量，统称为设计洪水三要素。目前对设计洪水的选定多采用频率分析方法，按规定的设计频率标准来确定设计洪水(表 6-8 和表 6-9)。

表 6-8　平原地区水库工程永久性水工建筑物的洪水标准

建筑物级别		1	2	3	4	5
设计洪水重现期(年)	设计情况	300～100	100～50	50～20	20～10	10
	校核情况	2000～1000	1000～300	300～100	100～50	50～20

表 6-9　山区、丘陵区水利水电工程永久性水工建筑物的洪水标准

级别	设计情况洪水重现期(年)	校核情况洪水重现期(年)	
		土石坝	混凝土坝、浆砌石坝
1	1000～500	10000～5000	5000～2000
2	500～100	5000～2000	2000～1000
3	100～50	2000～1000	1000～500
4	50～30	1000～300	500～200
5	30～20	300～200	200～100

3) 设计洪水的推求方法

设计洪水的推求方法随实测资料情况而异，主要有两大类：一是由实测流量资料推求；二是由暴雨资料推求。有时在要求不高，并希望迅速给出计算成果时，也可采用经验公式或利用各地水文手册中有关图表和等值线图进行估算。

2．水库的消洪作用与防洪库容

水库通过拦蓄洪水，可以消减洪峰流量，保护下游免受洪灾。如永定河官厅水库 1953 年汛期，来自上游夹河的进库洪峰流量高达 $2800m^3/s$，而出库的流量约为 $900m^3/s$，可见由于水库拦洪，洪峰流量大为消减，洪水对下游的威胁也大为减轻。

为了保证安全有效地向下游宣泄洪水，水利枢纽必须设置泄洪建筑物，其类型有表面式的溢洪道、深水式的溢洪隧道。溢洪道有带闸门和不带闸门的两种形式。

现以有闸门的溢洪道为例，说明水库调节洪水的过程(图 6-3)。假定设计洪水到来之前，水库水位已降到汛前限制水位高程，相应于该水位的闸门全开时的下泄能力称为起始泄量 q_0，洪水到达后打开闸门泄放洪水。当时间 $t=t_0$，洪水入库流量 Q 开始超过闸门起始泄量 q_0 时，水库开始拦蓄洪水，水库水位也随着逐渐升高，闸门下泄流量 q 不再是 q_0，而是随水位上升而增大。当 $t=t_1$ 时，上游洪峰到达，此时一段时间，虽然入库流量 Q 小于洪峰流量 Q_m，但仍大于闸门下泄流量 q，所以水库水位仍然上升，相应的闸门下泄流量 q 也继续增大，一直到 $t=t_2$ 时，入库流量 Q 与下泄流量 q 相等，这时水库水位达到最高值，即设计洪水位，同时闸门下泄流量也达到最高值 q_m，如果流量 q_m 不对下游造成灾害，则这个调洪过程的分析计算就是合理的，它对洪峰流量 Q_m 的消减量就是 Q_m 与 q_m 之差。

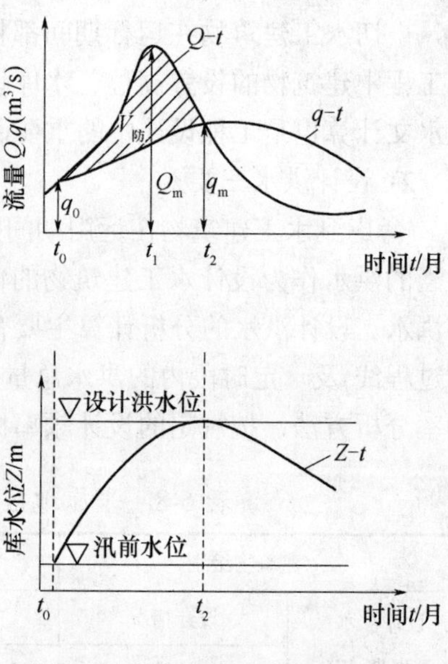

图 6-3　水库的调洪过程示意图

水库的防洪库容等于洪水调节过程中的全部蓄洪量，即图 6-3 上洪水过程线 Q-t 与泄洪过程线 q-t 包围的阴影面积。由其下图可以看出，在 $t=t_2$ 时，$q=q_m$ 设计洪水过程线 Z-t 此时达到最高值，即设计洪水位。

3．水利工程的发展趋势

水利工程的发展趋势如下：

(1) 防治水灾的工程措施与非工程措施进一步结

合，非工程措施占越来越重要的地位。

(2) 水资源的开发利用进一步向综合性、多目标发展。

(3) 水利工程的作用，不仅要满足日益增长的人民生活和工农业生产发展的需要，而且要更多地为保护和改善环境服务。

(4) 大区域、大范围的水资源调配工程，如跨流域引水工程，将进一步发展。

(5) 由于新的勘探技术、新的分析计算和监测试验手段以及新材料、新工艺的发展，复杂地基和高水头水工建筑物将随之得到发展，当地材料将得到更广泛的应用，水工建筑物的造价将会进一步降低。

(6) 水资源和水利工程的统一管理、统一调度将逐步加强。

复习思考题

1. 何谓水资源？怎样才能合理地利用水资源？
2. 我国水资源概况、问题及解决问题的办法有哪些？
3. 什么是水利枢纽？其由哪些部分组成？
4. 什么是水利工程和水工建筑物？水工建筑物有哪些类型和特点？
5. 为什么要对水利枢纽和水工建筑物进行等级划分？分等分级的依据是什么？
6. 水库的类型和作用有哪些？
7. 什么是水库特征水位和特征库容？
8. 如何确定年调节水库的兴利库容？
9. 设计洪水三要素是什么？体现水库防洪目标的具体参数有哪些？

第7章 重力坝

7.1 概　述

重力坝是出现最早的一种坝型，其历史悠久，是至今还广泛采用的一种坝型(图 7-1)。它结构简单、工作可靠，是一种依靠自身重量维持稳定的挡水建筑物。

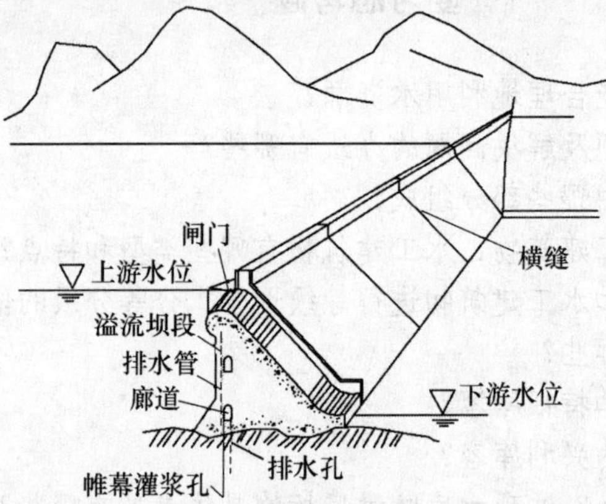

图 7-1　混凝土重力坝示意图

公元前 2900 年埃及美尼斯王朝在首都孟斐斯城附近的尼罗河上，建造了一座高 15m、长 240m 的挡水坝。中国于公元前 3 世纪，在连通长江与珠江流域的灵渠工程上，修建了一座高 5m 的砌石溢流坝，迄今已运行 2000 多年，是世界上现存的、使用历史最久的一座重力坝。18 世纪，在法国和西班牙用浆砌石修建了早期的重力坝，横断面都很大，接近于梯形。后来在筑坝实践中，设计理论逐步发展，法国工程师们开始拟出一些重力坝的设计准则，如抗滑稳定、坝基应力三分点准则等，出现了以三角形断面为基础的重力坝断面。20 世纪初，由于混凝土工艺和施工机械的迅速发展，在美国建造了阿罗罗克坝和象山坝等第一批混凝土重力坝。1930 年以后，美国修建了高 183m 的沙斯塔坝和高 168m 的大古力坝以后，重力坝的设计理论和施工技术有了一个飞跃。1950 年以后，重力坝继续得到发展，在瑞士修建了当今世界上最高的重力坝——大迪克桑斯坝，坝高 285m；在印度修建了高 226m 的巴克拉坝和高 192m 的拉克华坝；在美国修建了高 219m 的德沃夏克坝。在中国，20 世纪 60 年代初建成高 106m 的三门峡重力坝和高 105m 的新安江宽缝重力坝；70 年代建成了高 147m 的刘家峡重力坝和高 90.5m 的牛路岭空腹重力坝；80 年代又建成了高 165m 的乌江渡拱形重力坝(表 7-1)。1970 年以后，世界上创造出碾压混凝土坝筑坝技术。美国威洛克里克坝(或叫柳溪坝)、日本岛地川坝、中国福建坑口坝和南盘江天生桥二级水电站首部枢纽都采用了这种施工技术。坑口坝坝高 56.8m，通仓浇筑，不设横缝，但在迎水面增设防渗面,简化了坝体构造。近年来，碾压混凝土重力坝在我国发展很快，已建和在建的坝有很多，比如：龙滩工程最大坝高为

216.5m，为目前世界上最高的碾压混凝土大坝，采用单薄断面体型设计，为碾压混凝土界专家称奇赞叹，龙滩水电站是国家在西南地区的一项具有重大意义的开发式扶贫工程，对优化华南地区电力结构、缓解珠江三角洲地区的防洪压力、促进西南地区经济发展意义重大。

表 7-1 我国部分 90m 以上的重力坝一览表

序号	工程名称	建设地点	坝型	坝高 (m)	库容 ($\times 10^6 m^3$)	坝体工程量 ($\times 10^6 m^3$)	建设年代
1	三　峡	湖　北	重力坝	181	39300	16	1993—2009
2	刘家峡	甘　肃	重力坝	147	6090	0.76	1964—1974
3	漫　湾	云　南	重力坝	132	1110	1.53	1986—1993
4	宝珠寺	四　川	重力坝	132	2550	2	1985—1995
5	湖南镇	浙　江	梯形重力坝	129	1170	1.45	1970—1977
6	安　康	陕　西	重力坝	128	3200	2.1	1976—1992
7	江　桠	湖　南	碾压混凝土重力坝	128	1740	1.35	1995—1999
8	故　县	河　南	重力坝	121	1200	1.34	1978—1990
9	大朝山	云　南	碾压混凝土重力坝	118	890	1.5	1997—2001
10	云　峰	吉　林	宽缝重力坝	113.8	3856	2.74	1957—1967
11	棉花滩	福　建	碾压混凝土重力坝	111	200	0.55	1997—2001
12	岩　滩	广　西	碾压混凝土重力坝	110	2400	1.72	1984—1992
13	潘家口	河　北	宽缝重力坝	107.5	2930	2.62	1975—1983
14	水　丰	辽　宁	重力坝	107	14660	3.4	1937—1943
15	黄龙滩	湖　北	重力坝	106	1170	0.98	1969—1975
16	三门峡	河　南	重力坝	106	1620	1.63	1957—1973
17	新安江	浙　江	宽缝重力坝	105	21626	1.38	1957—1960
18	新丰江	广　东	支墩坝	105	1400	1.06	1956—1960
19	水　口	福　建	宽缝重力坝	101	2600	1.81	1985—1993
20	丹江口	湖　北	宽缝重力坝	97	20866	2.93	1964—1974
21	枫树坝	广　东	空腹重力坝	95.5	1940	0.67	1970—1975
22	朱　庄	河　北	浆砌石重力坝	95	430	1.04	1971—1985
23	牛路岭	海　南	空腹重力坝	93.3	685	0.39	1976—1982
24	安　砂	福　建	宽缝重力坝	92	740	0.47	1970—1975
25	丰　满	吉　林	重力坝	90.5	10780	1.94	1937—1954
26	万家寨	山西、内蒙	重力坝	90	890	2	1994—1999

世界各国修建于宽阔河谷处的高坝，多采用混凝土重力坝；坝轴线一般为直线，断面形式较简单，便于机械化快速施工，混凝土方量较多，施工中需要严格的温度控制措施；坝顶可以溢流泄洪，坝体中可以布置泄流孔洞。

7.1.1 混凝土重力坝的优缺点

1．混凝土重力坝优点

混凝土重力坝优点如下：

(1) 相对安全可靠。重力坝剖面尺寸大，应力较低，坝体材料强度高，耐久性好，因而抵抗水的渗漏、洪水漫顶、地震和战争破坏的能力较强；据统计，重力坝在各坝型中失事率是较低的。

(2) 对地形地质条件适应性较好。几乎任何形状的河谷都可以建重力坝。坝体作用于地基面上的压应力不高，所以对地质条件的要求也较低，一般来说，具有足够强度的岩基均可满足要求，也有些低坝建在土基上。

(3) 枢纽泄洪问题容易解决。坝体剖面形态适于在坝上布置溢洪道和坝身设置泄水孔，一般不需要另设河岸溢洪道或泄洪隧洞。

(4) 便于施工导流。由于筑坝材料的抗冲刷能力强，因此在施工期可以利用较低的坝块或底孔导流；

(5) 施工方便。大体积混凝土，可采用机械化施工。其结构简单，施工技术比较容易掌握，在放样、立模和混凝土浇捣方面都比较方便。

(6) 结构作用明确。重力坝沿坝轴用横缝分成若干坝段，各坝段独立工作，应力分析和稳定分析都比较简单。

(7) 可利用块石筑坝。若块石来源丰富，可做中小型的浆砌石重力坝或堆石混凝土重力坝，或可在坝内混凝土中埋置适量的块石，以减少水泥用量和水化热温升、降低造价。

2．混凝土重力坝缺点

混凝土重力坝缺点如下：

(1) 材料强度未得到充分发挥。坝体庞大，用水泥量多，坝体应力低，不能充分发挥材料的强度，坝体与地面接触面积大，因而坝底的扬压力较大，对稳定不利；一般的混凝土建筑物，比如楼房，板或梁，形成的建筑物构造都是中空的，很节省混凝土，充分利用了材料的性能；但是重力坝是实体的，所以材料只是为了增加自重和稳定性，并没有把强度的性能发挥出来。

(2) 温控要求高。坝体体积大，施工期混凝土的温度应力和收缩应力较大，在施工期对混凝土温度控制的要求高。

(3) 坝底扬压力大。坝体和地基接触面积大，因而坝底扬压力较大，对稳定不利。

以上前两个缺点在碾压混凝土重力坝中可以得到改善。

7.1.2 重力坝的类型及结构形式特点

1．重力坝的类型

(1) 按坝高度分为低坝(小于 30m)、中坝(30～70m)、高坝(大于 70m)。

(2) 按筑坝材料分为混凝土(常态混凝土、碾压混凝土)重力坝、浆砌石重力坝、堆石混凝土重力坝。

(3) 按断面结构形式分为实体重力坝、宽缝重力坝、空腹重力坝、预应力重力坝。

(4) 按地基条件分为岩基上的重力坝和土基上的重力坝。

(5) 按泄水条件分为溢流坝(表、中、底孔)和非溢流坝。

2．重力坝的结构形式特点

(1) 实体重力坝的断面全部为实体，坝段之间仅留有 10～20mm 的窄缝，其形式简单，设计和施工方便，应力分布明确；缺点是扬压力大和材料的强度不能充分发挥，工程量较大。

(2) 宽缝重力坝是将实体重力坝横缝的中下部扩宽而成，宽缝的设置能使扬压力降低，较好地利用材料的强度，可节省混凝土10%以上，并便于坝内检查和维修；但施工技术复杂，模板用量大。

(3) 空腹重力坝是在坝体内设置大型纵向空腔，其不仅可以进一步降低扬压力，节约坝体混凝土方量，而且可以利用坝内空腔布置水电站厂房，坝顶溢流宣泄洪水；但它施工困难，钢筋用量较多。

(4) 预应力重力坝是利用受拉钢缆或钢杆对重力坝的上游侧施加压力，以增加坝身稳定，并可改善坝身应力分布，减少混凝土用量；但施工复杂，用钢量多，通常仅在小型工程和旧坝加固工程中使用(图 7-2)。

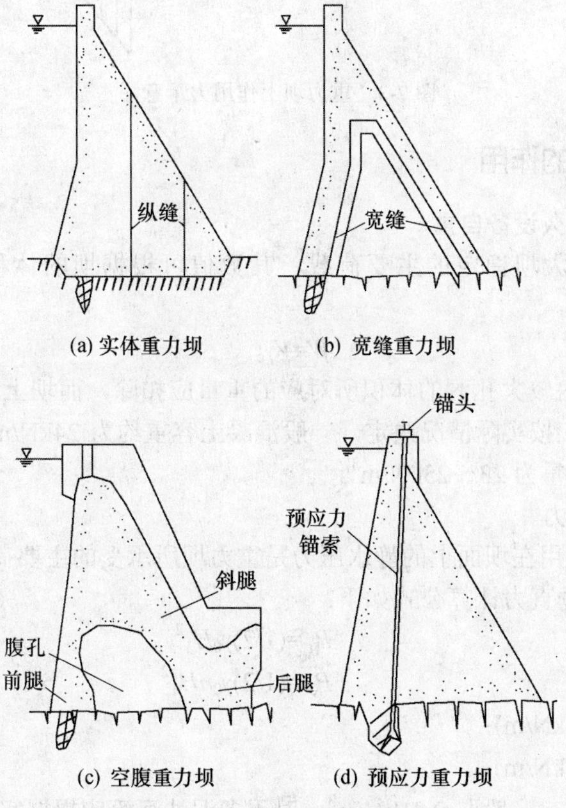

图 7-2　重力坝的结构形式

本章主要介绍实体重力坝。

7.2 重力坝的荷载及其组合

作用在重力坝上的荷载主要有坝体及其上永久设备自重、上下游坝面上的水压力、扬压力、浪压力、泥沙压力、地震力及冰压力等(见图 7-3)。设计重力坝时应根据具体的运用条件确定各种荷载的数值，并选择不同的荷载组合，用以验算坝体的稳定与强度。

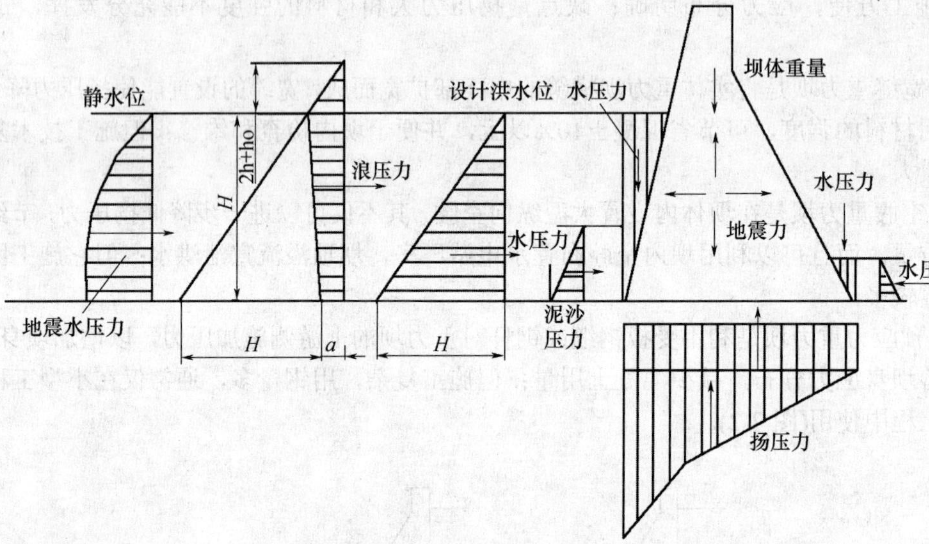

图 7-3 重力坝上作用力示意图

7.2.1 施加坝体上的作用

1．坝体及其上永久设备自重

坝体自重是维持大坝稳定的主要荷载，其数值可根据坝的体积 V(m^3)和材料的容重 γ_c(kN/m^3)计算确定。

$$W=V\gamma_c \tag{7-1}$$

具体计算时，坝内较大孔洞的体积所对应的重量应扣除，而坝上永久固定设备重量则应计入，筑坝材料容重应按实际情况决定，一般混凝土容重约为 24kN/m^3；浆砌石容重为 21～23kN/m^3；浆砌条石容重为 23～25kN/m^3。

2．坝面上的水压力

(1) 静水压力。作用在坝面上的静水压力是重力坝所承受的主要荷载，可按水力学原理，单位长度上的水平及垂直力计算公式如下：

$$P_H=(1/2)\gamma_0 H_1^2 \tag{7-2}$$

$$P_V=(1/2)\gamma_0 n H_1^2 \tag{7-3}$$

式中：P_H——水平力(kN/m)；

P_V——垂直力(kN/m)；

γ_0——水的容重，一般取 9.81kN/m^3，对于多泥沙河流应根据实际情况采用；

H_1——上游水深(m)；

n——上游坝面坡度系数。

(2) 动水压力。溢流坝泄流时，下游反弧段的动水压力可根据流体的动量方程求得，此略。

3．扬压力

扬压力是作用在坝底和坝体内部的一项重要荷载。它的数值大小为渗透压力和浮托力之和，作用于坝体和坝底的水平截面上，方向向上。扬压力减小坝体的有效重量，对坝的稳定和应力分布不利。

(1) 坝底扬压力。重力坝挡水后，由于上下游水位差的作用，库水将通过坝基向下游渗透，并在坝底产生渗透压力。通常把坝底面承受垂直向上的总水压力称为扬压力，它包括由上下游水头差 H 所产生的渗透压力和下游水深 H_2 引起的浮托力。

为了降低坝底扬压力，常在坝踵附近的坝基中进行灌浆，以构成防渗帷幕，并在帷幕后设置排水孔。前者用以拦阻渗水、延长渗径、消减水头；后者可使渗透水流通过排水孔自由溢出，进一步降低渗流水头。

扬压力很难准确计算，在重力坝上游水深 H_1 和下游水深 H_2 已知的情况下，虽能确定上游坝踵扬压力强度为 $\gamma_0 H_1$，下游坝趾扬压力强度为 $\gamma_0 H_2$，但理论上却难以确定从坝踵到坝趾之间坝底扬压力的分布规律。这是由于渗流的沿程水头损失与坝基地质条件、坝体与坝基接触面附近材料和施工质量、防渗和排水效果等多种因素有关的缘故。在实际工程计算中，常根据已建类似工程的扬压力观测资料，归纳出经验算法，求得近似结果。

对于坝基未设防渗帷幕和排水孔的实体重力坝，坝底扬压力可按图 7-4 计算；对于坝基设防渗帷幕和排水孔的实体重力坝，坝底扬压力可按图 7-5 计算，在坝踵处为 $\gamma_0 H_1+\gamma_0$Hz，在坝趾

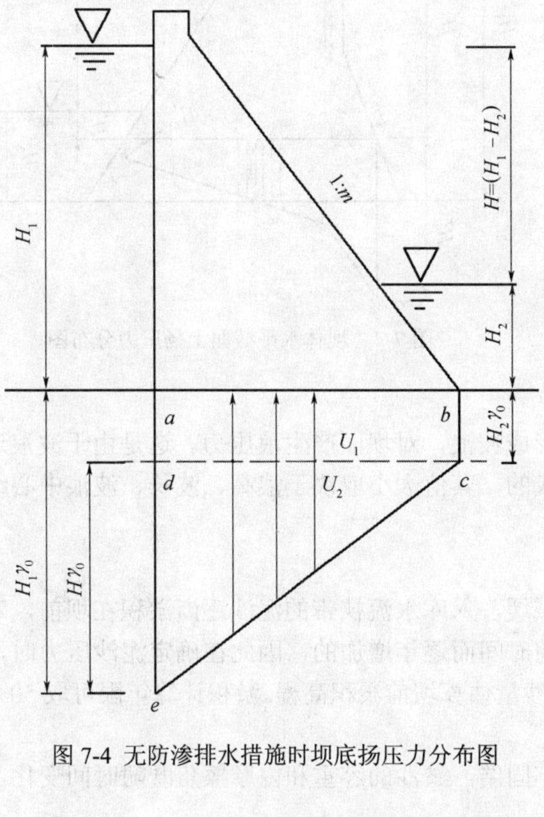

图 7-4 无防渗排水措施时坝底扬压力分布图

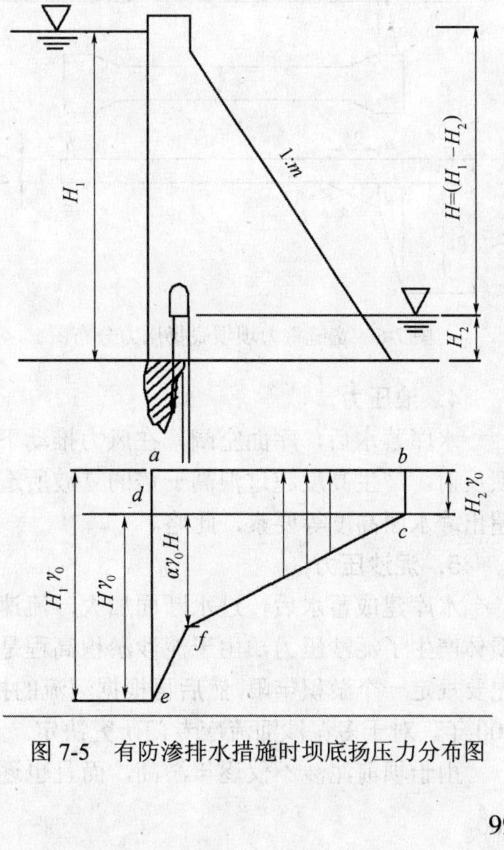

图 7-5 有防渗排水措施时坝底扬压力分布图

处为 γ_0H_2，而在排水孔中心线上为 $\gamma_0H_2+\alpha\gamma_0H$，其间均以直线连接，形成折线形的扬压力分布，上式中的 α 为扬压力强度系数，可根据坝基地质及防渗、排水等具体情况拟订。我国重力坝设计规范建议：河床坝段 α=0.25；岸坡坝段 α=0.35，当坝基地质情况复杂，如有软弱夹层或破碎带，或者坝底设有特殊的抽排降压措施时，则扬压力分布图形应根据具体条件，专门研究确定。

对于宽缝重力坝的坝底扬压力可按图 7-6 计算。由于宽缝腔内的排水减压作用，使坝底的渗透压力沿下游迅速减少。上游坝踵处为 γ_0H，排水孔中心线处为 $\alpha\gamma_0H$，α 采用与实体重力坝中相应的数值，g 点为零。g 点距宽缝起点的距离为宽缝处坝段厚度的 2 倍。各控制点之间仍假设按直线变化。

(2) 坝体扬压力。坝体内部混凝土也具有一定的渗透性，在水头作用下，库水仍然会从上游坝面渗入坝体，并产生渗透压力。为了减少坝内渗透压力，常在坝体上游面附近 3～5m 的范围内，提高混凝土的防渗性能，形成一定厚度的防渗层，并在防渗层后设坝身排水管。当重力坝为实体剖面时，在坝体内水平截面上的扬压力分布如图 7-7 所示。

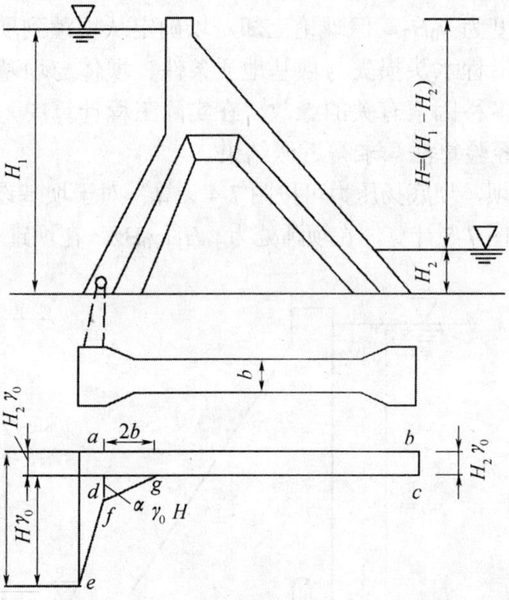

图 7-6　宽缝重力坝坝底扬压力分布图

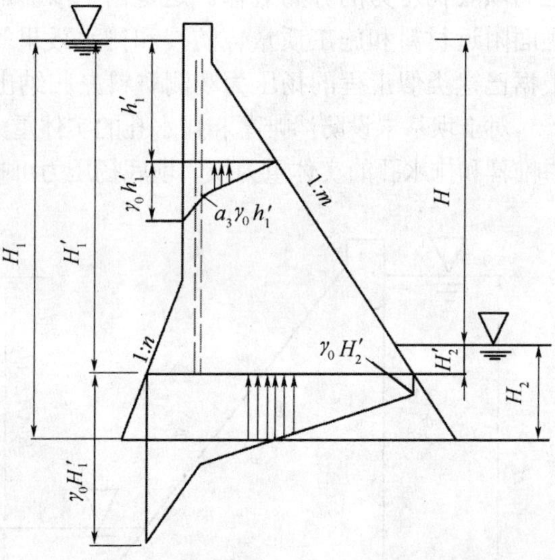

图 7-7　坝体水平截面上扬压力分布图

4．浪压力

水库蓄水后，库面空阔，在风力推动下形成波浪，对坝面产生浪压力。这是由于波浪遇坝反射，产生高度超过浪高一倍的立波所造成的，其值大小取决于浪高、波长、波浪中心线超出静水面高度等要素，此略。

5．泥沙压力

水库建成蓄水后，过水断面加大，流速减缓，入库水流挟带的泥沙逐渐淤积在坝前，对坝体产生了泥沙压力，由于泥沙淤积高程是随时间而逐年增加的，因此在确定泥沙压力时，先要规定一个淤积年限，然后再根据河流的挟沙量估算坝前淤积高程。淤积计算年限可取 50～100 年，对于多泥沙河流应专门研究决定。

由于坝前泥沙不仅逐年淤高，而且也逐年固结，淤沙的容重和内摩擦角既随时间变化，又因层而异。因此要准确计算泥沙压力是比较困难的，一般可参照经验数据，按土力学公式计算。

$$P_n = \frac{1}{2}\gamma_n h_n \tan^2\left(45° - \frac{\varphi_n}{2}\right) \tag{7-4}$$

式中：P_n——泥沙对上游坝面的总水平压力(kN/m)；

γ_n——泥沙的浮重度(kN/m^3)；

h_n——泥沙的淤积高度(m)；

φ_n——泥沙的内摩擦角，对于淤积时间较长的粗颗粒泥沙，可取 φ_n =18°～20°；对于较细的黏土质泥沙，可取 φ_n=12°～14°；对于极细的淤沙、黏土和胶质颗粒，可取 φ_n=0。

6．地震荷载

地震引起的作用于重力坝的动荷载，包括地震惯性力、地震动水压力和动土压力。地震荷载的大小取决于地面运动的强度和建筑物的动力特性，可按《水工建筑物抗震规范》计算。

7．冰压力

在气候寒冷地区，冬季水库表面结成冰盖，当气温升高时，冰层膨胀对坝面产生的挤压力，称为静冰压力。当冰盖破碎后发生冰块流动时，流冰撞击坝面产生的冲击力称为动冰压力。这两种冰压力可按一些经验公式和经验参数进行计算。

冰压力在较高的重力坝设计荷载中常不起控制作用，但冰冻作用会使混凝土表面剥蚀，破坏材料的耐久性。对低坝等结构，当冰层较厚库面不大时，冰压力可能成为主要荷载，设计中应加以考虑。

7.2.2 荷载组合

作用在重力坝上的各种荷载，除坝体自重外，都有一定的变化范围。例如在正常运行、放空水库、设计或校核洪水位等情况，其上下游水位就不同。当水位发生变化时，相应的水压力、扬压力也随之变化。又如在短期宣泄最大洪水时，就不一定会同时出现强烈地震。像水库水面封冻，坝面受静冰压力作用时，波浪压力就不存在。因此，在进行坝的设计时，应该把各种荷载根据它们同时出现的概率，合理地组合成不同的设计情况，然后用不同的安全系数进行核算，以妥善解决安全和经济的矛盾。

作用在坝上的荷载，按其性质可分为基本荷载和特殊荷载。

1．基本荷载

基本荷载包括坝体及其上永久设备的自重；正常蓄水位或设计洪水位时的静水压力；相应正常蓄水位或设计洪水位时的扬压力、泥沙压力、浪压力、冰压力、土压力；相应设计洪水位时的动水压力；其他出现机会较多的荷载。

2．特殊荷载

特殊荷载包括校核洪水位时的静水压力；相应校核洪水位时的扬压力、浪压力、动水压力、地震荷载；其他出现机会很少的荷载。

进行荷载组合时，应根据各种荷载同时作用的实际可能性，按表 7-2 选用，必要时还可考虑其他的不利荷载。

表 7-2　荷载组合

作用组合	主要考虑情况	荷载									附注
		自重	静水压力	扬压力	泥沙压力	浪压力	冰压力	地震荷载	动水压力	土压力	
基本组合	正常蓄水位情况	√	√	√	√	√	—	—	—	√	土压力根据坝体外是否填有土石而定(下同)
	设计洪水位情况	√	√	√	√	√	—	—	√	√	
	冰冻情况	√	√	√	√	—	√	—	—	√	静水压力及扬压力按相应冬季库水位计算
特殊组合	校核洪位情况	√	√	√	√	√	—	—	√	√	
	地震情况	√	√	√	√	√	—	√	—	√	静水压力、扬压力和浪压力按正常蓄水位计算。有论证时可另作规定

注：(1) 分期施工的坝应按相应的作用组合分期进行计算；

(2) 施工期的情况应作必要的核算，作为特殊组合；

(3) 根据地质的其他条件，如考虑运用时排水设备易于堵塞，需经常维修时，应考虑排水失效的情况，作为特殊组合

7.3　重力坝的抗滑稳定分析

重力坝稳定分析的主要目的是检验其在各种可能荷载组合情况下的稳定安全度，这也是重力坝设计的重要内容之一。工程实践和试验研究表明，岩基上混凝土重力坝的失稳破坏可能有两种类型：一种是坝体沿抗剪能力不足的薄弱层面产生滑动，包括沿坝与基岩接触面的滑动以及沿坝基岩体内连续软弱结构面产生的深层滑动；另一种是在荷载作用下，上游坝踵以下岩体受拉产生倾斜裂缝以及下游坝趾岩体受压产生压碎区而引起倾倒破坏。以下着重介绍沿坝基面的抗滑稳定分析方法。

由于重力坝一般设置横缝，各坝段独立工作，故稳定分析可以按平面问题进行。但对于地基中存在多条互相切割交错的软弱面构成的空间滑动体或位于地形陡峻的岸坡坝段，则应按照空间问题进行分析。

由于坝体和岩体的接触面是两种材料的结合面，而且受施工条件限制，其抗剪强度往往较低，坝体所受的水平推力也较大。因此，在重力坝设计中，都要验算沿坝基面的抗滑稳定性，并必须满足规范中关于抗滑安全度的要求。

7.3.1　抗滑稳定计算公式

以一个坝段或取单宽作为计算单元，目前常用的有以下两种公式。

1．抗剪强度公式(摩擦公式或叫纯摩公式)

这种方法的基本观点是把滑动面看成是坝体与基岩间接触面，而不是胶结面。滑动面

上的阻滑力只计摩擦力，不计凝聚力。实际工程中的坝基面可能是水平面，也可能是倾斜面(图 7-8)。

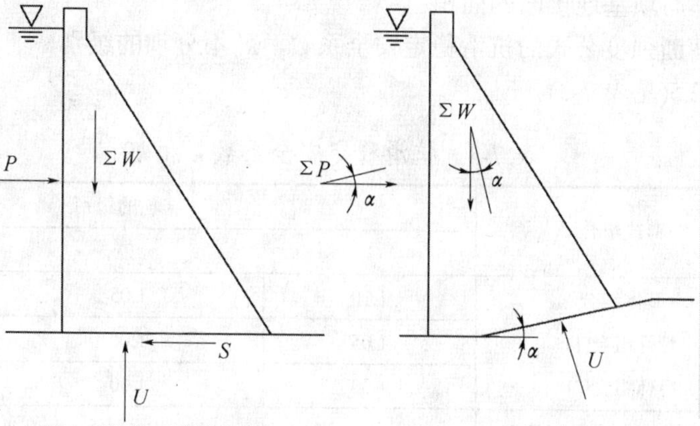

(a) 沿水平坝基面抗滑稳定　　(b) 沿倾斜坝基面抗滑稳定

图 7-8　重力坝沿坝基面抗滑稳定计算示意图

通常认为建基面是一个对安全校核关键的滑裂面，必须首先满足规范要求。当滑动面为水平面时，其抗滑稳定安全系数 k 可按下式计算：

$$k=\frac{抗滑力}{滑动力}=\frac{f(\Sigma W-U)}{\Sigma P} \tag{7-5}$$

式中：k——按摩擦公式计算的抗滑稳定安全系数，按表 7-3 采用；

f——滑动面上的抗剪摩擦系数；

$\sum W$——作用于滑动面以上的总铅直力(kN/m)；

U——作用于滑动面上的扬压力(kN/m)；

$\sum P$——作用于滑动面上的总水平力(kN/m)。

当滑动面为倾向上游的倾斜面时，计算公式为

$$k=\frac{f(\Sigma W\cos\alpha+\Sigma P\sin\alpha)}{\Sigma P\cos\alpha-\Sigma W\sin\alpha} \tag{7-6}$$

式中：α——滑动面与水平面的夹角，其他符号同前。

由式(7-6)看出，滑动面倾向上游时，对坝体抗滑稳定有利；倾向下游时，α 角由正变负，滑动力增大，抗滑力减小，对坝的稳定不利。在选择坝轴线和开挖基坑时，应注意考虑这一影响。

2．抗剪断强度公式(也叫剪摩公式)

实际上坝基岩石表面并非是光滑的，而且非常粗糙，一般混凝土与岩基面胶结得比较好，应该给予真实的反映。此法认为，滑动面上的抗滑力包括摩擦力和凝聚力，并直接通过胶结面的抗剪断试验确定抗剪断强度的参数 f' 和 c'，其抗滑稳定安全系数由下式计算。如果坝基岩表面与水平面有夹角时，要进行力的分解。

$$k'=\frac{f'(\Sigma W-U)+c'A}{\Sigma P} \tag{7-7}$$

式中：c'——坝体与坝基连接面的抗剪断凝聚力；

f'——坝体与坝基连接面的抗剪断摩擦系数；

A——坝体与坝基连接面的面积；

k'——抗剪断强度公式的抗滑稳定安全系数，k'不分坝的级别，基本组合采用 3，特殊组合采用 2.3 或 2.5(见表 7-3)。

表 7-3　抗滑稳定安全系数 k 和 $k9$

安全系数	荷载组合	坝的级别		
		1	2	3
k	基本组合	1.10	1.05	1.05
	特殊组合(1)	1.05	1.00	1.00
	特殊组合(2)	1.00	1.00	1.00
k'	基本组合	3.0		
	特殊组合(1)	2.5(校核洪水位)		
	特殊组合(2)	2.3(正常蓄水位+地震)		

以上介绍的两种抗滑稳定计算公式虽然在理论上还不够成熟，但都有长期的使用经验，而且也在不断地改进和发展，如采用非线性有限单元法即可同时验算坝体和坝基的稳定问题。一般情况下，当坝基内不存在可能导致深层滑动的软弱面时，可按抗剪断公式计算；对于中、低坝，也可按摩擦公式计算。

7.3.2　提高重力坝抗滑稳定性的工程措施

在不扩大坝体截面积的前提下，采取适当的工程措施可以提高坝的抗滑稳定性。可根据不同情况采用以下的措施：

(1) 充分利用水重。当坝底面与基岩间的抗剪强度参数较小时，常将坝的上游坝面做成较陡的斜面或折线形，利用坝面上的水重来提高坝的抗滑稳定性，这也是最经济的途径。

(2) 采用有利的开挖轮廓线。在坝基开挖形式上尽可能地利用岩面的自然坡度，使坝基面(局部)倾向上游或锯齿斜面分段倾向上游，以提高坝基面的抗剪能力。

(3) 设置抗滑齿墙。当基岩中有倾向下游的软弱面时，可在坝踵或坝趾处设置深入基岩的齿墙，以增加抗滑力，提高稳定性。

(4) 降低坝底扬压力，采取抽排措施。这是一个很有效的措施，而且对各种产状的软弱带都适用，在坝基下设置帷幕和排水系统；当下游水位较高，坝体承受的浮托力较大时，可考虑在坝基面设置抽水系统，定时抽水以减少坝底浮托力。

(5) 加固地基。包括帷幕灌浆、固结灌浆以及断层、软弱夹层的处理措施等。

(6) 横缝灌浆。为了改善岸坡坝段的稳定条件，必要时还可采取灌浆封闭横缝，以限制其侧向位移；

(7) 预应力锚索加固。在靠近坝体上游面，采用深孔锚固高强度钢索，并施加预应力，既可增加坝体的抗滑稳定，又可消除坝踵处的拉应力。

一个工程究竟应采取哪些措施，要根据具体的地形、地质、建筑材料、施工条件，并结合建筑物的重要性来确定。

7.4 非溢流重力坝的剖面设计

7.4.1 非溢流重力坝的基本剖面

重力坝剖面设计的原则是选择既满足抗滑稳定和材料强度要求(坝踵不出现竖向拉应力)，又使体积最小和施工简单、运行方便的剖面。实际工程中，首先要根据坝址的工程地质条件和已建的重力坝的剖面设计资料，初步拟订坝的基本剖面，然后通过稳定和强度验算修改成为实用剖面，最后对实用剖面在全部荷载作用下进行分析和稳定验算，经过反复地修改和计算，确定合理的坝体剖面。

由于重力坝的主要作用力是上游水库的静水压力，而静水压力沿深度呈三角形分布。为了节省坝体材料，重力坝的基本剖面也是与水压力相呼应的三角形截面，考虑到实际用途，坝顶不能取为尖顶。

7.4.2 实用剖面

1．坝顶宽度

坝顶宽度应根据设备布置、运行、检修、施工和交通等需要确定。无特殊要求时，坝顶宽度可采用坝高的 8%～10%，一般不小于 3.0m。坝顶常设有防浪墙，防浪墙的高度一般取1.2m，采用与坝体连成整体的钢筋混凝土结构，墙身应有足够的厚度以抵抗波浪及漂浮物的冲击。防浪墙也应同坝体一样设置伸缩缝并做止水。

2．坝顶高程

坝顶或坝顶上防浪墙顶应超出水库静水位高度 Δh 由下式计算：

$$\Delta h=2h_1+h_0+h_c \tag{7-8}$$

式中：$2h_1$——波浪高度(m)；

h_0——波浪中心线高出静水位的高度(m)；

h_c——取决于坝的级别和计算情况的安全加高(m)，见表 7-4。

表 7-4 坝的安全加高 h_c(m)

相应水位	坝的安全级别		
	Ⅰ	Ⅱ	Ⅲ
正常蓄水位	0.7	0.5	0.4
校核洪水位	0.5	0.4	0.3

3．实体重力坝剖面形态

常见的实体重力坝上游面剖面形态一般是铅直的或略向上游倾斜，或为折坡，如图 7-9所示。除以上三种基本形式外，还有多折坡和在上游坝面下部做成部分倒悬等形式，其目的在于改善应力条件，但部分倒悬对施工不利。

图 7-9(a)形态为坝的上游面铅直，其适用于混凝土与基岩接触面间的 f、c 值较大或坝体内设置泄水孔或引水管道，有进口控制设备的情况；

图 7-9(b)为上游坝面上部铅直，下部倾斜，折坡点在坝高的 1/3～2/3 处，边坡系数 n=0.1～0.25，这种剖面形态既便于布置进口控制设备，又可以利用一部分水重帮助坝体维持稳定，是实际工程中经常采用的一种形式；

图 7-9(c)为上游坝面略向上游倾斜，适用于混凝土与基岩接触面间的 f、c 值较低的情况，倾斜的上游坝面可以增加坝体自重和利用一部分水重，以满足抗滑稳定的要求。修建在地震区的重力坝，为避免空库时下游坝面产生过大的拉应力，也可以采用这种坝型剖面。

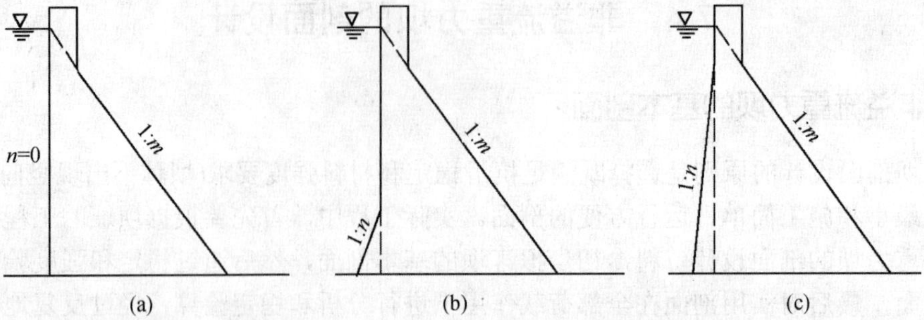

图 7-9　非溢流坝剖面形态示意图

重力坝下游的坝面为边坡系数 m=0.6～0.8 的直坡；坝底宽度一般为坝高的 0.7～0.9 倍。非溢流坝的断面尺寸初步拟订，经过稳定验算和应力分析后，如果不符合要求，还要进一步修改，才能成为工程设计断面。

7.5　重力坝的泄水与消能方式

重力坝不但要能挡水，而且还要能泄水，这是重力坝的主要优点之一，所以一般情况下在重力坝枢纽中不再另设泄水建筑物。挡水时，上游的静水压力是设计首先要考虑的问题。泄水时，不但要考虑泄水的方式、泄水的效率，而且还要考虑水流冲向下游引起的河床冲刷问题。要减轻水流冲刷的危害，就必须采取消杀水能的措施。

重力坝的泄水方式有坝顶溢流和坝身开孔泄流，消能的方式这里只介绍常用的挑流消能和底流消能。

7.5.1　溢流重力坝

溢流重力坝是重力坝枢纽中的最重要的泄水建筑物，用于将规划库容中所不能容纳的洪水泄向下游，以保证大坝的安全。溢流重力坝既要满足稳定与强度的要求，又要满足水力条件的要求。例如要有足够的泄流能力；应使水流平顺地通过坝面，避免产生振动和空蚀；应使下泄水流对河床不产生危及坝体安全的局部冲刷；不影响枢纽中其他建筑物的正常运行。因此溢流重力坝通常要布置在河床较低而且岩体坚固的坝基上，以便使下泄水流能平顺地沿天然河道流向下游，坚硬的河床有利于抵抗下泄水流的冲刷。

溢流坝的断面基本上是三角形。但是，考虑到水力学的要求，应做成必要的流线型的断面(见图 7-10)，以使水流尽量平顺下泄，避免在坝的溢流面上出现水力冲撞或者出现真空。

中小型水库的溢流坝顶不设闸门，蓄水的水位与溢流坝顶持平。大型水库需要较大的调节库容，可在溢流坝顶设闸门。闸门支撑于闸墩，闸墩立于溢流坝顶，并分隔溢流坝为若干溢流孔。正常蓄水位高于溢流坝顶，洪水到来，闸门随时能开。在实际工程中，这种泄流方式应用广泛。

溢流坝和非溢流坝之间，要用边墙隔开，以免下泄水流横溢。同时，若有水电站和过船闸，也要把下泄的水流和电站尾水渠隔开，使之顺流。

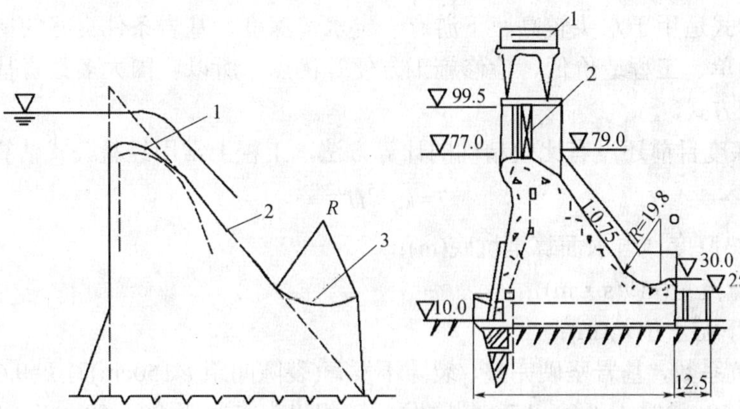

1—坝顶溢流段；2—直线段；3—反弧段。
(a)
1—闸门启闭机；2—闸门。
(b)

图 7-10　溢流坝剖面示意图

7.5.2　溢流重力坝下游的消能与防冲措施

经由溢流坝下泄的水流具有很大的动能，例如下泄流量 Q=1000m^3/s，落差 H=50m，其能量约达 5×10^5kW，Q、H 越大，能量也越大。水流挟带这么大的能量，如果放任自流，必将冲刷河床，破坏坝趾下游地基，甚至危及坝体安全。国内外坝工实践中，由于坝下消能设施不完善遭受严重冲刷的例子屡见不鲜。如美国怀尔桑溢流坝，坝高只有 20m，因消能措施不当，泄洪时将坝趾下游的坚硬石灰岩冲深 4m，冲走的岩块有的重达 200t，造成严重事故，所以溢流重力坝必须采取妥善的消能防冲措施，以确保大坝运行安全。

消能设计的原则是：尽量使下泄水流的动能消耗于水流内部的紊动中，以及与空气的摩擦上，使下泄水流对河床的冲刷不致危及坝体安全。

1．挑流消能

挑流消能是利用设在溢流坝末端的鼻坎，将下泄的高速水流向空中抛射，远离坝体，使水流扩散，与空气摩擦、掺入大量空气，消耗部分能量，然后跌入下游河床水垫中。挑射水流进入下游水垫后，形成强烈的旋滚，并冲刷河床形成冲坑。随着冲坑逐渐加深，水垫越来越厚，大部分能量消耗在水滚的摩擦中，冲坑逐渐趋于稳定(见图 7-11)。

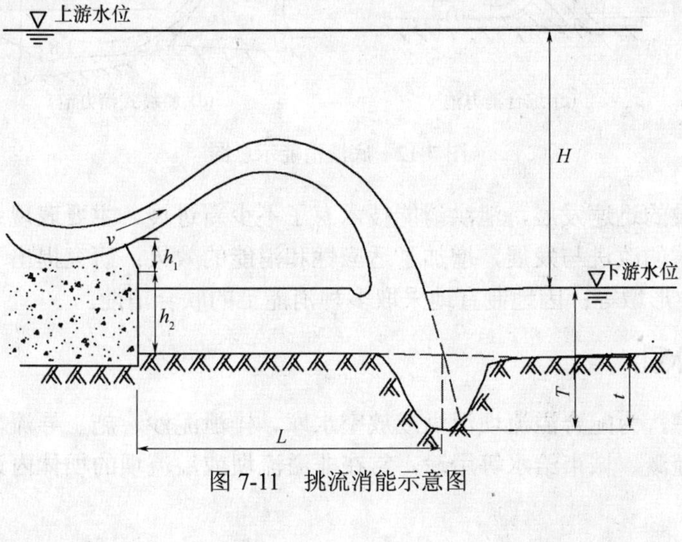

图 7-11　挑流消能示意图

这种消能方式适用于水头较高、下游有一定水垫深度、基岩条件良好的情况。由于挑流消能具有结构简单、工程造价低、检修施工方便等优点，所以我国大多数岩基上的高溢流坝都采用这种消能方式。

冲刷坑的深度目前还没有比较精确的计算方法，工程上常用经验公式估算：

$$T=kq^{0.5}H^{0.25} \tag{7-9}$$

式中：T——水垫厚度，自水面算至坑底(m)；

q——单宽流量($m^3/(s \cdot m)$)；

H——上下游水位差(m)；

k——冲坑系数，基岩坚硬完整、裂隙不发育(裂隙间距 > 150cm)时 k=0.6～0.9；裂隙较发育(间距 50～150cm)时 k=0.9～1.2；裂隙发育(3 组以上，间距 20～50cm)时 k=1.2～1.6；裂隙很发育时(3 组以上，间距 < 20cm)k=1.6～2.0，切割呈碎石状、胶结很差。

挑射水流所形成的冲刷坑，是否会延伸至坝脚，危及坝体的安全，这取决于挑射距离和冲坑深度。冲坑至坝脚的距离一般大于冲坑深度的 2.5 倍。

2．底流消能

底流消能是在溢流坝坝趾下游设置具有一定长度护坦底板的消力池，使过坝水流在护坦上发生水跃，通过水流的旋滚、摩擦、撞击和掺气等作用消耗能量，以减轻对下游河床和岸坡的冲刷(见图 7-12)。其可用于各种高度的坝以及各种河床情况，尤其适用于地质条件较差、河床抗冲刷能力低的情况。底流消能运行可靠，下游流态平稳，对通航和发电尾水影响小。但工程量较大且不利于排冰和过漂浮物，工程造价较高。

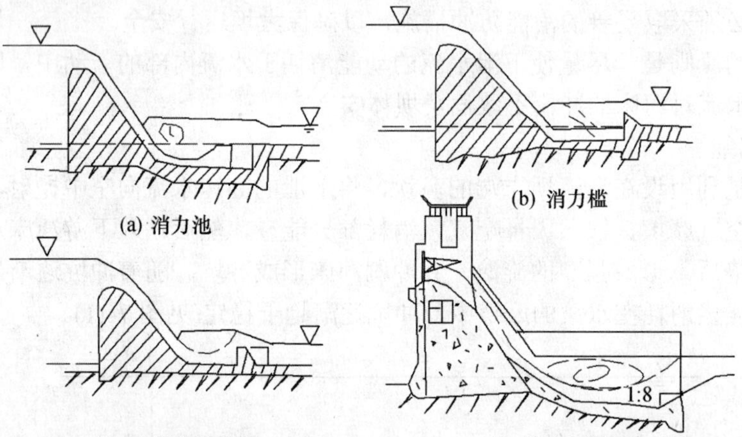

(a) 消力池　(b) 消力槛　(c) 综合消力池　(d) 斜坡式消力池

图 7-12　底流消能示意图

随着坝工建设的迅速发展，泄洪消能技术有了不少新进展，主要表现：在底流和挑流消能方式上有了很大的改进与发展，增加了适应性和消能的效果；研究提出了一些新型的消能工，如宽尾墩、T 形墩等；因地制宜地采取多种消能工的联合消能。

7.5.3　坝身泄水孔

在水利枢纽中，为配合溢流坝泄洪或放空水库、排泄泥沙、施工导流，以及向下游放水供发电、航运、灌溉、城市给水等用途，常在非溢流坝或溢流坝的坝体内设置各种泄水孔。

一般都布置在设计水位以下较深的部位，故又称深式泄水孔。为了简化结构布置，方便施工，节省工程量，在互不影响正常运用条件下，可尽量考虑一孔多用，如放空水库与排沙相结合，或放空水库与导流相结合等。

泄水孔的分类，按孔内水流状态分为有压泄水孔和无压泄水孔两种类型。前者指高水位闸门全开泄水时整个管道都处于满流承压状态；后者指泄水时除进口附近一段为有压外，其余部分都处于明流无压状态。

泄水孔进口的底板高程取决于泄水孔的用途。泄水孔进水处设有闸门，可用坝顶上的闸门机开启和关闭。为了保证坝的安全，泄水孔的出口水流也必须采取消能防冲措施。

7.6 重力坝的材料和构造

7.6.1 混凝土重力坝的材料

重力坝的材料的特性和质量直接影响坝的质量和安全，坝体积的大小表征了坝的经济性，而在相同的条件下根据坝体各部位的不同要求，合理规定不同混凝土特性指标，跟保证建筑物的安全、加快施工进度和提高施工质量，节省造价都有密切关系。

1. 水工混凝土的特性指标

用于建筑重力坝的混凝土称为水工混凝土，除应有足够的强度以保证其安全承受荷载外，还应要求在坝址的天然环境和使用条件下具有经久耐用的性能，即要满足抗渗性、抗冻性、抗裂性、抗冲刷性、低热和抗侵蚀性等性能的要求。

(1) 混凝土强度等级。重力坝用的混凝土强度标号是 C10、C15、C20、C25、C30、C35、C40、C45、C50、C55、C60 等级别。按规范规定，坝体常态混凝土的强度等级的标准值一般采用 90 天龄期，保证率 80%的标准试件的强度，一般坝体内部混凝土的强度最低等级为 C10。

混凝土的抗压和抗拉强度都随着龄期而增长，混凝土的抗拉强度较低，抗拉强度与抗压强度之比约为 1/7～1/10，等级愈高比值愈小；除高坝外，一般重力坝的坝体应力是不大的，所以混凝土的选择一般不是取决于强度要求，而是由抗冻、抗渗等要求所决定。抗冻、抗渗性能高的混凝土，其强度也高。

(2) 抗渗性。大坝防渗部位如上游面、基础面和下游水位以下的坝面，其混凝土应具有抵抗压力水渗透的能力。抗渗性的指标通常用抗渗等级标号 W 来表示。可根据建筑物承受的水头、渗透坡降、下游排水条件及水质情况等因素参照表 7-5 选定。混凝土的抗渗性也随着龄期而增长，设计中一般可利用 90 天龄期的增长值。

表 7-5　坝体混凝土抗渗等级的选择

部　位	坝体内部	坝体其他部位按水力坡降考虑时			
水力坡降		$i<10$	$10\leq i<30$	$30< i<50$	$i\geq 50$
抗渗等级	W 2	W 4	W 6	W 8	W 10

(3) 抗冻性。重力坝表面混凝土有抗冻性要求，抗冻性是指混凝土在饱和状态下，经过多次冻融循环而不破坏(表 7-6 的冻融总次数是指一年内气温从 3℃以上降至−3℃以下，再回升到 3℃以上的交替循环总次数)，也不严重降低强度的性能。按规范规定，大坝混凝

土可根据建筑物所在地区的气候条件、建筑物的结构类别和工作条件等因素参照表 7-6 选定抗冻等级。

表 7-6 坝体混凝土抗冻等级的选用

气候分区	严寒 $T<-10℃$		寒冷 $-10℃\leq T\leq -3℃$		温和 $T>-3℃$
年冻融循环次数(次)	≥100	<100	≥100	<100	
1．受冻严重且难于检修部位：流速大于 25m/s，过冰、多沙或多推移质过坝的溢流坝、深孔或其他输水部位的过水面及二期混凝土	F300	F300	F300	F200	F100
2．受冻严重但有检修条件部位：混凝土重力坝上游面冬季水位变化区；流速小于 25m/s 的溢流坝、泄水孔的过水面	F300	F200	F200	F150	F50
3．受冻较重部位：混凝土重力坝外露阴面部位	F200	F200	F150	F150	F50
4．受冻较轻部位：混凝土重力坝外露阳面部位	F200	F150	F100	F100	F50
5．混凝土重力坝水下部位或内部混凝土	F50	F50	F50	F50	F50
注：T 为气候分区的最冷月份平均气温					

(4) 抗冲刷性。抗冲刷性是指抗高速水流或挟沙水流冲刷、磨损的性能。一般情况下，抗冲刷混凝土的抗压强度应高于 C20。对抗冲刷要求较高的混凝土，其抗压强度应高于 C30。

(5) 抗侵蚀性。抗侵蚀性是指混凝土抵抗环境水侵蚀的性能。当环境水具有侵蚀性时，应选用适宜的水泥及骨料。

(6) 抗裂性。为防止大体积混凝土结构产生温度裂隙，除合理分缝、分块和采取必要的温控措施外，还应选用发热量较低的水泥，减少水泥用量和提高混凝土的抗裂性能。在施工时应加强保湿养护措施，必要时掺用复合膨胀剂，以解决早期干缩开裂问题。

对高坝，近坝基部位的混凝土的强度等级不低于 C15，坝体内部的常规混凝土强度等级不应低于 C7.5；碾压混凝土强度等级不应低于 C5。

2．混凝土的材料

由于水泥的品种不同，其在混凝土凝固和硬化过程中所产生的热量也不同。我国常用中热水泥，也称大坝水泥，如矿渣水泥等。

在混凝土中加入拌和料及外加剂，可减少水泥用量，改善混凝土的抗渗性与和易性等性能，降低工程造价。

3．坝体混凝土的分区

坝体各部位的工作条件不同，对上述混凝土材料性能指标的要求也不同，为满足坝体各部位的要求，节省水泥用量及工程费用，通常将坝体混凝土按不同工作条件分区，如图 7-13 所示。

各区混凝土的性能应符合表 7-7 的要求。为了便于施工，坝体混凝土采用的标号种类应尽量减少，并与枢纽中其他建筑物的混凝土标号相一致。同一浇筑块中的标号不得超过两种，相邻区的标号不得超过两级，以免引起应力集中或产生温度裂缝。分区厚度一般不小于 2～3m，以便浇筑施工。

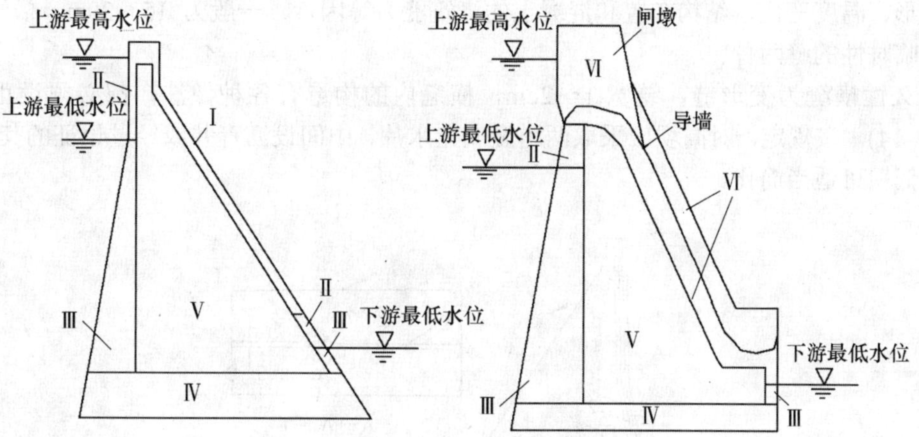

图 7-13　坝体混凝土分区示意图

Ⅰ 区—上、下游水位以上坝体外部表面混凝土；Ⅱ 区—上、下游水位变化区的坝体外部表面混凝土；Ⅲ 区—上、下游最低水位以下坝体外部表面混凝土；Ⅳ 区—基础混凝土；Ⅴ 区—坝体内部混凝土；Ⅵ 区—抗冲刷部位的混凝土(如溢流面、泄水孔等)。

表 7-7　混凝土分区标号的性能

分区	强度	抗渗	抗冻	抗冲刷	抗侵蚀	低热	最大水灰比		选择各区宽度的主要因素
							严寒和寒冷地区	温和地区	
Ⅰ	+	—	++	—	—	+	0.55	0.60	施工和冰冻深度
Ⅱ	+	+	++	—	+	+	0.45	0.50	冰冻深度、抗渗和施工
Ⅲ	++	++	+	—	+	+	0.50	0.55	抗渗、抗裂和施工
Ⅳ	++	++	+	—	+	++	0.50	0.55	高强、抗裂、低热
Ⅴ	++	—	—	—	—	++	0.65	0.60	低热
Ⅵ	++	+	++	++	++	+	0.45	0.45	抗冲耐磨、高强、抗侵蚀、抗冻

注：表中有“++”的项目为选择各区混凝土标号的主要控制因素，有“+”的项目为需要提出要求的，有“-”的项目为不需要提出要求的

选定各区混凝土标号时，应尽量减少整个枢纽中不同混凝土标号的类别，以便于施工，为避免产生应力集中或产生温度裂缝，相邻区的强度标号相差不宜超过两级。同一浇筑块中混凝土的标号也不得超过两种。分区厚度尺寸一般不小于 2～3m。

7.6.2　混凝土重力坝的构造

重力坝的构造设计主要包括坝体的分缝、排水和廊道的布置等内容。这些构造的合理选型和布置，可以改善重力坝的工作状态，满足运用和施工上的要求，保证大坝正常工作。

1. 重力坝体的分缝

为了满足施工要求(如混凝土的浇筑能力及施工期温度控制等)以及防止坝在运用期间由于温度变化和地基差异沉降导致坝体出现裂缝，在坝体内需要进行分缝。

(1) 横缝。横缝垂直于坝轴线设置，将坝体分成若干坝段，横缝间距主要取决于地基性质、

河谷地形、温度变化、结构布置和混凝土的浇筑能力等因素，一般为 15～20m。横缝有永久性的和临时性的缝两种。

永久性横缝为变形缝，缝宽 1～2cm，横缝内的构造有各种做法，都必须设止水装置(见图 7-14)。按规定，对高坝应采取两道金属止水片，中间设沥青井或经过论证的其他措施；对中、低坝可适当简化。

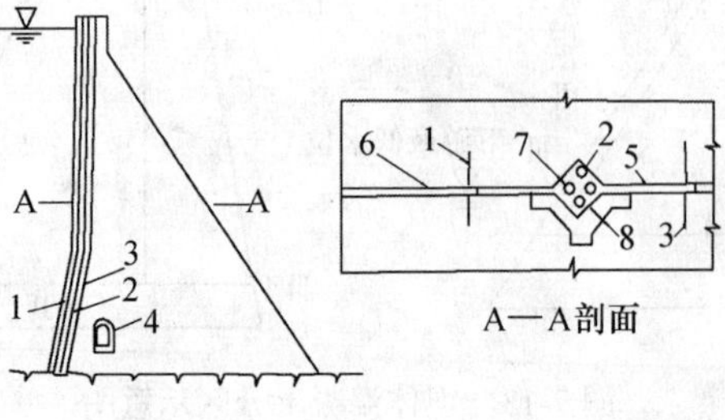

图 7-14　重力坝横缝止水构造示意图

1—第一道止水铜片；2—沥青井；3—第二道止水片；4—廊道止水；
5—横缝；6—沥青麻片；7—电加热器；8—预制混凝土。

当坝段位于河谷狭窄、岸坡较陡、局部地带软弱破碎或强震区几种情况，可设临时性横缝，缝面设键槽和灌浆系统，最后通过灌浆将各坝段连为整体，可提高坝体的稳定性。

(2) 纵缝。为了适应混凝土浇筑能力和减少施工期温度应力，常用平行于坝轴线的纵缝把一个坝段分成几块浇筑。待坝体温度降低到稳定温度后，再进行接缝灌浆，使坝结成整体，纵缝间距宜为 10～30m。纵缝的形式见图 7-15。

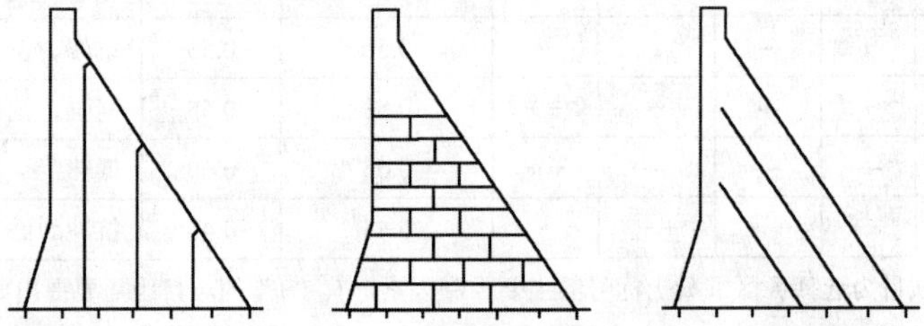

(a) 垂直纵缝　　(b) 错缝　　(c) 斜缝

图 7-15　重力坝纵缝形式示意图

(3) 水平施工缝。水平施工缝是新老混凝土之间的水平结合面。层面必须凿毛，或用风水枪压水冲洗施工缝面上的浮渣、灰尘和水泥乳膜，使表面成为干净的麻面，在浇筑上层混凝土之前，铺一层 2～3m 的水泥砂浆使上下层结合牢固，或将新浇筑块的下层混凝土改为富浆混凝土，可免去铺设砂浆工序，加快施工进度。浇筑块高度一般为 1.5～4.0m，在靠近基岩面附近用 1.0～1.5m 的薄层浇筑，在冬季不能间歇过长。水平施工缝的处理质量关系到大坝的强度、整体性和防渗性，处理不好将成为薄弱面，应高度重视。

2．坝体排水

为了减少渗水的有害影响，在靠近坝体的上游面需要设置排水管幕，其与上游面的距离，一般要求不小于坝前水深的 7%～1%，且不小于 2(坝顶)～3m(坝底)，以便将渗透坡降控制在许可范围以内。排水管常用多孔混凝土管，内径 15～25cm，间距 2～3m，在浇筑坝体时即埋入坝内，如图 7-16 所示。排水管道系统将坝体和坝基的渗水排入坝体内的预留廊道中，最终排到下游。

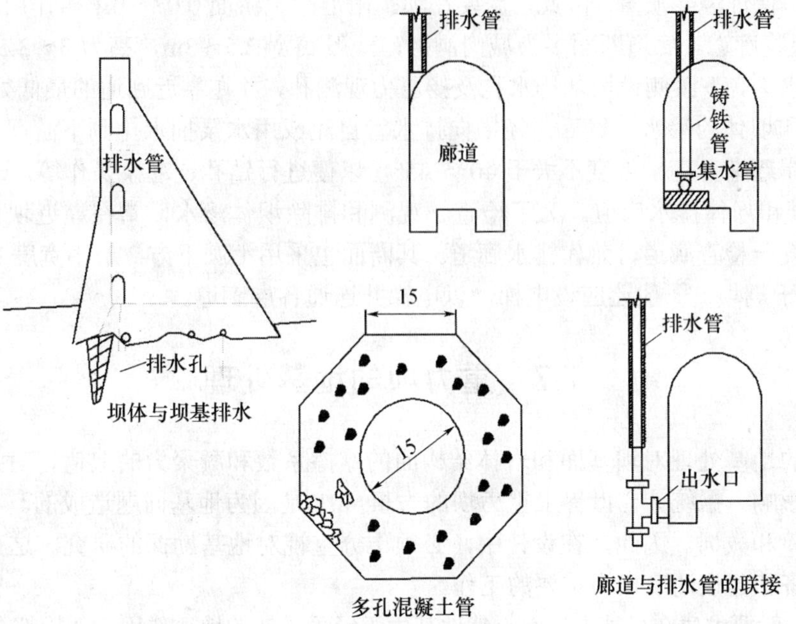

图 7-16　坝体排水管

3．廊道系统

为了满足灌浆、排水、观测、检查及交通的要求，需要在坝体内设置各种不同用途的廊道，这些廊道互相连通，构成廊道系统(见图 7-17)。

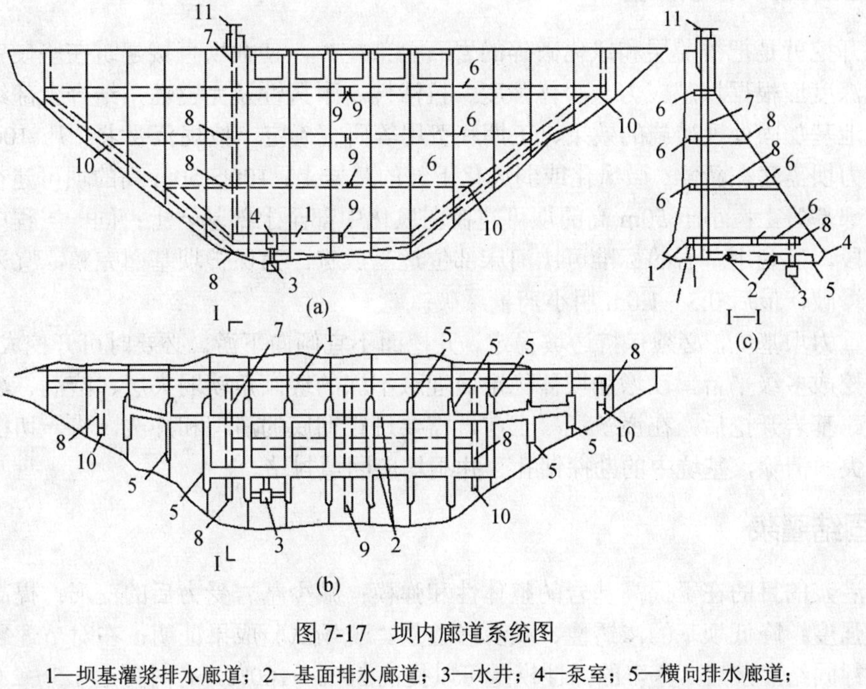

图 7-17　坝内廊道系统图

1—坝基灌浆排水廊道；2—基面排水廊道；3—水井；4—泵室；5—横向排水廊道；

6—检查廊道；7—电梯井；8—交通廊道；9—观测廊道；10—进出口；11—电梯塔。

坝内廊道类型有基础灌浆廊道和检查排水廊道。

(1) 基础灌浆廊道。帷幕灌浆需要在坝体浇筑到一定高度后进行，以便利用混凝土压重提高灌浆压力，保证灌浆质量。因此，需要在坝踵附近距上游面 0.07～0.1 倍作用水头且不小于 3m 处设置灌浆廊道。廊道断面多为城门洞形，一般底宽 2.5～3m，高为 3～3.5m。灌浆廊道上游侧设排水沟，下游侧设坝基排水孔及扬压力观测孔，并在靠近廊道的最低处设置集水井，汇集从坝基和坝体的渗水，然后，经横向排水管自流或用水泵抽水排到下游坝外。灌浆廊道沿地形向两岸逐渐升高，坡度不大于 40°～45°，以便进行钻孔、灌浆操作等。

(2) 检查和坝体排水廊道。为了检查、观测和排除坝体渗水，常在靠近坝体上游面每隔 30m 高程设置一检查廊道，兼作排水廊道。其断面也采用上圆下方，最小宽度 1.2m，最小高度 2.2m。对于高坝，一般还应设电梯，以电梯井连通各层廊道。

7.7 重力坝的地基处理

重力坝的地基处理对坝基面和岩体结构面的摩擦系数和凝聚力的取值、对扬压力的取值都有重要的影响。据统计，世界上重力坝的失事 40%是因为地基问题造成的。我国在这方面也有许多经验和教训。因此，在设计中，必须十分重视对地基勘探的研究。这是一项关系坝体安全、经济和建设速度极为重要的工作。

重力坝一般要求建在岩基上，而天然地基由于经受长期的地质作用，一般都有风化、节理、裂隙等缺陷，还可能有断层、破碎带和软弱夹层，这些都需要采取适当的处理措施。坝基处理的目的是采取措施来改善坝基的完整性和均匀性，使其具有较高的承载能力和较均匀的变形，并减少地基的渗水性。处理的方法有开挖清理、灌浆、排水和特殊软弱地层的处理等。

7.7.1 地基的开挖与清理

坝基开挖就是把覆盖层和风化破碎的岩石全部挖掉，使大坝直接建筑在坚硬完整的岩基上。开挖深度应根据坝基应力、岩体强度、抗渗性、耐久性及完整性，结合上部结构对基础的要求和地基加固处理措施的效果、工期和费用等研究确定。按规范要求：凡 100m 以上的混凝土重力坝需建在新鲜、微风化或弱风化下部的基岩上；100～50m 高的坝可建在微风化至弱风化中部基岩上；小于 50m 高的坝可建在弱风化中部至上部基岩上；同一工程中两岸较高部位的坝段，其利用基岩的标准可比河床部位适当放宽。为保护坝基面完整，宜采用梯阶爆破、预裂爆破，最后 0.5～1.0m 用小药量爆破。

开挖重力坝基坑，必须保持边坡稳定，开挖面不宜倾向下游。必要时可开挖成分级平台；岸坡段应挖成多级平台，以增加坝体稳定。埋藏不深的缓倾角软弱夹层、溶洞、溶蚀面等应尽量挖除。基岩开挖后，在浇筑混凝土前，需要进行彻底的清理和冲洗，将一切松动的岩块和凸出的尖角清除，基坑中的勘探钻孔、井洞均应回填封堵。

7.7.2 固结灌浆

固结灌浆的目的在于提高基岩的整体性和弹模；减少基岩受力后的变形；提高基岩的抗压、抗剪强度；降低坝基的渗透性、减少渗透量。现场试验成果证明：在对节理裂隙较发育的基岩进行固结灌浆后，基岩的弹性模量可以提高 30%～100%，有时可达 1.5～2.0 倍，甚至更多。在帷幕灌浆的平面内进行固结灌浆，有助于提高帷幕灌浆时的压力。

坝基的固结灌浆一般布置在坝踵和坝趾部分及局部节理裂隙发育和破碎带及其附近的范围内。孔距一般约为 3～6m，孔深为 5～8m，应根据地质条件及灌浆试验最后决定。帷幕上游区的固结灌浆孔深一般为 8～15m(见图 7-18)。

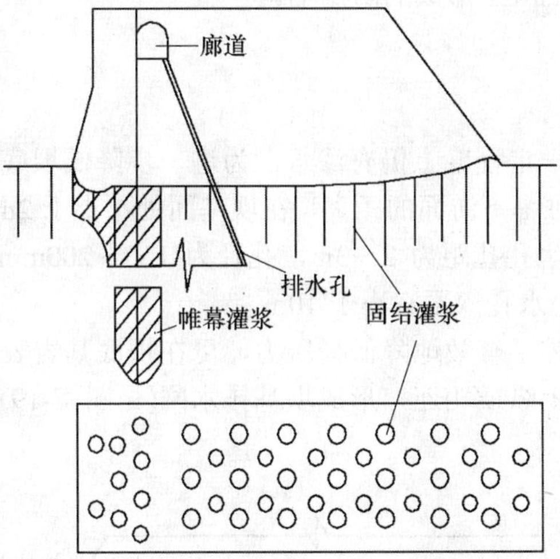

图 7-18　重力坝地基的灌浆示意图

7.7.3　帷幕灌浆

帷幕灌浆的作用是降低渗透扬压力，防止坝基产生机械管涌和化学管涌；减少坝基渗透流量。灌浆位置是在坝基的上游面的基岩中钻孔，用高压将水泥浆(或其他浆液)注入岩体的裂隙中，胶结后形成防渗帷幕。

帷幕灌浆设计，主要是确定帷幕的深度(钻孔深度)、厚度(钻孔的排数、排距、孔距)及深入岸坡的范围。

防渗帷幕的深度应根据基岩的透水性、坝体承受的水头和降低坝底渗透压力的要求来确定。如果不透水层离基岩面不深，则帷幕灌浆应钻灌到不透水层。如果不透水层埋藏很深，可将帷幕深入到相对隔水层 3～5m。对于高坝，相对隔水层的单位吸水率为 $W<0.01$L/min·m；对于中坝，$W<0.01\sim0.03$L/min·m。如果相对隔水层也很深，帷幕深度可根据降低渗透压力，防止管涌等设计要求确定，一般可在 0.3～0.7 倍坝高范围内选择。

帷幕厚度要满足帷幕内渗透坡降不大于表 7-8 所列的允许的渗透坡降 J_c。

表 7-8　帷幕区允许渗透坡降

坝高/m	相对隔水层的透水率 q/Lu	帷幕区的渗透系数 k/(cm/s)	允许渗透坡降[J]
＞100	1～3	$<6310^{-5}$	15
50～100	3～5	$<1310^{-4}$	10
＜50	5		

帷幕灌浆的排数，在一般情况下，高坝可设两排，中、低坝可设一排。对地质条件较差的地段，可适当增加帷幕排数。当帷幕由几排孔组成时，一般仅将其中的一排孔钻灌至设计深度，其余各排的孔深可取设计深度的 1/2～1/3。

防渗帷幕深入岸坡的范围及深度，应根据工程地质、水文地质条件确定，并应与河床部位的灌浆帷幕相连接。

经过研究论证的的坝基也可以采用混凝土齿墙、防渗墙或水平防渗铺盖；两岸岸坡也可以采用明挖或洞挖后回填混凝土形成的防渗墙。

7.7.4 坝基排水

坝基经防渗处理，在一定程度上仍有渗水，为进一步降低坝底扬压力，应在防渗帷幕后设置排水系统。其与防渗帷幕下游面的距离，在坝基面处不小于 2m，一般略向下游倾斜，与帷幕成 10°～15°交角，排水孔孔距为 2～3m，孔径为 150～200mm。孔深一般为帷幕深度的 0.4～0.6 倍，高、中坝的排水孔深不宜小于 10m。

在基岩裂隙发育区，为了有效地降低扬压力，可在坝底基岩表面上做排水廊道或排水管道。这些排水管道在平面上纵横相连，形成坝基排水网(见图 7-19)，渗水经排水网汇入集水井，再排向下游。

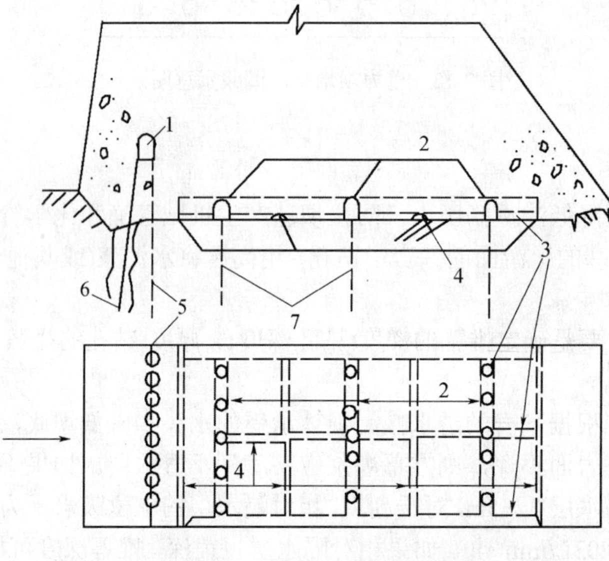

图 7-19 坝基排水系统示意图

1—灌浆排水廊道；2—纵向排水廊道；3—横向排水廊道；4—纵横排水管；
5—主排水孔；6—灌浆帷幕；7—辅助排水孔。

7.7.5 断层、软弱夹层和溶洞的处理

1. 断层破碎带的处理

断层破碎带强度低，弹性模量小，可能使坝基产生不均匀沉降。如果破碎带与水库连通，则将使坝底的渗透压力加大，甚至产生管涌，危及大坝安全，必须对其加固处理。

对倾角较陡的走向近于顺河流流向的断层破碎带，可采取开挖回填混凝土的措施，做成混凝土塞。对于宽度不大的断层破碎带，混凝土塞的高度可取断层宽度的 1～1.5 倍，或根据计算研究确定。如果破碎带延伸至上、下游边界以外，则混凝土塞也应向外延伸，延伸的长度取 1.5～2 倍混凝土塞的高度(见图 7-20)。

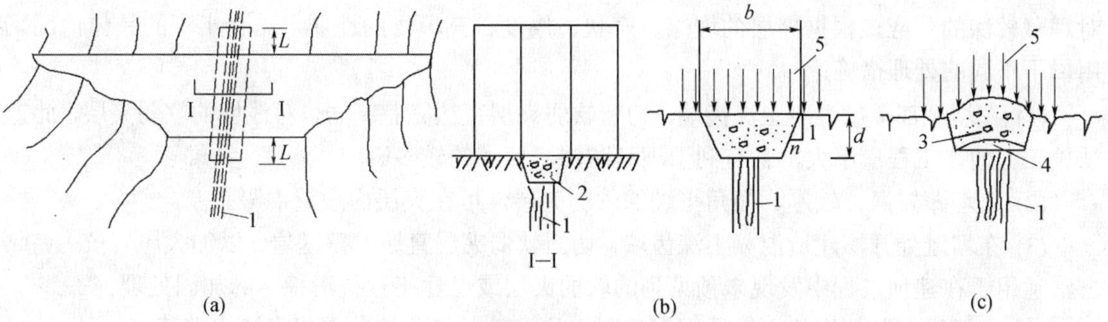

图 7-20 混凝土塞及防渗塞示意图

1—破碎带；2—混凝土梁或混凝土塞；3—混凝土拱；

4—回填混凝土；5—坝体荷载。

对倾角较缓的走向近于顺河流流向的断层破碎带，埋藏较浅的应该予以挖除，埋藏较深的除在顶面做混凝土塞外，还有考虑其深埋部分对坝体稳定的影响。必要时可在破碎带内开挖若干个斜井和平洞，回填混凝土，形成混凝土斜塞和水平塞组成的刚性骨架，封闭该范围内的破碎物，以阻止其产生挤压变形和减少地下水的有害影响。

在选择坝址时，应尽量避开走向近于垂直河流流向的断层破碎带，因为它将导致坝基渗透压力或坝体位移增大。如难以避开，也应该使坝踵和坝趾远离断层破碎带，即使在坝底中部有断层破碎带通过，也应该采用混凝土塞，其开挖深度适当加大。对于与水库连通的破碎带，必须做好防渗处理，可采取钻孔灌浆、混凝土防渗墙或防渗塞等措施(见图 7-21)。

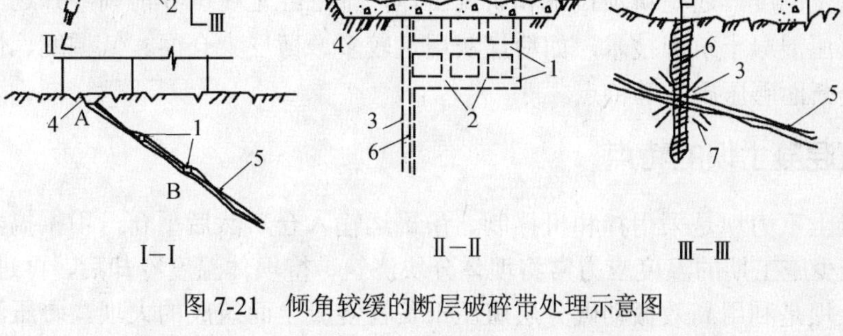

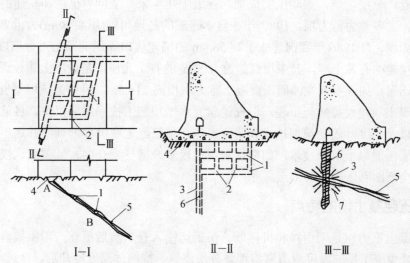

图 7-21 倾角较缓的断层破碎带处理示意图

1—平洞回填；2—斜井回填；3—阻水斜塞；4—表面混凝土梁(塞)；

5—破碎带；6—帷幕灌浆孔；7—阻水斜塞井壁固结灌浆。

2. 软弱夹层的处理

软弱夹层的厚度较薄，遇水容易软化或泥化，使抗剪强度降低，不利于坝体的抗滑稳定，特别是连续、倾角小于30°的软弱夹层，更为不利。对浅埋的软弱夹层，多用明挖将夹层挖除。对埋藏较深的，应该根据夹层的埋深、产状、厚度、充填物的性质，结合工程的具体情况采用以下不同的处理措施：

(1) 在坝踵部位做混凝土深齿墙，切断软弱夹层直达完整基岩，对浅埋的软弱夹层，此方法施工方便，工程量不大，且有利于坝基防渗，使用的较多。

(2) 对埋藏较深、较厚、倾角平缓的软弱夹层，可在夹层内设置混凝土塞。

(3) 在坝趾处开挖建造混凝土深齿墙，切断软弱夹层直达完整基岩，以加大尾岩抗力，此方法适用于在建坝过程中发现未预见到的软弱夹层或已建工程抗滑稳定的加固处理。

(4) 在坝趾下游侧岩体内设置钢筋混凝土抗滑桩，切断软弱夹层直达完整基岩。

(5) 在坝趾下游岩体内采用预应力锚索以加大岩体抗力。

3．溶洞的处理

在岩溶地区建坝，主要考虑漏水和基岩承载力的问题。对溶洞的处理，主要采取开挖、回填和灌浆等措施配合应用。对于浅洞可直接挖除洞中的充填物，回填混凝土；对于深层溶洞，如规模不大，可以灌浆；对于大溶洞和漏水通道，可采取挖除充填物和回填混凝土的办法。

地基的缺陷千差万别，处理的方案也必须根据实际情况而定。

7.8 碾压混凝土重力坝

碾压混凝土重力坝是20世纪80年代以来发展较快的一种新的筑坝技术，它是把土石坝施工中的碾压技术应用于混凝土坝，采用自卸汽车或皮带输送机将干硬性混凝土运到仓面，以推土机平仓，分层填筑，振动压实成坝。在近十几年来，全世界已建和在建的上百座碾压混凝土坝中，大多数为重力坝。1980年在日本建成的岛地川坝(坝高89m)为世界上第一座碾压混凝土重力坝。自1986年我国建成了高56.8m的福建坑口碾压混凝土重力坝以来，我国已建、在建和待建的有几十座，其中坝高超过100m的有十几座，是世界上建设碾压混凝土重力坝最多的国家，如红水河龙滩碾压混凝土重力坝坝高216.5m，目前为该坝型世界最高。我国的碾压混凝土坝建设虽然起步晚，但理论研究水平和施工技术发展很快，目前无论在坝的种类和数量以及高度，还是筑坝技术和研究工作，都已经走在世界前列，并逐步形成了具有中国特色的碾压混凝土筑坝技术，如粉煤灰用量较多、薄层大仓面、低稠度、快速短间歇、连续浇筑、全断面碾压施工等特点。

7.8.1 碾压混凝土坝的特点

常态混凝土重力坝是采用拌和机拌制、吊罐运输入仓，然后平仓，用振捣器的振捣方式施工。为了减少施工期的温度应力常将坝体分块浇筑，待坝体温度冷却后，再进行接缝灌浆，而碾压混凝土坝是利用高效振动碾分层碾压干贫性混凝土而筑成的大坝。碾压混凝土坝与常态混凝土坝相比，具有以下特点：

(1) 单位体积胶凝材料用量少，降低了工程造价。一般比常态混凝土可节省水泥1/3～1/2，而抗压强度、抗拉强度和弹性模量等性能均可满足工程要求。降低水泥用量不仅可降低工程造价(大约20%～35%)，更重要的是可以减小水化热温升，降低施工期温度应力。

如我国坑口碾压混凝土坝坝体的总投资比同等条件下的常态混凝土坝可降低 16.45%，节省水泥 44%。

(2) 简化了施工工艺，缩短了工期。一般比常态混凝土单位体积用水量少 40%左右，以便于振动碾通过混凝土表面碾压密实。因此，碾压混凝土是一种无坍落度的干贫性混凝土。由于这一特征，才有可能使碾压混凝土筑坝技术得以实现，使之突破了传统的柱状间断浇筑，发展成不设纵缝、通仓、薄层、连续均匀铺筑，不设或少设横缝，大大简化分缝分块、温控措施和水平施工缝的处理，节省工程费用，缩短工期，工期约为常态混凝土的 1/3～2/3，便于施工管理。

(3) 简化施工导流设施，节约临时工程费用。由于碾压混凝土坝施工强度高、速度快，当坝体工程量较小时，可安排在一个枯水季节完成，可省略施工围堰等设施。工程量较大时，由于碾压混凝土坝本身可以过水，施工导流也比较简单，可以节约临时工程费用。

(4) 抗冻、抗冲和抗渗等耐久性能比常态混凝土差。抗冻、抗冲和抗渗等耐久性能比常态混凝土差，特别是层面或材料分离严重部位，抗渗性很差，因此，许多碾压混凝土坝在坝基、上下游坝面 2～3m 的范围内及坝顶部位都另浇常态混凝土(金包银)或用预制板加以保护，对水平层也进行适当的处理，以加强层面之间的结合，提高抗渗和抗剪性能。

(5) 可使用大型通用施工机械设备，提高混凝土运输与填筑的功效。碾压混凝土施工机械化水平高，减少劳动力，国外某碾压混凝土重力坝 30.7 万 m^3，只用了 70 个工人，21 周完成，创造了 8750 万 m^3/(人・年)的纪录。

(6) 可用于不同气候条件地区的高混凝土坝。

7.8.2 碾压混凝土坝的施工要点

碾压混凝土坝的施工要点如下：

(1) 混凝土是在强制式拌和机中拌和制成；

(2) 用自卸汽车直接入仓散料；

(3) 用推土机将混凝土推铺摊平，每层铺筑厚度一般为 20～50cm；

(4) 用重力为 80～150 kN 的振动碾碾压密实，碾压次数由试验确定，一般为 6～10 遍；

(5) 有横缝的地方常用振动机切割成缝；

(6) 在浇筑新一层混凝土前，用钢丝刷将老混凝土面刷毛、清洗，或用压力水冲刷，以加强层面间结合；

(7) 喷雾养护。

7.8.3 碾压混凝土重力坝的剖面和构造

碾压混凝土重力坝的工作原理，与常态混凝土重力坝相同，但因筑坝材料和施工方法不同，所以坝体剖面设计和构造也具有其特点。

1. 剖面选择

由于碾压混凝土施工工艺的特点，坝体剖面一般力求简单，在满足稳定的条件下，最好是上游面垂直或斜面，尽量避免折面，下游面为单一边坡，坝顶宽不小于 5m；还应尽量减少坝内管道的设置。

2. 坝体防渗

由于碾压混凝土碾压层面多，为防止因结合不良形成坝体渗漏通道，一方面要采取种种措施改善层面结合情况；另一方面要在坝体上游面3m左右用常态混凝土、富胶碾压混凝土、改性混凝土等其他形式材料做防渗层，其厚度和标号要满足防渗要求，还可以采取喷涂防渗膜、沥青沙浆层、碾压混凝土自身防渗等措施。

3．坝体排水

碾压混凝土重力坝也需设置坝体排水。排水管可设在上游面的常态混凝土内，也可以置于碾压混凝土区。

4．坝体分缝

由于碾压混凝土重力坝采用通仓浇筑，故可不设纵缝。为适应温度伸缩和地基不均匀沉降，多数坝要设置横缝，其间距一般可加大为20～40m，视浇筑温度、水化温升和外界环境温度等因素而定。当上游面设有常态混凝土防渗层时，其横缝的构造与常态混凝土相同。碾压混凝土部位的横缝，在铺料平仓后用振动切缝机切成横缝，缝内插入一些一定规格的钢板作为隔缝板，再进行振动碾压。

5．坝体廊道

为减少施工干扰，增大施工作业面，碾压混凝土重力坝的构造应尽可能简化。廊道层数可适当减少，中等高度以下的坝可只设一层坝基灌浆、排水廊道；百米以内的高坝，可设两层，以满足灌浆、排水和交通要求。廊道用混凝土预制件拼装而成，可设在常态混凝土内，也可在预制件外侧用薄层砂浆与碾压混凝土相接。

复习思考题

1．何谓重力坝？其有哪些类型？
2．重力坝有哪些特点？
3．重力坝所承受的主要荷载有哪些？如何确定这些主要荷载？
4．何谓扬压力？可采取哪些措施减少扬压力？
5．非溢流重力坝的剖面是如何确定的？
6．重力坝的构造主要有哪些？其各有什么作用？
7．重力坝是如何泄水和消能的？
8．重力坝地基处理的步骤有哪些？主要作用是什么？
9．固结灌浆和帷幕灌浆的功用是什么？
10．何谓碾压混凝土重力坝？其有哪些特点？
11．重力坝失稳破坏的方式有哪些？提高重力坝稳定的工程措施有哪些？

第8章　拱　坝

8.1　概　述

拱坝是一个在平面上凸向上游、起着拱的结构作用的空间壳体结构，其横剖面呈竖直的或向上游凸出的曲线形(见图 8-1)。由于拱坝结构合理，承载能力大，抗震性能好，并可充分利用筑坝材料强度，所以坝体工程量小，因此，拱坝是一种较经济、安全的坝型。

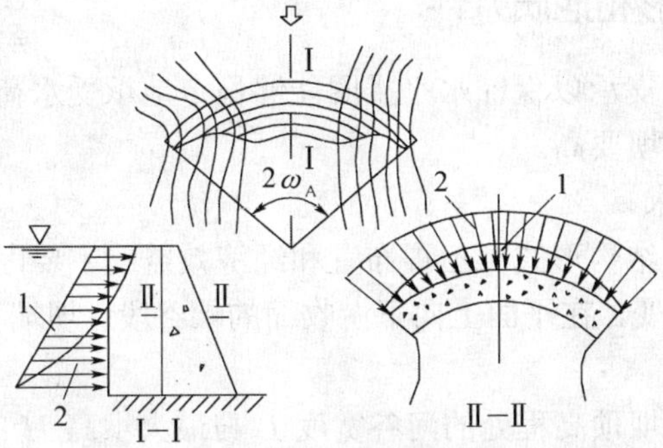

图 8-1　拱坝平面及剖面图

1—拱荷载；2—梁荷载。

8.1.1　拱坝的特点

拱坝的水平剖面由曲线形拱构成，两端支承在两岸基岩上；竖直剖面呈悬臂梁形式，底座坐落在河床或两岸基岩上。当河谷宽高比较小时，荷载主要由拱来承担；当河谷宽高比较大时，由梁承担的荷载相应增大。

(1) 坝体的稳定性主要依靠两岸拱端的反力作用。这是拱坝的一个主要工作特点，坝体结构既有拱作用，又有梁作用，拱坝承受的荷载，大部分通过拱的作用传到河床两岸基岩中，其余部分则通过悬臂梁的作用传到河床基岩，即具有双向传递荷载的作用。拱坝除坝顶外，周边都嵌入河岸和河底基岩中，成为固定连接，因此，安全可靠度很大。

(2) 拱坝是一种很经济优越的坝型。由于拱是一种主要承受轴向压力的推力结构，拱坝内力以压力为主，断面应力分布较为均匀，有利于充分发挥脆性材料抗压强度高的优点。拱的作用利用得越充分，材料的抗压强度就越能充分发挥，从而坝体厚度可以减薄，节省工程量。坝体的体积比同一高度的重力坝可节省 20%～70%。

(3) 拱坝有较大的承受超载能力。拱坝属于高次超静定结构，当外荷增大或坝的某一部位发生局部开裂时，坝体的拱和梁作用将会自行调整，使坝体应力重新分配。根据国内外拱坝结构模型试验成果表明，拱坝的超载能力可以达到设计荷载的 5～11 倍。工程实际表明，迄今为止，拱坝几乎没有因坝身问题而失事的。有极少数拱坝失事，是由于坝肩岩体抗滑失稳所致。1959 年 12 月法国马尔巴塞拱坝溃决，是坝肩岩体失稳破坏最严重的一例。所以，在设计与施工中，除坝体强度外，还应十分重视坝肩岩体的抗滑稳定和变形。

(4) 温度荷载是拱坝的一项主要荷载。拱坝坝身不设变形缝，周边又固结于基岩中，所以，温度变化和基岩变形对坝体应力的影响比较显著，设计时，必须考虑基岩变形，并将温度作用列为一项主要荷载。

(5) 拱坝可以通过坝顶和坝身的孔口溢流。工程实际中，许多拱坝在坝身设置了多层大泄水孔口，实际运行情况良好，目前已建成了单宽泄量200m^3/(s·m)以上的溢流拱坝。

(6) 拱坝抗震能力很强。拱坝是一个整体的空间壳体结构，坝体轻韧而富有弹性，依靠岩体对地震动能的吸收，会引起有利的坝体应力重分布。当基础及坝肩岩体稳定时，其抗震能力较强。

(7) 拱坝的选址、选材和施工要求较严格。拱坝坝身几何形状复杂，对坝址地质地形条件要求相对严格，对混凝土温度控制、筑坝材料强度和防渗要求、施工质量等都较重力坝严格。

8.1.2 拱坝坝址的地形和地质条件

拱坝依靠两岸坝肩的支承以保证水平拱圈能够稳定地承受水荷载，因此，拱坝对坝址的地质地形条件要求比重力坝要高。

1．对地形条件的要求

地形条件是决定坝体结构形式、工程布置和经济效益的主要因素。理想的地形应是左右两岸对称，岸坡平顺无突变，在平面上向下游收缩的峡谷段。坝端下游要有足够的岩体支撑，以保证坝体的稳定。

河谷的形状特征常用坝顶高程处的河谷宽度 L 与最大坝高 H 的比值，即“宽高比”L/H 来表示。拱坝的厚薄程度，常以坝底最大厚度 T 和最大坝高 H 的比值，即“厚高比”T/H 来区分。拱坝只能建筑在较狭窄的河谷地段，才能充分发挥拱的作用。一般情况下，在 $L/H<2.0$ 的深切河谷可以修建薄拱坝，$T/H<0.2$；在 $L/H=2.0\sim3.5$ 的稍宽河谷可以修建中厚拱坝，$T/H=0.2\sim0.35$；$L/H>3.5\sim5.0$ 的宽河谷多修建重力拱坝，$T/H=0.35\sim0.45$；随着这个比值的增加，河谷逐渐开阔，拱的作用也随着减弱，梁的作用将成为主要的传力方式，一般认为以修建重力坝或拱型重力坝较为合适。但随着目前筑坝技术的提高，拱坝建设中河谷的宽高比值选用的范围已有所提高。另外，河谷狭窄固然对拱坝承受荷载有利，但有时为了枢纽布置的需要，可能选择河谷稍宽的坝址更为经济，故拱坝对坝址地形的选择应进行多种方案比选。

不同河谷即使具有同一宽高比，其断面形状可能相差很大。左右对称的V形河谷最适于发挥拱的作用，靠近底部水压强最大，但拱跨短，因此底拱厚度仍可较薄；U形河谷靠近底部拱的作用显著降低，大部分荷载由梁的作用来承担，故厚度较大，但其有利于布置坝体泄洪与下游消能设施；梯形河谷则介于这两者之间。根据工程经验，拱坝最好修建在对称河谷中，但在不对称河谷中也可以修建，缺点是，坝体受力条件差，设计、施工复杂；在平面上，为了满足抗滑稳定的要求，拱坝最好建在河谷喇叭口的进口处，不宜建在出口处；在两岸靠近坝肩的上下游侧，不应有深沟，否则对坝肩稳定不利。

2．地质条件的要求

地质条件也是拱坝建设中的一个重要问题。特别是河谷两岸坝肩的基岩必须能承受由拱端传来的巨大推力，要在任何情况下都能保持稳定，不致危害坝体的安全。理想的地质条件是，基岩比较均匀、坚固完整、有足够的强度、变形模量大、压缩性小、透水性小、能抵抗水的侵蚀、耐风化、岸坡稳定、没有大断裂。实际上很难找到没有节理、裂隙、软弱夹层或局部断裂破碎带的天然坝址，但必须查明工程地质条件，必要时，应采取妥善的地基处理措施。

坝址的区域地质条件必须是稳定的，不能有新构造运动。要查清坝址区的地质构造，库区的地震基本烈度和蓄水后发生触发地震的可能性。此外，还要注意查看库区是否有严重的漏水通道，近坝库岸是否有不稳定的滑坡体，避免大规模滑坡涌浪事故的发生。

随着经验的积累和地基处理技术水平的不断提高，在地质地形条件较差的地区也建成了不少的高拱坝。例如，奥地利的西勒格尔斯双曲拱坝，高 130m，L/H=5.5，T/H=0.25；美国的奥本三圆心拱坝，高 210m，L/H=6.0，T/H=0.29；意大利的圣杰斯汀那拱坝，高 153m，基岩变形模量只有坝体混凝土的 1/5～1/10；葡萄牙的阿尔托·拉巴哥拱坝，高 94m，两岸岩体变形模量之比达 1:20；瑞士的康脱拉拱坝，高 220m，有顺河向陡倾角断层，宽 3～4m，断层本身挤压破碎严重；我国的龙羊峡拱坝，高 178m，基岩被众多的断层和裂隙所切割，岩体破碎，且位于九度强震区。然而，当地质地形条件复杂到难于处理，或处理工作量太大、费用过高时，则应另选其他坝型。

8.1.3 拱坝的类型

为了达到安全、经济、合理的目的，适应具体的地形、地质和运用条件，随着技术的进展，拱坝有多种类型(结构形式)。

(1) 按筑坝材料分为混凝土拱坝和浆砌石拱坝。

(2) 按坝高分为最大坝高小于 30m 的为低坝，大于 70m 的为高坝，30～70m 的为中坝。目前设计和正在施工的高度已经超过 300m，近年来，国内工程界开始用 100m 级高拱坝、200m 级高拱坝、300m 级高拱坝来描述高拱坝。

(3) 按坝顶中心角分为一般弯曲拱坝和扁薄拱坝，前者顶拱中心角为 105°～125°，后者顶拱中心角为 60°～90°；扁薄拱坝在现代拱坝设计中具有重要意义。

(4) 按坝上游面垂向形状分为单曲拱坝和双曲拱坝。水平面呈拱形，垂直向没有或基本没有曲率的为单曲拱坝；而双曲拱坝水平和垂直向都有曲率。

(5) 按拱坝的相对厚度分为薄形拱坝(厚高比小于 0.2)、中厚拱坝(厚高比 0.2～0.35)和厚拱坝或重力拱坝(厚高比大于 0.35)。

(6) 按水平拱圈的形式分，无论是单曲拱坝还是双曲拱坝，拱坝的水平拱圈都采用一定的曲线形式，常用的从最早的单心圆，已经发展到多心圆、抛物线、椭圆等。

(7) 按结构构造分为周边缝拱坝、腹拱拱坝(或称为空腹拱坝)等。

8.1.4 拱坝的发展概况

拱坝是一个三边嵌固在岩基上的变曲率、变厚度的高次超静定的空间壳体。发展过程可概括为三个阶段：萌芽阶段、起步阶段和成熟阶段。

1. 拱坝建设的萌芽阶段

人类修建拱坝历史悠久，早在古罗马时期，人们就采用砌石圆拱结构修建了一系列的似现代拱坝挡水建筑物。如法国的鲍姆(Baume)拱坝(坝高 12m)，西班牙的阿尔曼扎(Almanza)拱坝，意大利的高桥(Ponte Alto)拱坝等。 该时期修建的拱坝水平截面虽为拱形，但由于缺乏理论指导，并没有真正认识到利用拱结构的优点，只能说是一种似拱坝结构。

2. 拱坝建设的起步阶段

(1) 圆筒结构时期。该时期的设计，将拱坝坝体比拟成一系列独立叠置的水平圆弧形拱圈，在外荷载的作用下通过水平拱圈的作用，将其传至两岸，而忽略了拱坝上下拱圈传力的梁的作用。1854 年，法国工程师左拉(Zola)，以圆筒公式为指导，在普罗旺斯地区埃克斯设计建成 43m 高的左拉拱坝，被世界各国公认为世界上第一座真正意义上的拱坝。

(2) 固端拱结构时期。20 世纪初，西欧和北美的工程师们逐渐认识到圆筒结构概念完全忽略了两岸地基的约束，与事实不符，建议改用固端拱的结构概念进行水平拱圈的设计与计算。采用该概念设计的拱坝，形状一般为等半径的圆筒形拱坝，考虑的荷载除径向压力之外，开始注意到，固端拱属于超静定结构，将拱坝的设计理论向前推动了一步。

3. 拱坝建设的成熟阶段

随着拱坝高度的不断发展，人们越来越认识到将本来为一整体的拱坝人为地分为一系列上下互不相干的水平拱圈进行二维应力分析与实际并不相符，坝工专家想到用垂直悬臂梁来联系各层拱圈以反映上下拱圈的相互作用。后来进一步演变为拱梁分载法。

1917 年瑞士坝工专家格伦纳，在瑞士设计了第一座高为 55m 的蒙特沙尔文斯拱坝，采用 4 拱 9 梁径向变位一致的多拱梁法进行了该坝的应力计算。它的设计与建造标志着拱坝的建设进入成熟阶段。

早期修建的拱坝是浆砌石拱坝，到 20 世纪初才开始建筑混凝土拱坝。20 世纪 50 年代以来拱坝发展迅速，目前世界上已建成的较高的拱坝是格鲁吉亚的英古里双曲拱坝，高 271.5m，坝底厚 86m，厚高比为 0.33。近几十多年来，我国大概每年平均修建三十多座拱坝，目前世界上在建的高拱坝有一半以上在中国。已经建成的部分百米以上的拱坝如表 8-1 所示，其中较高的双曲拱坝有高 294.5m 小湾拱坝；较高的重力拱坝为 178m 的龙羊峡坝；较高的空腹重力拱坝为 112.5m 的风滩坝；较高的浆砌石拱坝为 100.5m 的群英坝。而正在建设中的锦屏一级水电站的拱坝，位于四川省凉山州盐源县和木里县境内，是雅砻江干流下游河段控制性水库梯级电站，总装机 360 万 kW，单机容量 60 万 kW，其中混凝土双曲拱坝坝高 305m，现为世界第一高拱坝。建设总工期预计 9 年 3 个月，总投资 245.4 亿元，计划 2015 年竣工。2009 年 10 月 23 日，世界最高拱坝的锦屏一级水电站大坝开始浇筑，这是国家“西电东送”标志性工程。

表 8-1　我国 100m 以上的部分拱坝一览表

序号	工程名称	建设地点	坝　型	坝　高/m	库　容/$\times10^6m^3$	建设年代
1	小　湾	云　南	双曲拱坝	294.5	15100	2002—2010
2	二　滩	四　川	双曲拱坝	240	6170	1988—1999
3	龙羊峡	青　海	重力拱坝	178	27630	1976—1987
4	东　风	贵　州	双曲拱坝	173	1025	1986—1995
5	李家峡	青　海	双曲拱坝	165	1728	1988—1998
6	乌江渡	贵　州	重力拱坝	165	2140	1974—1979
7	东　江	湖　南	双曲拱坝	157	9530	1978—1986
8	隔河岩	湖　北	重力拱坝	151	3770	1986—1993
9	白　山	吉　林	重力拱坝	149.5	5997	1976—1983
10	沙　牌	四　川	碾压混凝土拱坝	132	78	1997—2001

(续)

序号	工程名称	建设地点	坝型	坝高/m	库容/$\times10^6m^3$	建设年代
11	风滩	湖南	空腹重力拱坝	112.5	17.15	1970—1978
12	紧水滩	浙江	双曲拱坝	102	1393	1980—1987
13	群英	河南	浆砌石拱坝	100.5	20	1968—1971

我国碾压混凝土拱坝的历史很短，但发展很快，已建成多座世界上较高的碾压混凝土拱坝。目前我国在碾压混凝土坝、面板坝和拱坝的关键技术研究和高坝建设等方面已居世界先进水平。

拱坝的发展趋势为：对地质地形的限制条件有所放宽；坝高逐渐增加，坝体逐渐减薄；坝型多样化，双曲拱坝日益增多；坝顶泄流的单宽流量增大；最优设计日益处于实用阶段。

8.2 拱坝的布置

拱坝布置的具体内容是：结合坝址地形、地质、水文和施工条件选择坝型，拟订坝体基本尺寸，作为坝体应力分析的依据。然后反复修改，以求得安全可靠、经济合理的设计方案。

8.2.1 拱坝的形状与尺寸

1．拱坝的形状

拱坝拱圈的形状很多，最常用的拱圈形状有等厚单心圆弧形，其厚度相等的拱圈只有一个圆心。其他的拱圈形状有三圆心拱、变厚度拱等。三圆心拱的拱圈由三段圆弧(即有三个圆心)组成，变厚度拱的拱圈厚度从拱冠向拱端逐渐加大。

2．拱坝的尺寸

以等厚度圆筒拱坝为例(见图 8-2)，说明拱圈尺寸与应力的关系。设沿圆筒拱坝的竖直方向取单位为 1(m)的高度，得出一厚度为 T(m)，外弧半径为 R(m)，拱弧中心角为 $2\phi_0$，截面积为 $A=T\cdot1(m^2)$的等厚拱圈。沿拱外弧作用有压强为 P(kPa)的均布水压力。假定拱圈两端与河岸的支承条件为滚动支座，拱圈内部只存在沿拱轴线方向的均布压应力。支座反力 N 的方向与拱端轴线方向相切。取 Y 方向诸力的平衡，便得：

$$N=PR \tag{8-1}$$

若坝体材料的容许应力为$[\sigma]$，按强度条件 $N/A\leqslant[\sigma]$，可得出所需拱圈厚度 T 为

$$T=\frac{PR}{[\sigma]} \tag{8-2}$$

设拱圈两端的直线距离为 L，则上式可变换为

$$T=\frac{PL}{2[\sigma]\sin\phi_0} \tag{8-3}$$

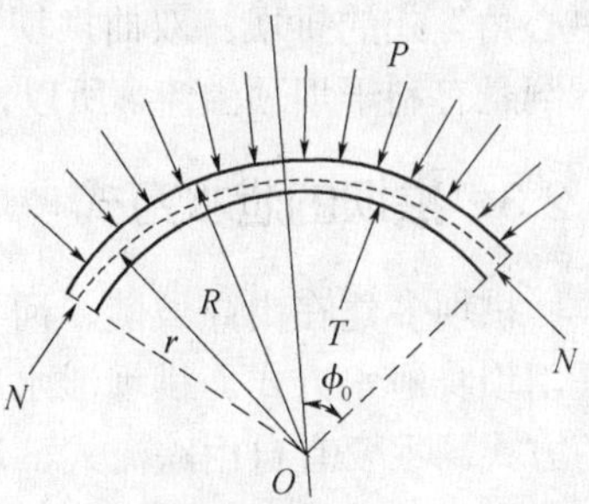

图 8-2　圆筒公式计算简图

由此可见，拱厚 T 与拱弧中心角 $2\phi_0$ 成反比。合理的拱弧中心角或拱弧半径不仅要考虑坝体工程量的大小，还要考虑拱端推力的方向是否对坝肩岩体的稳定有利。当拱弧中心角越大，即拱弧半径越小时，拱端推力的方向越趋向于平行河岸线，这对坝肩岩体稳定非常不利，

相反，当拱弧中心角越小，即拱弧半径越大时，拱坝推力越趋向于垂直河岸线，对坝肩岩体稳定性越有利，但这样拱的效应降低，坝体厚度显著增大。根据设计经验，坝顶拱弧中心角的适用范围是75°～110°，坝底拱弧中心角的大致范围是50°～90°。具体设计时要结合河谷条件及枢纽工程的总体布置全面考虑决定。

在中小型拱坝设计中也可用式(8-3)粗估拱圈厚度。由于式(8-3)仅能反映平均应力。而且忽略剪力因素，所以只能采用较小的[σ]值，一般采用拱圈材料允许压应力的一半。

8.2.2 拱坝的布置

1. U形河谷的适用坝型

U形河谷的上下宽度相差不大，可以选用单曲拱坝。采取相同的拱弧半径绘制各高程的水平层拱圈，使拱坝的上游面为铅直圆筒面。不同高程的拱圈受到不同的水压力，所以从坝顶向下，随着水压力逐渐加大，坝体厚度也要相应增加；一般情况下，河谷下部总要窄于上部，因而下部的拱弧中心角小于上部(见图8-3)。这种坝型构造简单、施工方便。上游坝面垂直也有利于布置泄(引)水孔。但这种坝体一般较厚，材料用量较大。

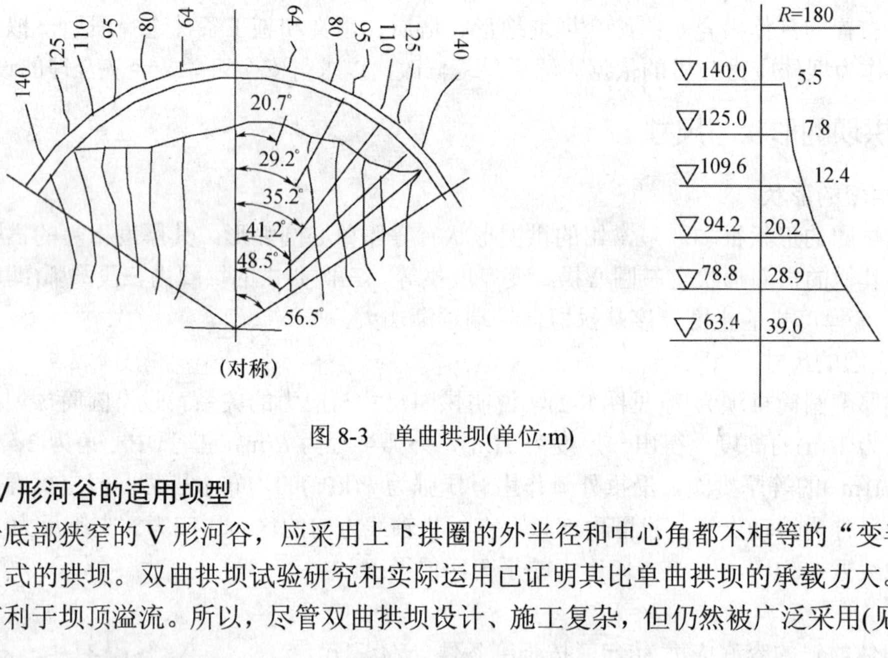

图8-3　单曲拱坝(单位:m)

2. V形河谷的适用坝型

对于底部狭窄的V形河谷，应采用上下拱圈的外半径和中心角都不相等的“变半径、变中心角”式的拱坝。双曲拱坝试验研究和实际运用已证明其比单曲拱坝的承载力大。坝顶向下倒悬有利于坝顶溢流。所以，尽管双曲拱坝设计、施工复杂，但仍然被广泛采用(见图8-4)。

8.2.3 拱坝的泄水方式

拱坝多建在山高坡陡、河谷狭窄的地方，通常缺乏适宜修建河岸式溢洪道的条件，故多采用坝身泄水方式。拱坝泄水应随地形、地质、水流量、枢纽布置条件的不同，而采取不同的方式。主要有自由跌流式、鼻坎挑流式、滑雪道式和坝身泄水孔等方式。

1. 自由跌流式

对于比较薄的双曲拱坝或小型拱坝，常采用坝顶自由跌流的方式，如图8-5所示。

溢流头部通常采用非真空的标准堰型。这种形式适于基岩良好，单宽泄洪量较小的情况。由于下落水舌距坝趾较近，坝下必须设有防护设施，堰顶设或不设闸门，视水库淹没损失和运用条件而定。

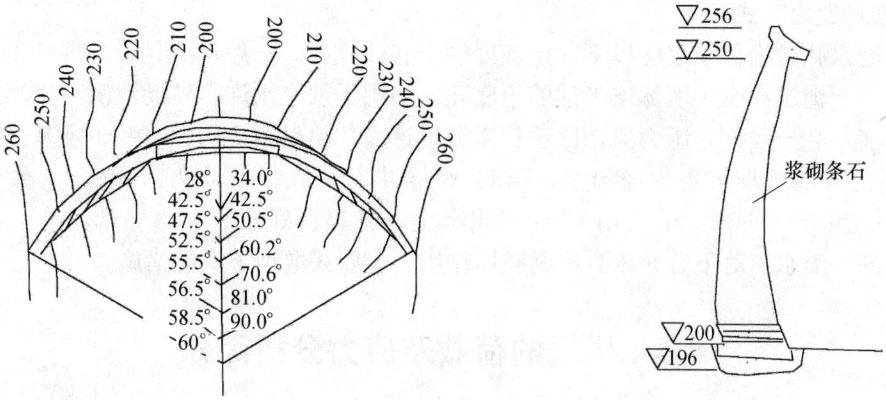

图 8-4　双曲拱坝

2．鼻坎挑流式

对于坝体较厚，坝较高或单宽流量较大的拱坝，常采用鼻坎挑流式，如图 8-6 所示。在溢流堰顶曲线末端以反弧段连接成为挑流鼻坎。水流经过鼻坎挑出后，跌落点比自由跌流更远些。

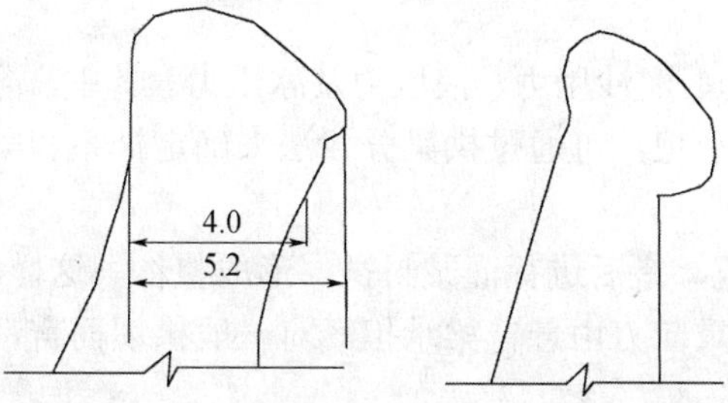

图 8-5　自由跌流式头部形式

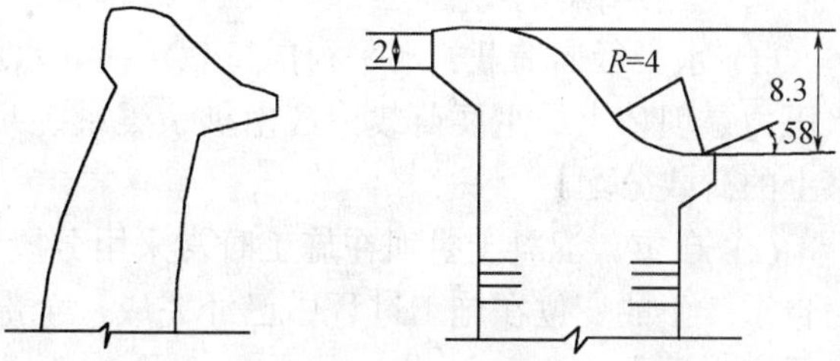

图 8-6　鼻坎挑流头部形式

3．滑雪道式

溢流面是由溢流坝顶、泄槽(即滑雪道)及挑流鼻坎所组成，溢流面下可以是实体的(图 8-7(a))，也可做成架空或设置水电站厂房(图 8-7(b))。水流过坝以后，流经泄槽，由槽尾端的挑流鼻坎排出，使水流在空中扩散，下落到距坝较远的地点。这种方法适用于泄洪量大、较薄的拱坝。

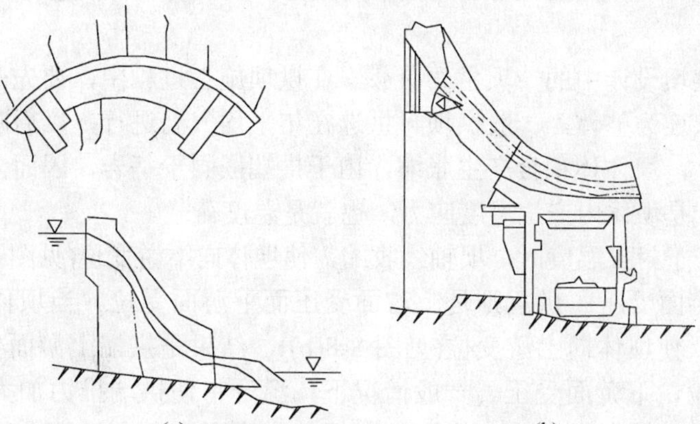

图 8-7　滑雪道式溢流拱坝断面图

4．坝身泄水孔式

坝身泄水孔是指位于水面以下一定深度的中孔或底孔。一般认为，设在坝体上半部的为中孔，多用于泄洪；位于坝体下半部的为底孔，多用于放空水库、辅助泄洪和排沙及施工导流。坝身泄水孔一般都是压力流，比坝顶溢流流速大，挑射距离远，有利于坝基安全。我国陕西省石门双曲拱坝采用坝身泄水，共设 6 个中孔，孔口尺寸为 7m×8m，单宽流量为 $100m^3/(s \cdot m)$；一个底孔(2m×2m)，经过多年运行，效果良好。

拱坝的下泄水流对下游河床有冲刷破坏作用，也要采取坝下消能措施。

8.3 拱坝的荷载及应力分析简介

8.3.1 拱坝的荷载

作用在拱坝上的荷载有水压力、温度作用、自重、扬压力、浪压力、冰压力及地震荷载等，基本与重力坝相同。但由于拱坝自身的结构特点，有些荷载的计算及其对坝体内力的影响程度与重力坝显著不同。本书只介绍这些荷载的不同点。

1．一般荷载的特点

(1) 水平径向荷载。水平径向荷载包括静水压力、泥沙压力、浪压力及冰压力。其中，静水压力是坝体上最主要荷载，应由拱、梁系统共同承担，可通过拱梁分载法来确定拱系和梁系上的荷载分配。

(2) 自重。混凝土拱坝在施工时常采用分段浇筑，最后进行灌浆封拱，形成整体。这样，由自重产生的变位在施工过程中已经完成，全部自重应力由悬臂梁承担。对一般拱坝而言，自重应力不大。

(3) 水重。水重对于拱、梁应力均有影响，但在拱梁分载法计算中，一般近似假定由梁承担，通过梁的变位考虑其对拱的影响。

(4) 扬压力。由实践分析表明，对中等高度拱坝，由扬压力引起的应力在总应力中约占5%。由于扬压力影响很小，设计中对薄拱坝可以忽略不记；对于重力拱坝和中厚拱坝则应予以考虑；在对坝肩岩体进行抗滑稳定分析时，必须计入渗透压力的不利影响。

实践证明，岩体是赋存于一定的地应力环境中，对修建在高应力区的高拱坝，应当考虑地应力对坝基开挖、坝体施工、蓄水过程中的应力以及坝肩岩体抗滑稳定的影响。

2．温度荷载

温度荷载是拱坝设计中的一项主要荷载。在拱坝施工过程中，要先分块浇筑，在充分冷却后，再灌浆封拱连为整体。一般拱坝封拱选在年平均气温进行，以后随着上游水温和下游气温的周期性变化，坝体体积会产生胀缩，由于拱端嵌固于基岩，因而限制了坝体随温度变化而自由伸缩，于是坝体内产生温度应力，也就是温度荷载。

当坝体温度低于封拱温度时，坝轴线收缩，使坝体向下游变位(见图 8-8(a))，结果是拱端上游面受拉，下游面受压；拱冠则是上游面受压而下游面受拉。当坝体温度高于封拱温度时，坝轴线伸长，使坝体向上游变位(见图 8-8(b))，结果是拱端上游面受压，下游面受拉；拱冠则上游面受拉，下游面受压。一般情况下，温升将使拱端推力加大，对坝肩岩体稳定不利；温降将使拱冠下游面拉应力增大，对坝体应力不利，在设计中都要验算，必要时要修改坝体尺寸。

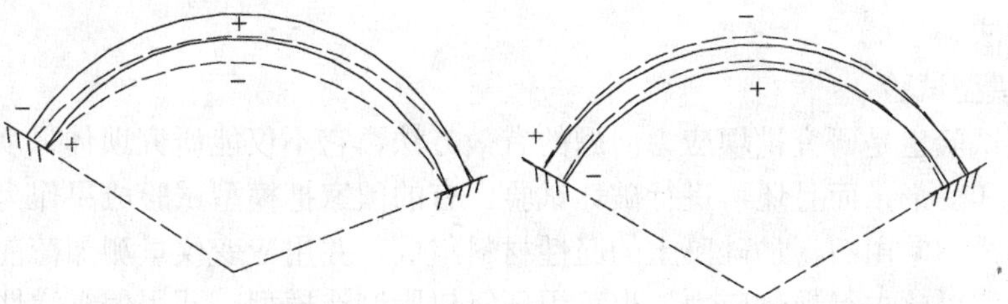

图 8-8　拱坝坝体由温度变化产生的变形示意图

"+" 压应力 ；"−" 拉应力。

实测资料分析表明：在由水压力和温度荷载共同引起的径向总变位中，后者占 1/3～1/2，在靠近坝顶部分，温度变化的影响更为显著。

3．地震荷载

地震荷载包括地震惯性力、地震动水压力和动土压力。按我国《水工建筑物抗震设计规范》(SDJ10-78)规定，对拱坝应考虑顺河方向和垂直河流方向的水平地震作用，分别计算其地震反应。对设计烈度为 8、9 度的 1、2 级挡水建筑物，除单曲拱坝外，还需考虑竖向地震作用。

8.3.2　拱坝的应力分析方法简介

拱坝是一个在形状和边界条件方面都较复杂的壳体结构，影响坝体应力分析的因素也很多，所以要进行严格的理论计算是很困难的。为了便于数学上的处理，通常均作一些假定和简化，使计算成果能满足工程上的需要。拱坝的应力分析通常有以下四种。

1．纯拱法

纯拱法假定拱坝是由许多互不影响的独立水平拱圈所组成，荷载全部由拱圈承担，每层拱圈均作为弹性固端拱进行计算。该法计算简便，但其计算成果一般偏大，尤其是对厚拱坝误差更大，纯拱法多用于小型、薄型拱坝。由于这种方法是拱坝所有计算方法中最基本、最简单的方法，常常用来近似地计算狭窄河谷中建造的不太重要的中小型拱坝的内力和应力。另外，纯拱法计算水平拱圈的内力和变位，也为以后进一步发展而成的拱梁分载法打下基础，是拱梁分载法计算中不可缺少的重要组成部分。

2．拱梁分载法

拱梁分载法假定拱坝是由许多水平拱圈和铅直悬臂梁所组成，拱坝所承受的荷载由拱和梁共同承担，按拱、梁相交点变位一致的条件，将荷载分配在拱、梁两个承力系统上。荷载分配后，再计算拱、梁系统的应力。梁是静定结构，应力不难计算，拱的应力可按纯拱法计算，只要计算应力不超过实际坝体材料的容许应力，则说明实际坝体安全可靠。拱梁分载法把复杂的弹性壳体问题简化为结构力学的杆件计算，概念清晰，易于掌握，所以拱梁分载法实用性较好，是目前国内外广泛采用的一种拱坝应力分析方法，其适用于大型工程及重要的中型工程。

3．有限单元法

将拱坝视为空间壳体三维连续体，根据坝体体形，选用不同的单元模型。有限单元法是将坝体和坝基划分为有限数量的单元，并以节点互相连结，用这样一个离散模型代替连续体结构，进行坝体内各单元的变位和应力计算，并能正确反映拱坝建造过程对应力的影响。有限元法既能解决边界条件复杂的问题，又能解决坝体材料及坝基不均匀性的问题，是一种实用而有效的方法。

4．结构模型试验

结构模型试验也是研究拱坝应力问题的有效方法，它不仅能研究坝体、坝基在正常运行情况下的应力和变形，而且还可进行破坏试验。有的国家把模型试验成果作为拱坝设计的主要依据。结构模型常由石膏加硅藻土的脆性材料组成，并用应变仪量测加荷前后的模型各点应变值的变化，以此求得坝体应力；也可用环氧树脂制造模型，并用偏光弹性试验方法进行量测，从而推求坝体应力。

对于1和2级拱坝或比较复杂的拱坝，当用拱梁分载法计算不能取得可靠应力成果时，应进行结构模型试验(或用有限元等方法计算)加以验证。必要时二者应同时进行，以便相互验证。

8.4 拱坝的拱座稳定分析及地基处理

8.4.1 拱坝坝肩的稳定分析

1．拱坝失稳的主要原因

拱坝坝基，特别是坝肩岸坡岩体，因其承受拱座传来的巨大推力，而且又有一个岸坡临空面，所以其稳定问题是拱坝设计重点关注的内容，也是关系拱坝安全的重要问题。分析拱坝以往失事的原因，绝大部分是由于坝体坝肩岩体失稳或变形过大所致，很少是由于拱坝本身应力问题而失事的。但是，拱坝坝肩稳定问题除受拱坝结构荷载的影响外，坝肩岩体的地质条件也是重要的决定性因素，而坝肩岩体的地质构造又是难以完全勘察清楚，抗剪强度参数也不易精确确定，这样就更增加了拱坝坝肩抗滑稳定分析的复杂性和不确定性。

坝肩岩体失稳的最常见形式是坝肩岩体受荷载作用后发生的滑动破坏。这种情况一般发生在岩体中，存在着明显的滑裂面，如断层、节理、裂隙、软弱夹层等。此外，当坝的下游岩体中存在着较大的软弱带或断层时，即使坝肩岩体抗滑稳定能够满足要求，但过大的变形仍会在坝体内产生不利的应力，同样会给工程带来危害，应尽量避免。必要时需采取适当的加固措施。因此，要对坝肩基岩的结构面特性进行认真细致的调查研究和分析计算。

例如，意大利瓦依昂拱坝失事的原因如下：瓦依昂坝为混凝土双曲拱坝，最大坝高262m，总库容1.69亿m^3，施工年份为1956～1960年。该坝址位于下白垩纪和上侏罗纪的石灰岩侵蚀的峡谷中，狭谷两岸陡峭，底宽仅10m，岩层倾向上游，岩层内分布有薄层泥灰岩和夹泥层。基岩具有良好的不透水性，坝址区主要地质问题为向斜褶皱裂隙和断裂较发育。坝址主要有三组裂隙，一是层理和层理裂隙，充填有极薄的泥化物；二是与河流流向垂直的垂直裂隙；三是两岸岸坡卸荷裂隙，重叠分布，形成深度为100～150m的卸荷软弱带，这三组裂隙将岩体切割成7m×12m×14m的斜棱形体，地震烈度7～8度。1957年施工时即发现岸坡不稳定。1960年2月水库蓄水，同年10月当库水位高程为635m时，左岸坡地面出现长达1800～2000m的M形张开裂缝，并发生了70万m^3的局部崩塌。当即采取了一些措施，限制水库蓄水位；在右岸开挖一条排水洞。但在水库蓄水影响下，经过3年缓慢的蠕变，到1963年4月，在某测点测出的总位移量达338cm。9月28日至10月9日，水库上游连降大雨，引起两岸地下水位升高，并使库水位雍高。1963年10月9日，岸坡下滑速度达到25cm/天，晚上22时41分岸坡发生了大面积整体滑坡，范围长2km、宽约1.6km，滑坡体积达2.4亿m^3。滑坡体将坝前1.8km长的库段全部填满，淤积体高出库水面150m，致使水库报废，共计死亡1925

人，整个灾害的持续时间仅仅 7min。

瓦依昂拱坝失事的地质条件原因：河谷两岸的两组卸荷节理，加上倾向河床的岩石层面，构造断层和古滑坡面等组合在一起，在左岸山体内形面一个大范围的不稳定岩体，其中有些软弱岩层，尤其是黏土夹层成为主要滑动面，对水库失事起了重要作用；长期多次岩溶活动使地下孔洞发育。山顶地面岩溶地区成为补给地下水的集水区；地下的节理、断层和溶洞形成的储水网络，使岩石软化、胶结松散，内部扬压力增大，降低了重力摩阻力；1963 年 10 月 9 日前的两周内大雨，库水位达到最高，同时滑动区和上部山坡有大量雨水补充地下水，地下水位升高，扬压力增大，以及黏土夹层、泥灰岩和裂隙中泥质充填物中的黏土颗粒受水饱和膨胀形成附加上托力，使滑坡区椅状地形的椅背部分所承受的向下推力增加，椅座部分抗滑阻力则减小，最终导致古滑坡面失去平衡而重新活动，缓慢的蠕动立即转变为瞬时高速滑动。而人为因素为：地质查勘不充分；地质人员的素质不高，判断失误。

唯一在洪水中幸免于难的是瓦依昂大坝本身。坝体设计方案提供者——意大利模型结构试验研究所不愧是世界顶尖的结构力学研究所，事后计算得知，滑坡引起的涌浪对坝体形成的动荷载约为 4000 万 kN，相当于设计荷载的 8 倍，在这样巨大的冲击力下，按照“无拉应力设计”准则设计的大坝依然十分坚固，表面具有一定斜度的拱形坝体将巨大的水平冲击力化解成向上的冲击波，减轻了直接冲击坝身的力量。洪水过后，瓦依昂大坝仅仅是右侧坝肩轻微受损，主体安然无恙，幸存的大坝拦住了部分泥石流，避免了更大灾难的发生。大坝依然庄严地耸立在那里，但坝前不再是一汪清水，取而代之的是浑浊的泥浆和堆积如山的滑坡体，足足高出坝顶 150m。

2. 可能滑动面的选择

在进行稳定计算时，首先必须将坝轴线附近基岩的节理、裂隙及各种软弱结构面的产状调查清楚，才能判断可能滑动面的位置。凡平行于河流方向或向河中倾斜的节理都是可能导致滑动的，而在下游逐渐斜入山体内的节理则对稳定影响不大(见图 8-9)。

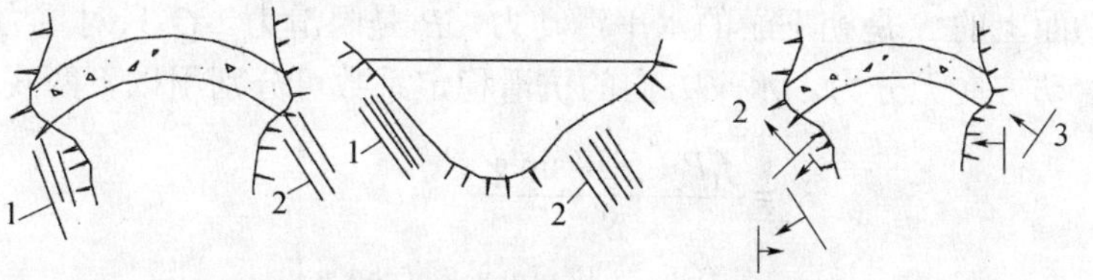

图 8-9 基岩节理对拱座稳定的影响

1—不利节理情况；2—影响不大节理情况；3—最不利节理情况。

如果节理走向大致平行于河流，而倾角大致平行于山坡，则对稳定最为不利，特别是当节理面间有软弱充填物存在时更需注意。实际上，基岩中往往有许多组节理相互交错，情况复杂，难于判定最危险节理裂隙，这样，则需要选择出几个可能滑动面，分别进行验算，如果最危险的滑动面也能满足工程需要，则拱座就是稳定的。

3. 拱座局部稳定分析

校核拱座抗滑稳定，原则上应作空间分析。选取若干个不同高程单位高度的拱圈分层核算其坝肩岩基稳定性的工作称为拱座局部稳定验算。如各层拱的稳定性均无问题，则整个坝体是安全的。在局部稳定不满足要求时，就必须进一步分析整体的稳定性，因为分层计算没考虑各层拱之间的整体作用。以下只简单地讨论局部拱座稳定性问题。

图 8-10 为任取一高程的单位高度的水平拱圈及相应的拱座岩体为分析对象。设滑动面走向平行于河谷，其倾角与岸坡基本平行，这是最不利的产状。水库蓄水之后软弱结构面上的物质进一步软化，岸坡的稳定条件也将进一步恶化。我们假定不会发生顺层应力滑坡，只验算在拱坝坝端的水平推力作用下，坝肩部位的斜坡是否沿平行于河谷的滑动面向下游方向发生水平向的滑动。这要验算可能滑动面上的抗滑力与水平滑动力的对比关系。设拱端轴向推力为 H_a，剪力为 V_a，滑动力 S，垂直于滑动面的力为 N，轴向力 H_a 与滑动面的交角为 ω(见图 8-10 (a))。H_a 和 V_a 由拱梁分载法计算获得，将 H_a 和 V_a 投影到滑动面上，有

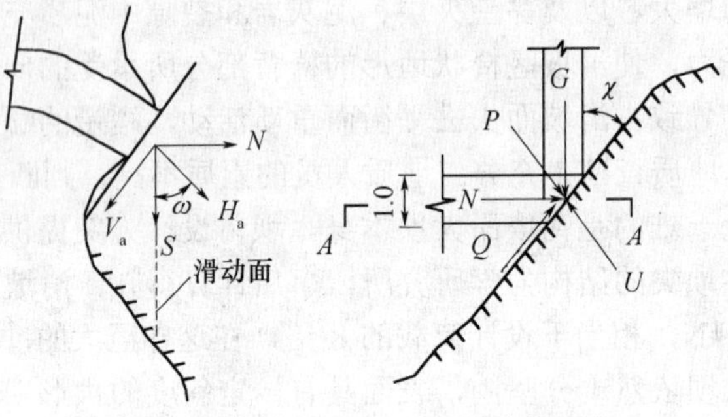

图 8-10　拱座稳定分析简图

$$\left.\begin{aligned} S&=H_a\cos\omega+V_a\sin\omega \\ N&=H_a\sin\omega-V_a\cos\omega \end{aligned}\right\} \tag{8-4}$$

在立视图(8-10(b))上，滑动面与铅直线交角为 χ，拱座上的扬压力为 U，将 N 和悬臂梁自重 G 分解为平行与垂直滑动面的分力 Q 和 P，有

$$\left.\begin{aligned} Q&=N\sin\chi-G\cos\chi \\ P&=N\cos\chi+G\sin\chi-U \end{aligned}\right\} \tag{8-5}$$

作用在滑动面上的 S 是朝下游的水平滑动力，P 是阻滑力。Q 只对重力滑坡方向起阻滑作用，在水平滑动方向无分力。水平方向的抗滑稳定系数可分别用以下两式计算：

$$\left.\begin{aligned} K&=\frac{f_1P+f_2W\sin\chi}{S} \\ K'&=\frac{f_1'P+f_2'W\sin\chi+cl\sec\chi}{S} \end{aligned}\right\} \tag{8-6}$$

式中：K、K'——分别为不考虑黏聚力 c 及考虑 c 时的抗滑稳定系数，其中 K=1.1～1.3，K'=2.0～3.5；

f_1、f_1'——滑动面上的摩擦系数；

$f_2W\sin\chi$、$f_2'W\sin\chi$——拱端下游岩体重量 W 所产生的摩擦阻力，f_2(f_2')为岩体底面岩石间的摩擦系数；

$cl\sec\chi$——由于内聚力在滑动面上产生的阻滑力，l 为滑动面长度。

上式讨论只是一种典型情况，实际上其他走向、倾向的结构面也有可能是滑动面。这里只是说明拱坝坝肩岩体稳定性与拱坝水平推力之间的关系。

4．增强拱座岩体稳定性的措施

通过拱座稳定分析后，如不满足要求时，可以采取以下措施：

(1) 对基岩进行固结灌浆，以提高其抗剪强度；
(2) 将拱端向岸壁深挖嵌进，以扩大下游抗滑岩体，也可避开不利滑裂面；
(3) 改进拱圈设计，如采用抛物线拱等形式，使拱端推力尽可能趋向正交于岸坡；
(4) 如基岩承压能力较差，可局部扩大拱端或设置重力墩等；
(5) 加强拱端的灌浆和排水措施，以减少渗透压力。

8.4.2 拱坝与河岸的连接方式

一般要求拱端落在新鲜或微风化的岩石上。为了较好地传递拱端轴向压力，基岩面应挖成径向，或阶梯形，或折线形。此外，为了保证拱座的稳定，拱轴线与基岩等高线的交角应大于 30°。

当坝址河谷断面很不规则或局部有深槽时，为了节省开挖量并改善坝体应力，可在坝基与坝体之间设置垫座与周边缝。垫座是将坝身靠基础部分的断面尺寸加大，形成一底座。周边缝沿上下游方向可做成弧形面或平直。这样，既可改善河谷断面形状的不规则性，又能改善坝体应力。如图 8-11 所示。

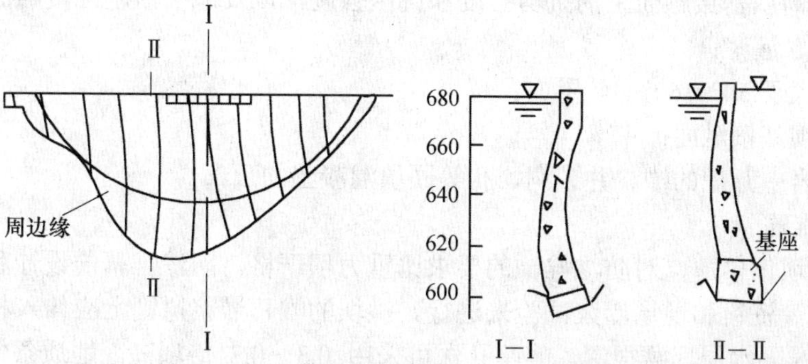

图 8-11　设混凝土垫座和周边缝的拱坝

垫座作为一种人工地基，可以减少河谷地形的不规则性和地质上局部软弱带的影响，改进拱坝的支撑条件。由于周边缝的存在，坝体即使开裂，只能延伸到缝边就会停止发展，若垫座开裂，也不致影响到坝体。

重力墩是拱坝拱端的人工支座，可用于河谷形状不规则情况下，如地形在坝顶两端突然平缓，或一岸较宽，为了减小宽高比，避免岸坡的大量开挖，可设置重力墩(见图 8-12)，以弥补地形的不足，使拱坝基本上保持对称。通过重力墩可将坝体传来的作用力传到基岩，反过来，基岩的支撑反力通过重力墩可反作用于坝体，支持坝体的稳定。

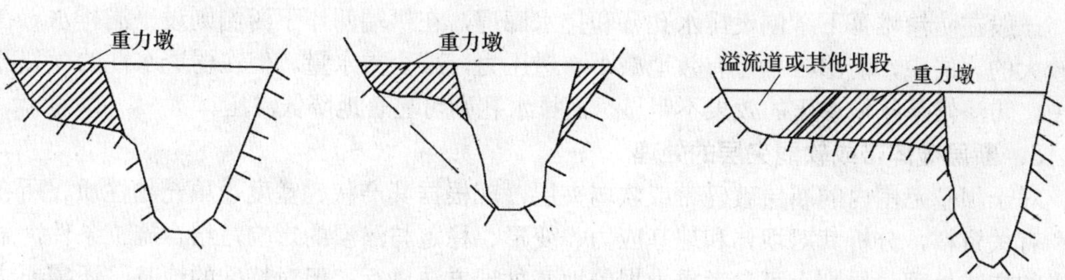

图 8-12　重力墩布置示意图

8.4.3 地基处理

拱坝的地基处理主要是为了加强地基的整体性、抗渗性和耐久性，提高地基的强度和刚度，使坝体和地基接触面形状适宜，避免出现不利的应力分布。坝基处理包括两岸拱座处理和河床段的地基处理，而前者尤为重要，处理措施和岩基上的重力坝相同，但要求更为严格。

1．坝基开挖

根据坝高及重要性不同，坝基开挖深度可有所差异。一般都要求挖到新鲜或微风化基岩，岩面凹凸相差不宜超过 0.3m。如两岸岩体单薄，可将基岩开挖成深槽，使拱端较深地嵌入岩体内。在坝基开挖过程中，应保证建基面平顺，不应有突变，切忌下部坡陡、上部坡缓的反坡，也不宜开挖成台阶状。

2．固结灌浆和接触灌浆

固结灌浆的范围和孔深主要根据基岩的裂隙情况、受力情况、坝基和拱座的变形控制、稳定要求加以确定，拱坝坝基的固结灌浆孔一般按全坝段布置。孔深一般为 5～8m，对于局部有特别要求的地方，必要时可以加深到 8～15m，孔距为 3～4m，在岩石破碎区还应该适当加密。为了提高坝基接触面上的抗剪强度和抗压强度，以及减少沿基础接触面渗漏，应对下列部位进行接触灌浆：

(1) 坡角大于 50°～60°的陡壁面；

(2) 上游坝基接触面；

(3) 在基岩中开挖的槽、井、洞、孔等回填混凝土的顶部。

3．防渗帷幕

一般拱坝坝体单薄，对防渗帷幕的要求比重力坝严格。防渗帷幕的设计和施工应根据地质、水文地质等资料和现场灌浆试验来进行。拱坝的帷幕灌浆原则上应伸入相对隔水层以下 3～5m；若相对隔水层埋藏很深，帷幕孔深可采用 0.3～0.7 倍坝高。地质条件复杂的地段，帷幕孔深可达 1 倍坝高。防渗帷幕还应该深入两岸山坡内，深入的长度和方向应与河床的帷幕保持连续性。

帷幕孔一般为 1～3 排，视坝高和地基情况而定，其中第一排是主帷幕，应满足设计深度要求，其余各排孔深可取主孔深的 0.5～0.7 倍。孔距是逐步加密的，开始约为 6m，最终约为 1.5～3.0m，排距宜略小于孔距。

防渗帷幕必须在坝体浇筑到一定厚度后进行，该厚度的坝体重量即作为灌浆的盖重。灌浆材料一般采用水泥灌浆，如达不到设计防渗要求时，可采用化学材料补充灌浆，但应防止由此带来的环境污染问题。

4．坝基排水

一般在防渗帷幕下游侧设排水孔幕和排水廊道，在拱端两岸下游侧则设平洞排水。在裂隙较大的岩层中，防渗帷幕可有效地减小渗透压力，减少渗水量。但在弱透水性的微裂隙岩体中，防渗帷幕降低渗压的效果不明显，而排水孔则可显著地降低渗压。

5．断层破碎带或软弱夹层的处理

对于坝基范围内的断层破碎带或软弱夹层，应根据其产状、宽度、填充物性质、所在部位和有关资料，分析其对坝体和地基应力、变形、稳定与渗漏的影响，结合施工条件，采取适当的方式处理。原则上可参考重力坝的地基处理方法进行，但对特殊的地基，还需要进行专门的研究。

一般情况下，位于坝肩部位的断层破碎带比位于河床部位对拱坝影响大；缓倾角比陡倾角断层的危害性严重，坝趾附近比坝踵附近的断层破碎带对坝体应力和稳定更为不利，断层破碎带宽度越大，对坝体应力和稳定的影响也越严重。要针对断层破碎带对拱坝的危害程度，采取不同的处理方法，如传力墩、高压固结灌浆和高喷冲洗灌浆等措施。高拱坝和特殊地基的处理方案，要通过有限元分析或模型试验论证。

6．工程高边坡的处理

拱坝一般修建在高山峡谷中，普遍存在高边坡的稳定问题。对于一般天然的高边坡，为了加强边坡的稳定性，通常采取“穿靴脱帽”(即上挖下填)的措施进行处理。而对于拱坝在坝肩开挖中，由于开挖坝肩槽而形成的高边坡，为工程高边坡。我国的高拱坝枢纽工程经常遇到数百米高的工程高边坡，需要采取各种工程措施进行加固，如喷混凝土，打预应力锚索锚杆，设置抗滑桩，坡体后缘削坡减载等，其边坡处理工程质量关系到大坝的安危，必须予以高度重视。

这里重点介绍坝肩岩体的预应力锚固措施。拱坝坝肩岸坡较陡，且常有顺坡向节理、卸荷裂隙、断层破碎带或软弱夹层等分布，在受到库水、渗水的作用后，可能产生岸体坍塌，影响坝肩稳定，危及拱坝和其他建筑物的安全。因此，要做好坝肩岸坡的防渗帷幕和排水、护岸和岸坡面的喷浆等，为了防止岩岸坍塌，最有效的方法是预应力锚固措施，在国内外拱坝建设中应用广泛。锚固范围应视岸坡的地质条件而定，一般设置在拱座的上、下游附近岸坡，有时向上、下游方向延伸较远。

复习思考题

1. 何谓拱坝？其有哪些类型？
2. 拱坝有哪些特点？
3. 拱坝所受的主要荷载与重力坝有何不同？为什么？
4. 拱坝的泄水方式有哪些？各有什么特点？
5. 拱坝为什么要在稍低于年平均温度时进行封拱？
6. 影响拱坝坝座稳定的因素有哪些？
7. 拱坝稳定分析的方法有哪些？
8. 拱坝对地质地形条件有什么要求？
9. 拱坝的地基处理措施有哪些？

第9章 土石坝

9.1 概 述

9.1.1 土石坝优缺点

土石坝在坝工建设中有悠久的历史，早在公元前3000多年就修建了许多较低的土石坝，但后来都被洪水冲毁。希腊在公元前1300年修建的一座大型防洪土坝工程至今完好。中国在公元前598年至公元前591年，兴建了芍坡土坝(今安丰塘水库)，经历几代整修使用至今。在世界各国最早兴建的坝没有胶凝材料，都只用的是当地的黏土、沙土、沙砾、沙石等材料。后来随着材料的更新，尤其是20世纪60年代出现大型震动碾的逐渐推广应用，土石坝在防渗、高度、坝型等方面都有不断的改进与创新，尤其是碾压堆石坝发展迅速。由于土石坝具有良好的适用性和经济性，目前，土石坝是世界坝工建设中应用最为广泛和发展最快的一种坝型。

土石坝主要是利用坝址附近的土石料填筑而成的一种挡水建筑物，又称当地材料坝。我国现有的九万多座水坝中，土石坝占各种坝型总数的90%以上。近几十年是我国高土石坝发展的黄金时期，随着众多高土石坝的规划设计和建设，我国在土石坝设计理论与方法以及在筑坝技术和设备等方面取得了长足的进步。已经建成许多高土石坝，如黄河小浪底水库土石坝高154m，陕西石头河土石坝105m，水布垭混凝土面板堆石坝233m。还有一些200～300m级的高坝在建设中，如国家重点工程、澜沧江流域规划建设的最大水电站——华能糯扎渡水电站于2011年3月25日正式通过国家核准，投资几百亿元，建设总工期约为11.5年，其心墙堆石坝最大坝高261.5m，总库容227.41亿m^3。机组全部发电后，与燃煤发电相比，相当于每年为国家节约956多万吨标准煤，减少二氧化碳排放1877万吨，同时，还将大量减少废水、废渣、浮尘等污染物的排放，水利工程节能减排效益显著。据统计，世界上已经兴建的百米以上高坝中，土石坝的比例已经达到75%以上，目前世界上已建成的较高两座土石坝分别为塔吉克斯坦的335m高的罗贡斜心墙坝和300m的努列克心墙土石坝，加拿大和美国为北水南调工程拟建的两座高土石坝高分别为464m和476m。而我国双江口水电站心墙堆石坝坝高314m，为目前我国拟建的第一高心墙堆石坝。

1. 土石坝的优点

土石坝之所以被广泛应用是因为这种坝型具有以下优点：

(1) 就地就近取材，可以节省大量水泥、钢材和木材，同一工程采用土石坝是重力坝坝体方量的5～10倍，但其造价为混凝土的1/15～1/20，尤其是面板堆石坝更加经济。

(2) 能适应各种不同的地形和地质以及气候条件，对地基要求比混凝土坝低，任何不良的坝址地基和深层覆盖层，经过处理均可以修筑土石坝。

(3) 施工技术简单，工序少，便于组织机械化快速施工。

(4) 结构简单，工作可靠，便于管理、维护、加高和扩建。

(5) 土石坝设计理论和计算精度以及测试方法都得到进步和提高，近几十年来，岩土力学和计算机技术的发展，大型土石方施工机械和筑坝技术的更新，也为高土石坝的迅速发展创造了有利条件。

(6) 抗震性能强，多项工程论证研究，高土石坝的抗震性能优于混凝土坝。

(7) 土石坝的施工导流技术有了很大进展。以前多采用多条大型导流隧洞，工期长和造价高是导流的最大难题和弱点，目前的施工措施已经克服了这两个问题。

(8) 高边坡、地下工程结构、高速水流消能防冲等土石坝配套工程设计和施工技术的综合发展，对加速土石坝的建设和推广也起到了重要的促进作用。

2．土石坝存在的缺点

(1) 由于土石坝是一种散体结构，抗冲刷能力低，一般不允许坝顶溢流，因而需要在河岸上另开溢洪道或其他泄水建筑物；在河谷狭窄、洪水流量很大的河道中施工，导流比较困难，相应的会增加工程造价。

(2) 坝体工程量大，黏性土料填筑压实的质量受气候影响大，会使工期延长，增加造价。

(3) 由于土坝易产生渗流及渗透变形，因此坝体防渗问题突出。

9.1.2 土石坝的工作特点

由于土石料有易变形、易透水、低强度的特点，因而土石坝与刚性坝的工作特点有很大不同，设计时要解决的问题也不相同。以下就稳定、渗流、冲刷、沉降等方面进行分析。

1．稳定方面

(1) 结构特点。土石坝依靠无胶结的土石颗粒间的薄弱连接维持稳定，连接强度低，抗剪切能力小，坝坡缓，剖面为梯形，体积庞大，所以不会发生沿坝基面的整体滑动。

(2) 失稳方式。土石坝主要失稳形式是坝坡滑动或坝坡连同部分坝基(土基)一起滑动。造成坍滑的主要原因是土粒间的抗剪强度低，而坝坡过陡，会引起剪切破坏；或坝基的抗剪强度太低，承载力低，引起坝体与坝基一起滑动。坝坡滑动会影响土石坝的正常工作，严重的将导致工程失事。

(3) 设计要求。土石坝的边坡和坝基稳定是大坝安全的基本保证。国内外土石坝的失事，约有 1/4 是由于滑坡造成的，保证坝坡稳定是首要的。应根据土石料的性质、荷载的条件，合理地选择填筑材料和标准、设计坝坡和地基处理措施，采取有效的防渗排水等措施。

2．渗流方面

(1) 特点和危害。由于土石料的颗粒间存在着较大孔隙，坝体挡水后，在上下游水位差的作用下，库水将经过坝体及坝基(包括两岸)向下游渗透。渗流可减小坝体的有效自重、降低坝体的抗剪强度，对坝坡稳定不利。当渗透坡降或渗流流速超过一定界限时，还会引起坝体或坝基土的渗透变形破坏，严重的会导致土坝失事。此外，渗流量过大也会影响水库的蓄水效果。

(2) 设计要求。为了消除或减轻渗流对土石坝的不利影响，必须采取有效的防渗排水设施，以降低浸润线，减少渗漏，保证稳定。

3．冲刷方面

(1) 特点和危害。由于土料颗粒间的粘结力很小，因而土坝的抗冲刷能力很低。渗入坝内的雨水对坝体稳定不利，沿坝坡流动的雨水会冲刷坝面。水库内的风浪对坝面也将产生冲击和淘刷作用，使坝面容易遭受破坏，甚至产生塌坡事故。

(2) 设计要求。坝顶应高出最高水位，有一定的超高并需有保护结构，而且还应该设有足够泄洪能力的坝外泄水建筑物，以保证洪水不漫溢坝顶，上下游坝坡需要设置护坡和排水措施，以避免风浪和雨水的破坏。

4．沉降方面

(1) 特点和危害。由于土石料填筑体存在着孔隙，在坝体自重和水荷载的作用下，坝体和坝基(土基)都会由于压缩变形而产生沉降。过大的沉降会使坝顶高程达不到设计要求而影响土石坝的正常工作；过大的不均匀沉降还会引起坝体开裂，甚至造成漏水通道而威胁大坝的安全。根据以往工程实际的观测结果表明，一般坝顶沉降若为坝高的1%以下，则坝体不发生裂缝；若超过3%，则多数坝体发生裂缝。

(2) 设计要求。要合理设计坝体剖面及细部构造，正确选择坝体填筑料及分区，要保证施工压实质量，预留沉降量，采用有效的地基处理措施。

5．其他方面

(1) 冰冻影响。在寒冷地区的冬季，库水面结冰形成冰盖层，与岸边及坝坡冻结在一起，冰盖层的膨胀对坝坡产生的冰压力可能导致护坡的破坏。位于水位以上的坝体外部的黏性土料，在冻融作用下造成孔穴、裂缝。

(2) 高温干旱影响。由于夏季高温或干旱影响，坝面含水量的损失，可能造成干缩开裂，雨水进入裂缝会引起集中渗流，要做好坝面保护措施。

(3) 地震破坏。在地震区筑坝，还应考虑地震影响，当坝体或坝基存在均匀的中细砂、粉砂土层时，还要注意强震引起土体液化丧失抗剪强度的问题等。

(4) 生物破坏。老鼠、白蚁等动物做穴，会使“千里之堤，毁于蚁穴”，应结合防止冲刷等破坏，做好坝面保护措施。

综上所述，可能造成土石坝破坏的原因是多方面的，只要针对土石坝的工作特点，在设计中采取相应的有效措施，精心施工保证质量，加强运行管理维护，就能保证土石坝的安全运行。

9.1.3 土石坝的类型

由于坝坡稳定的要求，土石坝的横剖面形状一般为梯形。其通常由维持稳定的坝主体、控制渗流的防渗体、排水设备和护坡等几部分组成。

1．按施工方法分类

(1) 碾压式土石坝。碾压式土石坝是将土石料分层填筑碾压而成的坝，这种筑坝方法在土石坝中应用最广泛。随着大型碾压施工机械的发展，近年来碾压堆石坝得到迅速发展。

(2) 冲填土石坝。冲填土石坝是借助于水力完成土料的开采、运输和填筑全部工序而建成的坝。这种筑坝方法不需要运输机械和碾压机械，工效高，成本低；缺点是土料的干容重较小，抗剪强度较低，需要平缓的坝坡，坝体土方量较大。

(3) 水中填土坝。这种坝施工时一般在填土面内修筑围埂分成畦格，在畦格内灌水并分层填土，依靠土的自重和运输工具压实及排水固结而成的坝。这种筑坝方法不需要有专门的重型碾压设备，只要有充足的水源和易于崩解的土料就可以采用。但由于坝体填土的干容重较低，孔隙水压力较高，抗剪强度较小，故要求坝坡平缓，使坝体土方量增大。

冲填土石坝和水中填土坝两种坝型都是靠水的渗流带动颗粒向下游运动而压密，压实性远不如机械压实，而且排水固结很慢，孔隙水压力很大，只适用于坝坡较缓的低坝。

(4) 定向爆破堆石坝。利用定向爆破两岸山体岩石抛向预定地点而成堆石坝。当坝址两岸陡峻高耸、河谷狭窄及岩石新鲜致密时，用定向爆破法修筑斜墙堆石坝是可取的。这种筑坝方法是通过专门的设计，在两岸或一岸山体内开挖洞室、埋放巨量炸药，一次或数次爆破即可截断河流，形成堆石坝体，然后再进行加工填补，并修建上游防渗斜墙。我国已成功地修建了 40 多座定向爆破堆石坝，其中陕西石砭峪水库大坝高 82.5m。

2．碾压式土石坝的分类(见图 9-1)

(1) 均质土坝。坝体基本上由一种透水性较弱的土料(如壤土、砂壤土等)填筑而成，同时起防渗和支承作用。坝体材料单一，施工方便，但土料渗透性差，施工期坝体内会产生孔隙水压力，土料的抗剪强度低，所以坝坡较缓，工程量大，一般多用于中坝、低坝。

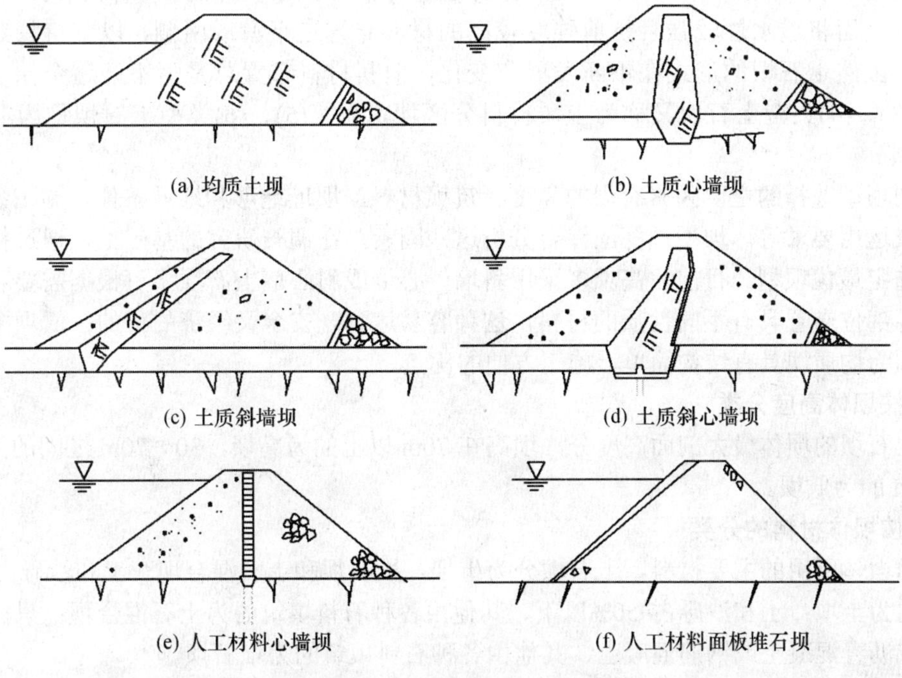

图 9-1　碾压式土石坝类型

(2) 土质心墙坝。以透水性小的防渗体布置在坝身中央，称为心墙；而心墙两侧以透水性较大的砂或砂砾料做坝壳，用以支承心墙保持坝体稳定。其适应变形条件较好，可建在两岸坝肩较陡的地带，目前世界上建造了许多 200～300m 高的这种土质心墙坝。问题是心墙和坝壳同时施工干扰大，且受气候条件影响大。

(3) 土质斜墙坝。防渗体位于坝的上游面，称为斜墙；砂砾等透水性大的土料位于斜墙下游作支承体。斜墙常用黏性土料构成，称为塑性斜墙。斜墙和坝壳同时施工干扰小，受气候条件影响也小，但斜墙对坝体的沉降变形较为敏感，与陡峻河岸连接困难。

(4) 土质斜心墙坝。由相对不透水性或弱透水土料构成防渗体，其下部为斜墙，上部为心墙，在它们的上、下游两侧以弱透水的砂石料组成坝壳，支承和保护防渗体。为了解决土质心墙坝和土质斜墙坝的上述问题，近年来许多高土石坝逐渐采用土质斜心墙坝等形式。

(5) 人工材料心墙坝。当坝体中土料和石料各占相当的比例时，便构成土石混合坝。其主要有两种形式，一是上游部分用土料，下游部分为堆石；另一种是中央部分用人工材料作防渗体，上下游部分为堆石。当坝址附近有适宜的土石料时，选用土石混合坝是经济的。为改善坝体应力状态，避免人工材料防渗体裂缝，近代修建的高土石坝常建成斜心墙土石混合坝。

(6) 人工材料面板堆石坝。以堆石料作为坝壳，防渗体为透水性小的黏性土料、沥青混凝土、钢筋混凝土等材料筑成，其可布置在坝体中央或在坝上游面。按防渗体的材料和位置冠名有：黏土心墙堆石坝、黏土斜墙堆石坝、黏土斜心墙堆石坝、沥青混凝土心墙堆石坝、沥青混凝土斜墙堆石坝、混凝土面板堆石坝等。由于堆石体的沉降变形量远远小于其他土石料，具有很高的抗压和抗剪强度，坝坡较陡，目前在 150m 以上高度的土石坝中基本以堆石坝为主，这是近些年来发展很快的一种坝型。

上述几种坝型，除均质坝外，都是将弱透水材料布置在坝体的上游或中央，以达到防渗的目的。而将透水性较强且抗剪强度较高的材料布置在下游或两侧，以维持稳定，也利于排水。虽然土石坝的形式在不断发展和变化，但其材料布置总是离不开这个原则。其中第(2)、(3)、(4)类型土石坝又称为土质材料分区坝，而第(5)、(6)类型土石坝称为非土质材料分区坝。

影响坝型选择的主要因素有坝的高度、筑坝材料、坝址地形和地质条件、施工条件、枢纽布置及运用要求等。坝型选择应综合分析这些因素，在调查研究的基础上，通过技术经济比较，选定最优坝型。目前，高坝多采用斜墙、心墙或斜心墙土石坝，可根据需要和可能，在坝的各部位布置具有不同性质的材料，这种容易达到既安全又经济的目的；低坝多采用均质坝，因为均质坝具有结构简单、施工方便的优点。

3．按坝体高度分类

按土石坝的坝体最大剖面高度分，坝高在 70m 以上的为高坝，30～70m 之间的为中坝，低于 30m 的为低坝。

4．按坝体材料的分类

根据坝体所用的主要材料，土石坝分为土坝、堆石坝和土石混合坝。土和沙砾占 50%以上填筑的为土坝；土和沙砾占 50%以下、其他由各种石料填筑的为土石混合坝；只有防渗体是土料或沥青混凝土或钢筋混凝土、其他由各种石料填筑的为堆石坝。

9.2 土石坝的剖面尺寸和构造

土石坝剖面的基本尺寸主要包括坝顶高程、坝顶宽度、上下游坝面坡度以及防渗和排水设备的轮廓尺寸等。一般是先按具体工作条件，吸取已建类似工程的经验，拟定坝的基本剖面及主要构造，然后进行必要的计算校核，并根据其结果进一步修改初拟尺寸与构造，使之达到既安全又经济的设计目的。

9.2.1 坝体的剖面尺寸

1．坝顶高程

根据我国《碾压式土石坝设计规范》，坝顶高程系水库正常和非常运用期的最高静水位加超高值，如图 9-2 所示。

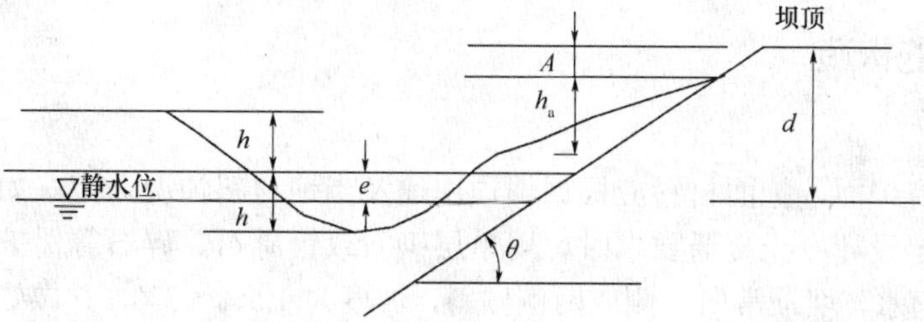

图 9-2　坝顶超高计算图

超高值可按下式计算：

$$d=h_a+e+A \tag{9-1}$$

式中　d——水库静水位以上的超高(m)；

h_a——最大波浪在坝顶上的爬高(m)；

A——安全加高(m)，根据坝的级别可以查到；

e——最大波浪引起的坝前水位壅高(m)。

h_a 和 e 的计算公式可在设计规范中或设计资料中查到。当坝顶设置防浪墙时，防浪墙高程就是坝顶高程，这里是指坝体稳定后的高程。施工时要预留坝体和坝基的沉降值，施工质量好的土石坝，要预留坝高的 0.2%～0.4%。

2．坝顶宽度

坝顶宽度根据运行、施工、构造、交通和人防等方面的要求综合研究确定。当坝顶有交通要求时，应该按照交通部门的有关规定执行；如果没有特殊要求，一般高坝的最小顶宽为 10～15m，中低坝为 5～10m。坝顶宽度必须考虑心墙或斜墙顶部及反滤层布置的需要。在寒冷地区，坝顶还需有足够的厚度以保护黏性土料防渗体免受冻害。

3．坝面坡度

上下游坝坡的坡度大小对土石坝稳定及工程量有直接影响。坝坡的拟定与坝型、坝高、坝体材料、地基条件、坝体所受荷载及土坝的施工和运行条件等因素有关。一般取值范围在 1:2～1:4 之间，且上游坡面的坡度(常用 1:2.5～1:3.5)应小于下游坡面的坡度(常用 1:2.0～1:3.0)。

通常情况下，土质斜墙坝的上游面缓于心墙坝，而下游面将陡于心墙坝。高于 15m 的黏性土坝的坝坡，要做成变坡。即分成数级，从上而下逐级变缓，沿高程每隔 10～30m 变坡一次。相邻坡率差值取 0.25 或 0.5，软弱坝基上下一级坝坡更宜放缓，以利于坝的稳定。在变坡处，要设置 1.5～2.0m 宽的马道，汇集雨水进行排放，以防止雨水冲刷坝坡，此外，马道还可用于观测、检修坝体，并可兼作交通之用(见图 9-3)。

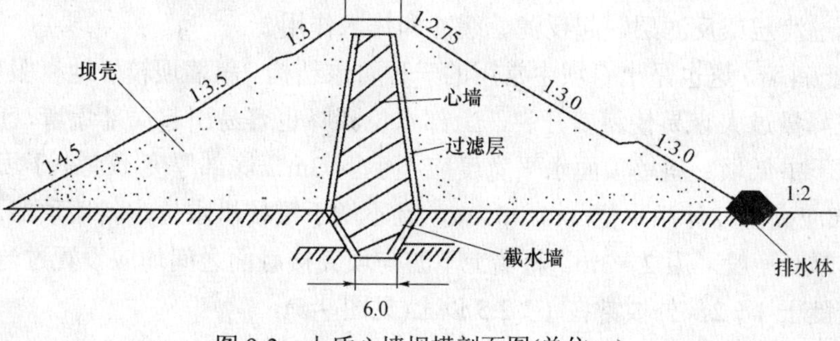

图 9-3　土质心墙坝横剖面图(单位:m)

9.2.2 土石坝的构造

1．坝顶构造

坝顶一般设有护面，护面材料应根据坝顶用途及当地材料情况而定。如有交通要求应按交通部门有关规定设计；无交通要求时可用单层砌石或铺砾石、碎石等保护坝顶，以防雨水冲刷。为了排除雨水，坝顶常向一侧或两侧倾斜，坡度为1.5%～3%，并做好通向下游的排水系统，使坝顶无积水。此外，在坝顶上游侧边缘通常设防浪墙，用浆砌石、混凝土或钢筋混凝土做成，下游设路肩石，防浪墙高常取1.0～1.2m，墙底的基础应牢固埋入坝内，并与坝体防渗体紧密结合(见图9-4)，以防接缝处漏水。

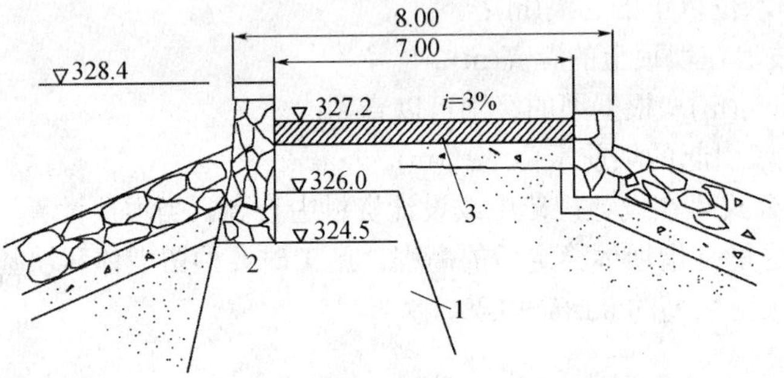

图9-4　坝顶构造示意图

1—黏土心墙；2—浆砌石挡墙；3—碎石路面。

2．坝体防渗结构

为了将坝体渗流量、渗透坡降和浸润线降低到容许范围内，以增加下游坝坡的稳定性，土石坝必须设置防渗体。土质防渗体的主要结构形式是黏性土心墙、斜墙和斜心墙，其他为非土质防渗体。防渗体的结构和尺寸必须满足减少渗流量、降低浸润线和控制渗透坡降的要求，同时还要满足构造、施工和防裂等方面的要求。

(1) 黏性土心墙。这是以前高土石坝中较常用的一种防渗结构(见图9-3)。但心墙的填筑碾压受气候影响大，影响两侧坝壳的施工进度乃至整个工期，且心墙上部容易出现裂缝。按构造要求，心墙顶部厚度应不小于3m，且自墙顶向下应逐渐加厚，两侧边坡多为1∶0.15～1∶0.3，心墙底厚不小于坝前水头H的1/6～1/4(黏土为$H/6$，粉质黏土为$H/4$)，且不得小于3m。心墙顶部高程应高出设计洪水位0.3～0.6m，且不低于校核洪水位。顶面应设置砂砾石保护层，以防冻裂和干缩，其厚度不小于当地冻结和干燥深度，且不小于1.0m。心墙两侧与坝壳之间应设置砂砾过渡层或反滤层，起反滤、缓冲和排水作用。

(2) 黏性土斜墙。这也是土石坝中常用的一种防渗结构。斜墙坝较好地克服了心墙坝的缺点，但如果沉降量过大容易使斜墙开裂，上部水位骤降也容易引起局部塌滑，所以黏性土斜墙坝以前多用于中低坝。斜墙顶面水平宽度应不小于3m，底部厚度不宜小于坝前水头H的1/5、斜墙顶部应高出设计洪水位0.6～0.8m，且不低于校核洪水位。斜墙顶部及上游坡应设置保护层，其厚度一般采用2～3m。斜墙上下游与坝壳接触面之间均应设置过滤层或反滤层，一般内坡不宜陡于1∶2，外坡常在1∶2.5以上(见图9-5)。

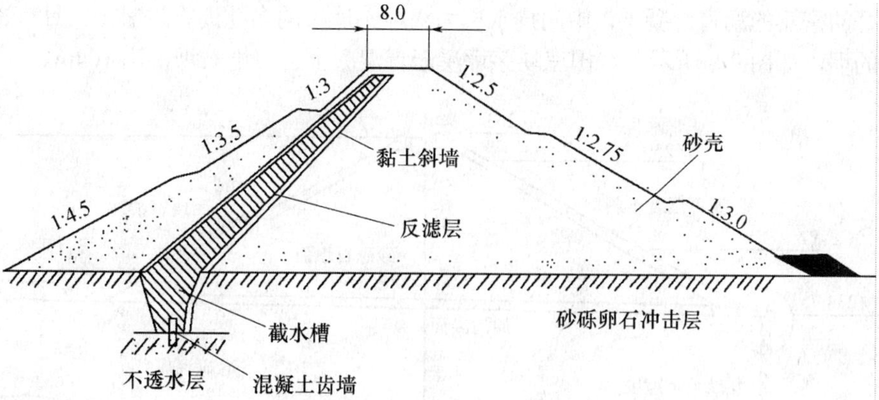

图 9-5　土质斜墙坝横剖面图(单位:m)

(3) 黏性土斜心墙。黏性土斜心墙位于土坝中央略向上游倾斜。斜心墙是为了克服直立心墙产生拱效应和斜墙对变形敏感的缺点而发展起来的。它既保留了心墙坝有较陡的上游坝坡，又保持了斜墙坝下游坡较稳定的好处，并可改善坝体的应力状态和避免防渗体裂缝。根据试验数据表明，斜心墙土石坝综合了心墙坝和斜墙坝的优点，也具有很好的抗震性能，目前在土质防渗体的高土石坝中的采用率逐渐增多，斜心墙的上游边坡一般在 1∶0.4～1∶1.0 之间(见图 9-6)。

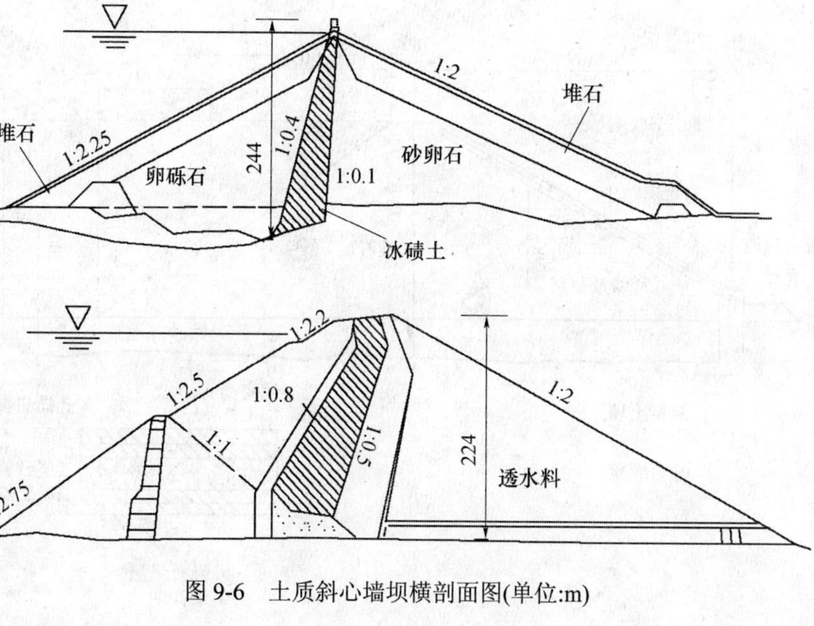

图 9-6　土质斜心墙坝横剖面图(单位:m)

(4) 沥青混凝土防渗墙。沥青混凝土具有较好的塑性和柔性，渗透系数小，适应变形能力强，不易产生裂缝，而且施工简单，造价较低。当筑坝地区缺少适宜的防渗土料或采用土料施工有困难时，可考虑选用沥青混凝土心墙或斜墙(面板)。这种防渗体中的沥青含量一般在 7%～10%以下，其余为砂 27%～35%、碎石 40%～45%和填充料 17%～20%。沥青混凝土斜墙(面板)常用的结构形式有单式(单层)和复式(双层)两种。前者施工方便，造价较低，面板下游侧要有良好的排水性能，常用于较低的坝，如图 9-7 所示。后者在面板中间设有排水层，它的上层和下层都是级配良好的密实的沥青混凝土，中间排水层为级配不连续的多孔沥青混凝土，具有透水性，多用于较高的坝，如图 9-8 所示。我国三峡茅坪溪沥青混凝土心墙堆石坝，高 104m。

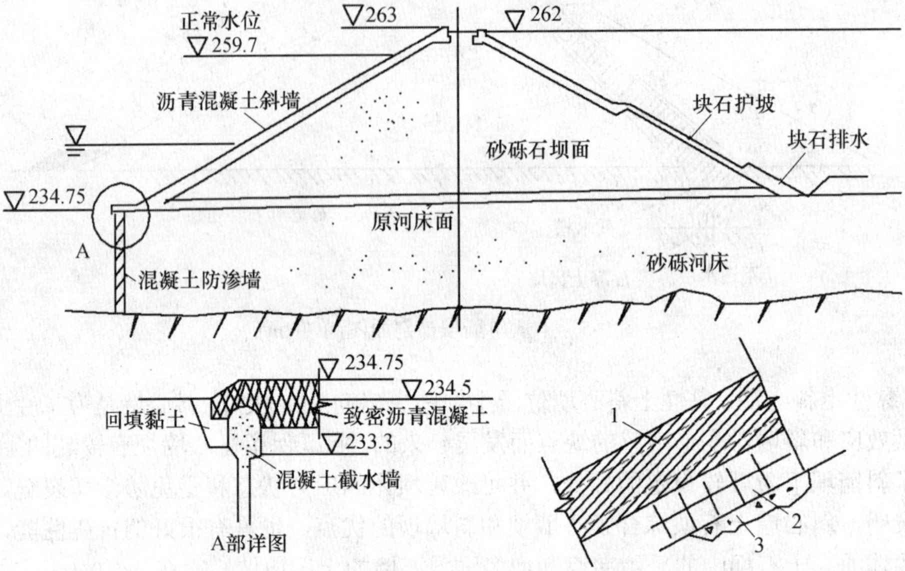

图 9-7　无排水单层沥青混凝土斜墙坝横剖面图(单位:cm)

1—密实的沥青混凝土防渗层；2—整平层；3—碎石垫层。

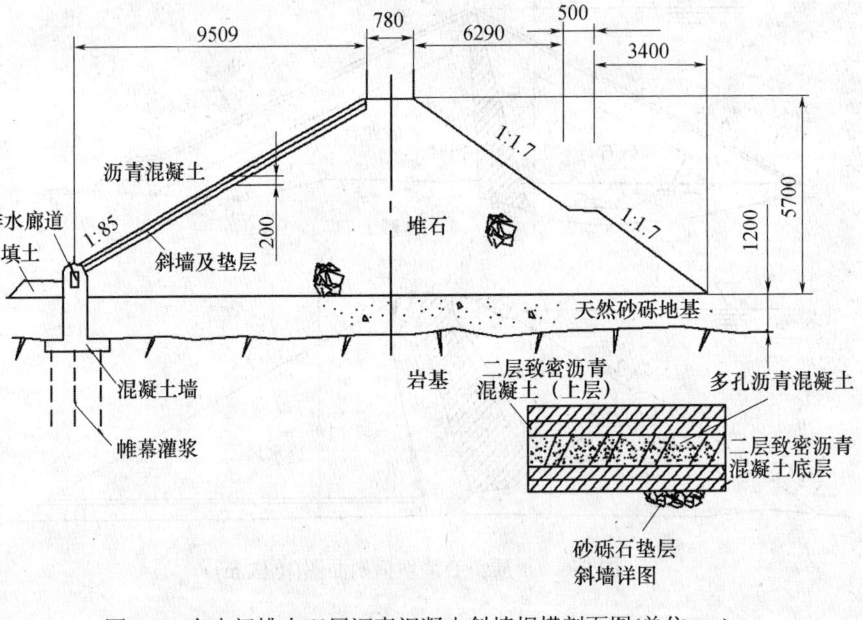

图 9-8　有中间排水双层沥青混凝土斜墙坝横剖面图(单位:cm)

(5) 钢筋混凝土防渗面板。一般碾压式堆石坝用钢筋混凝土板斜铺在上游坝坡上作为防渗体。制作防渗面板的混凝土要用防渗混凝土。防渗面板由顺坡向和水平向裂隙分成矩形板块，缝隙间要设止水。斜墙与地基连接的周边缝应采取可靠的柔性止水结构。防渗面板顶部厚度不小于 0.3～0.35m，底部厚度为坝高的 1/20～1/25(见图 9-9)。

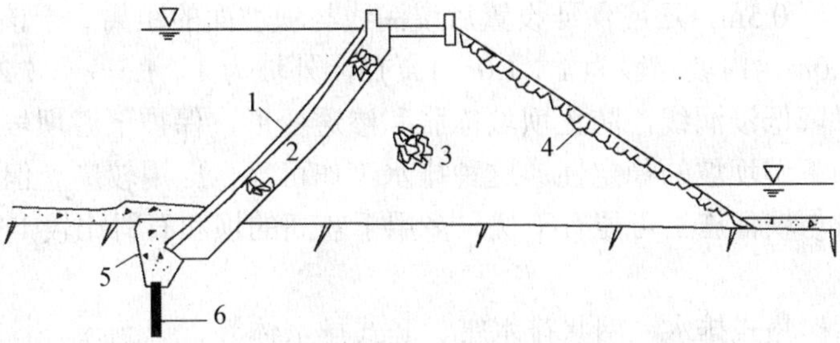

图 9-9　钢筋混凝土面板堆石坝横剖面图

1—钢筋混凝土斜墙；2—干砌石垫层；3—堆石；4—砌石；5—混凝土齿墙；6—灌浆帷幕。

(6) 土工膜防渗材料。土工膜产品按其原材料有高分子聚合物土工膜、沥青土工膜以及由沥青和聚合物复合制成的土工膜。聚合物薄膜所用的聚合物有合成橡胶和塑料。土工膜具有重量轻、整体性好、产品规格化、强度高、耐腐蚀性强、储运方便、施工简易、节约投资等优点，我国在 20 世纪 80 年代后开始将土工膜应用于一些中小型工程。土工膜防渗体可以铺设在坝的上游面，并以土、砂或砾石料做垫层，再在其上加盖重和护坡。也可以将土工膜垂直铺设在坝体的中部，多用于围堰等临时工程；而永久性工程中多用于斜墙坝。

3．坝体排水设备

土石坝坝体设置排水设备的目的是将渗入坝内的水有序地排至下游，降低浸润线位置，避免渗流直接从下游坝坡逸出，使下游坝体大部分土料处于干燥状态，以增强坝坡的稳定性；防止土壤的渗透变形和冻胀破坏等。

坝体排水的形式与坝型、坝基地质、下游水位、施工条件及材料供应等因素有关。常用的坝坡排水设备的构造形式有以下几种：

1) 贴坡排水

这种排水是在下游坝坡底部，用 1～2 层堆石或砌石及反滤层铺筑而成(见图 9-10)，其厚度应略大于当地冰冻深度，顶部应高于浸润线逸出点，要求满足对 1、2 级坝不小于 2.0m，对 3～5 级坝不小于 1.5m。贴坡排水结构简单、用石料较少、施工方便、易于维修，能防止渗流逸出点渗透破坏和下游坝坡尾水冲刷，但因其未伸入坝体，不能降低浸润线，仅适用于中小型土石坝或下游无水的均质坝及浸润线较低的心墙坝、斜墙坝。

2) 棱体排水

在下游坝趾处用块石堆筑成的排水棱体如图 9-11 所示。

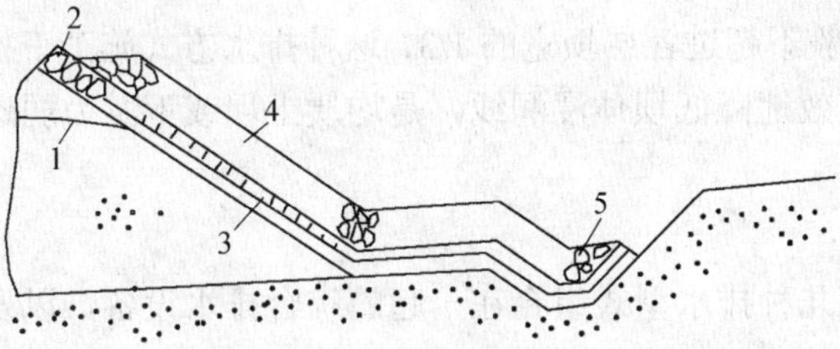

图 9-10　贴坡排水示意图

1—浸润线；2—护坡；3—反滤层；4—排水；5—排水沟。

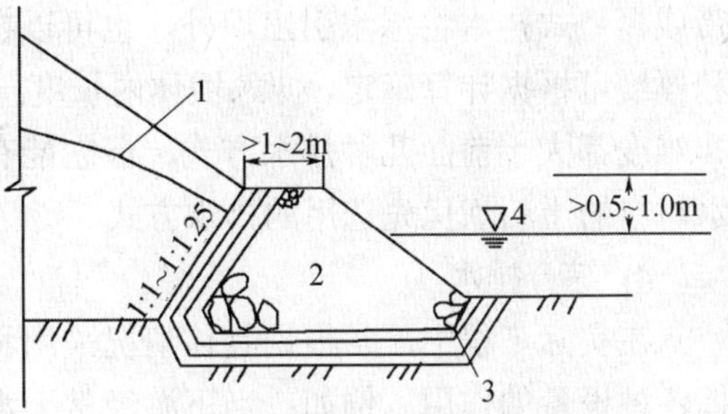

图 9-11　棱体排水示意图

1—浸润线；2—堆石；3—反滤层；4—下游最高水位。

棱体顶部应高于下游最高水位，并大于波浪爬高，要求满足对 1、2 级坝不小于 1.0m，对 3～5 级坝不小于 0.5m，还应保证设置后浸润线与坝坡面的距离大于该地区的冰冻深度。棱体顶宽不小于 1.0m，内坡一般为 1∶1.0～1∶15，外坡为 1∶1.5～ 1∶2。

棱体排水可以降低浸润线，防止坝坡冻胀和渗透变形，保护下游坝坡免受尾水冲刷，且可支承坝体，增加下游坝坡的稳定性。这种排水工作可靠，应用较广。但石料用量较多，造价较高，棱体填筑与坝体施工可能有干扰，多用于较高的坝和石料比较丰富的地区。

3) 坝内排水

坝内排水包括褥垫式排水、网状排水带、竖式排水体等。

(1) 褥垫式排水是将厚约 0.4～0.5m 的块石平铺在坝体内部的坝基上，伸入坝体内的长度，应不小于 1/4～1/3 坝底宽度，倾向下游的纵向坡度为 0.005～0.1(见图 9-12)，以利于渗水排出。

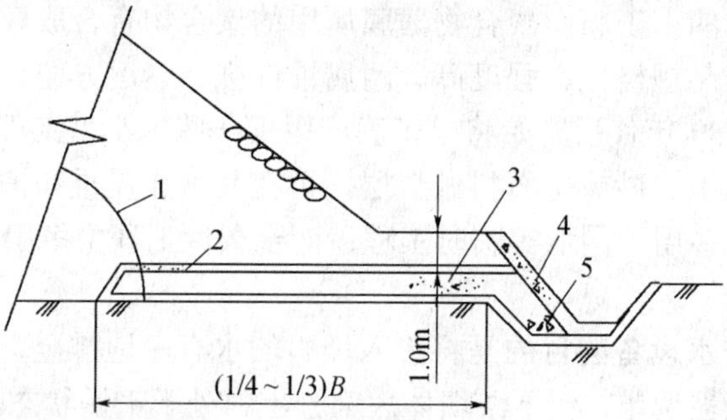

图 9-12　褥垫式排水示意图

1—浸润线；2—中细砂反滤层厚 0.2m；

3—砂砾层厚 0.5～1.0m；4—砌块石；5—碎石。

褥垫排水能显著降低坝体浸润线，也有助于地基的排水固结，可避免冰冻。但对不均匀沉降的适应性差，如发生堵塞、断裂，则难于检修。适用于下游无水、坝体和坝基土壤的透水性较小的情况。

(2) 网状排水由顺河向和横河向排水块石条带组成，横河向排水块石条带的宽度、厚度以及在坝内的位置应根据渗流计算确定，顺河向排水块石条带的宽度应不小于 0.5m，间距 30～100m，坡度由不产生接触冲刷的条件确定。

(3) 竖式排水体可以做成直立式、向上游倾斜或向下游倾斜 3 种形式，底部用水平排水条带或褥垫式排水将渗水引出坝外，也可以在不同高度处设置坝内水平排水层，其位置、层数和厚度可根据计算确定，伸入坝体内长度一般不超过各层坝宽的 1/3，这种排水方式施工干扰和难度都大于前面几种排水方式，但它能有效地降低坝体浸润线，是均质土坝或下游为弱透水材料的土石坝优先选用的排水方式。

4) 综合排水

在实际工程中，常根据具体情况采用将几种排水型式组合在一起的综合排水设备，以发挥各种设备的作用。例如：当下游经常无水情况，可采用褥垫式排水与棱体坡排水相结合；当下游经常有水，但最高水位持续时间不长，可考虑在下游正常水位以下采用棱体排水，以上采用贴坡排水，如图 9-13 所示。

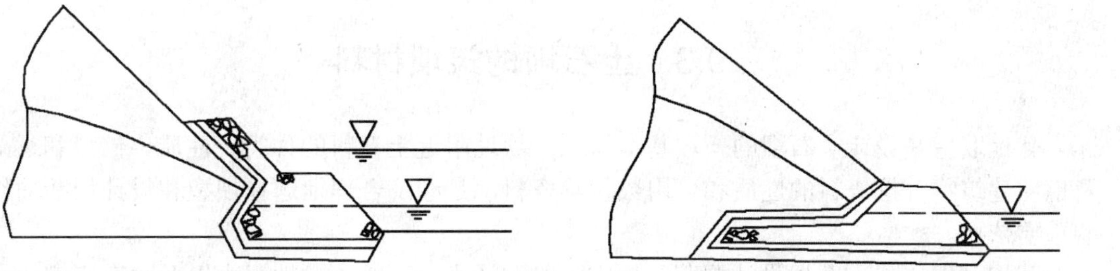

图 9-13　综合式排水示意图

4．反滤层和过渡层

反滤层一般由 1～3 层耐风化不同粒径的砂、砾石、卵石或碎石铺筑而成。渗流方向近于垂直层面，且粒径由小逐渐增大，如图 9-14 所示。其厚度由坝高而定，人工施工时，水平反滤层最小厚度为 0.3m，铅直或倾斜的反滤层最小厚度为 0.5m；采用机械施工时，反滤层最小厚度由施工方法确定。

反滤层的作用是滤土排水，它既能顺利地排水，降低孔隙水压力，又能保护防渗体和较细颗粒土，阻止土粒被渗透水流携走，可以预防土体在渗流作用下发生管涌等渗流破坏以及不同土层界面处的接触冲刷。常在防渗体与坝壳、排水设备与地基及坝体之间设置反滤层。

过渡层一般采用连续级配，最大粒径不宜超过 300mm，顶部水平宽度不宜小于 3m。过渡层的作用是避免在刚度相差较大的两种土料之间产生急剧变化的变形和应力。反滤层可以起过渡层的作用，而过渡层却不一定能满足反滤层要求。在分区坝的防渗体与坝壳之间，根据需要与土料情况可以只设置反滤层，也可以同时设置反滤层和过渡层。

5．护坡

土石坝的上下游坝面一般都要设置护坡。上游护坡的主要作用是防止波浪淘刷、冰层冻胀、漂浮物撞击及顺坝水流冲刷等；下游护坡的作用是防止雨水冲刷、大风卷扬、冻胀、干裂及穴居动物的破坏等。对护坡的要求是坚固耐久，尽可能就地取材，施工简单和检修方便。

上游护坡的形式以前常用的有砌石、堆石、混凝土板、钢筋混凝土板、沥青混凝土等，如图 9-15 所示。但由于干砌块石整体性差，抵御较大的风浪的能力弱，目前新的护坡形式有井字网格护坡、拱型网格护坡、裹砂喷射混凝土板护坡等类型。下游护坡要求较低，常用的形式有砾石、碎石、草皮或土工织物护坡等。

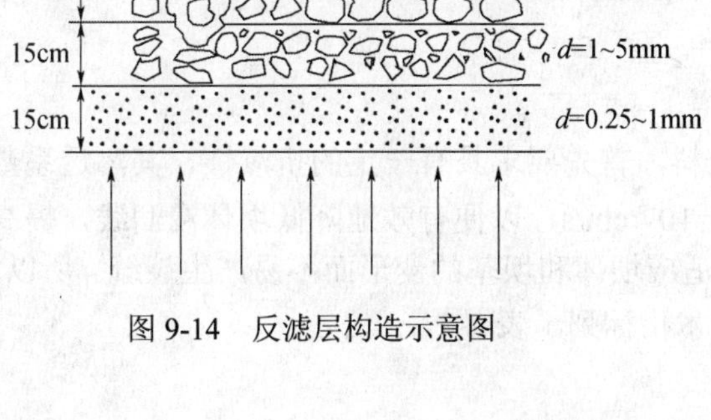

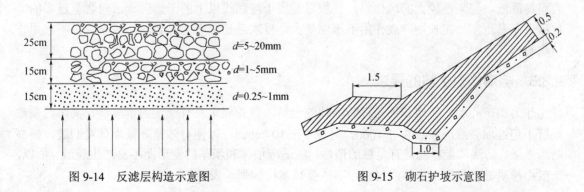

图 9-14　反滤层构造示意图

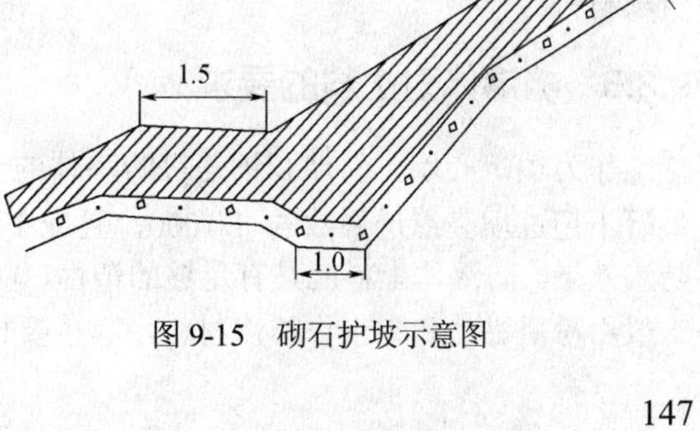

图 9-15　砌石护坡示意图

9.3 土石坝的筑坝材料

就地取材是设计土石坝的一项基本原则。坝址附近土石料的种类、性质、储量和运距以及枢纽建筑物开挖渣料的性质和可用数量等资料，是经济合理地选择坝型和设计坝断面结构的重要依据。

我国《碾压式土石坝设计规范》规定：除沼泽土、高岭土、地表土以及含有未完全分解的有机质的土料外，原则上一般土石料均可作为碾压式土石坝的建筑材料。由于不同坝型及坝体中不同部位(坝壳、防渗体、排水设备等)的土石料所起作用不同，所以对土石料性质的要求也不一样。

9.3.1 均匀土坝对土料的要求

均匀土坝的坝体既是防渗体，又是支承体，因此要求土料应具有一定的抗渗性和强度，同时易于压实和压缩性小等，其主要技术指标见表 9-1。

表 9-1 用于均质土坝土料的技术指标

项目名称	技术指标	项目名称	技术指标
渗透系数/(cm/s)	$<10^{-4\ 4}$	有机质含量/%	<5
塑性指数/%	7～17	水溶盐含量/%	<8
黏粒含量/%	10～30		

9.3.2 坝壳对土石料的要求

心墙的上下游坝壳或斜墙后的坝体主要起支承作用，以保持坝体稳定。因此要求填筑坝壳部位的土石料应具有排水性能好、抗剪强度高、易于压实、抗渗和抗震稳定性好等特点，以及具有一定的抗风化能力。凡粒径级配好的中砂、粗砂、砾石、卵石、石渣及其混合料，均可用来填筑坝体。一般认为，不均匀系数$\eta=d_{60}/d_{10}\geqslant\sim100$ 较易压实，而η=5～10 则压实性能不好。当η=1.5～2.6 时，在振动作用下容易发生液化，在地震区或有振动的地方应尽量避免采用，如要采用，应采取防止液化的措施。

充分利用风化岩石、风化砾石、风化砂石及枢纽建筑物的坝基开挖的风化石渣等作为筑坝材料，可以收到较好的经济效果。但对于软化系数较低、渗透稳定性差、浸水后抗剪强度有可能降低，湿陷性较大的风化料，一般只能用于浸润线以上的干燥区。云母含量过多的风化砂，不易压实，在长期荷载作用下压缩量大，浸水后还会产生显著的膨胀现象，不宜用作筑坝材料。

9.3.3 防渗体对土料的要求

作为填筑心墙、斜墙和铺盖等防渗体的土料，首先要求具有一定的抗渗性，其渗透系数最好不超过坝壳渗透系数的 1/1000，且应小于10^{-5} cm/s，以便有效地降低坝体浸润线，提高防渗效果。防渗体土料应具有足够的塑性、能适应坝体和坝基的变形而不易产生裂缝。所以，一般用粉质黏土和黏土作防渗材料，其主要技术指标列于表 9-2。

表 9-2　用于防渗黏性土料的技术指标

项目名称	技术指标	项目名称	技术指标
渗透系数/(cm/s)	$<10^{-5}$	有机质含量/%	<1
塑性指数/%	17～20	水溶盐含量/%	<3
黏粒含量/%	20～30		

近些年来，国内外采用砾石土或含砾黏性土等作为土石坝防渗体的土料。规范规定，用于填筑防渗体的砾石土(包括人工掺和砾石土)，粒径大于 5mm 的颗粒含量不宜超过 50%，其最大粒径不大于 150mm 或铺土厚度的 2/3；粒径小于 0.075mm 的颗粒含量不宜少于 15%，且粒径小于 0.005mm 的颗粒含量宜大于 8%，否则应专门论证。

9.3.4　排水设备和护坡对石料的要求

排水设备和护坡石料应具有足够的抗水性、抗冻性和抗风化能力，最好是形状比较方正的新鲜的花岗岩、片麻岩、石英岩、硅质砂岩以及坚硬致密的石灰岩等。块石作排水设备和护坡的石料，此外，碎石和卵石也可采用，块石的主要技术指标见表 9-3。

9.3.5　反滤层对砂、砾石的要求

反滤层所用的砂砾料数量很大，如果为了使其粒径均匀而进行筛分，造价将会很高。在实际工程中尽管能利用适宜的天然砂砾料作反滤料，要求采用未风化的坚硬的卵、砾石料，其渗透系数至少应为保护层渗透系数的 50～100 倍。有机质和水溶盐含量与坝体材料的要求相同，不应有过量的粉粒和黏粒，反滤料的技术指标见表 9-4。

表 9-3　用于排水设备和护坡石料的技术指标

项目名称	技术指标
岩石容重/(kN/m^2)	>22
岩石孔隙率/%	<3
岩石吸水率/%	<0.8
岩石饱和抗压强度/(MN/m^2)	40～50
软化系数	0.75～0.85

表 9-4　用于反滤层砂、砾料的技术指标

项目名称	技术指标
级配	要求均匀，粒径小于 0.1mm 的颗粒不得超过 5%
不均匀系数	≤8
颗粒形状	无片状和针状颗粒
含泥量(粘、粉)	≤3%
渗透系数/(m/d)	>5

9.4　土石坝的渗流分析

在坝与水库失事事故的统计中约有 1/4 是由渗流问题引起的，说明研究渗流问题和设计有效的控制渗流措施是十分重要的。

9.4.1　渗流分析的概念

土石坝是由散粒体的土石料填筑压实而成的，其颗粒间存在着较大孔隙。坝体挡水后，在上下游水位差的作用下，库水将经过坝体与坝基(包括两岸)向下游渗透。渗流在坝体内形成的自由水面称浸润面，坝体横断面与浸润面的交线称浸润线(如图 9-16 所示)。浸润线以下为

饱和渗流区，浸润线以上的坝体有两个不同含水量的区域：靠近浸润线附近的为毛细管上升区，其上升高度视土料性质而不同，如中细砂的上升高度约 0.3～0.4m，黏性土的上升高度约为 2～4m；在毛细管上升区以上，则为天然湿度区，其含水量受大气条件的支配。此外，还存在坝基渗流及坝的两端河岸的绕坝渗流。

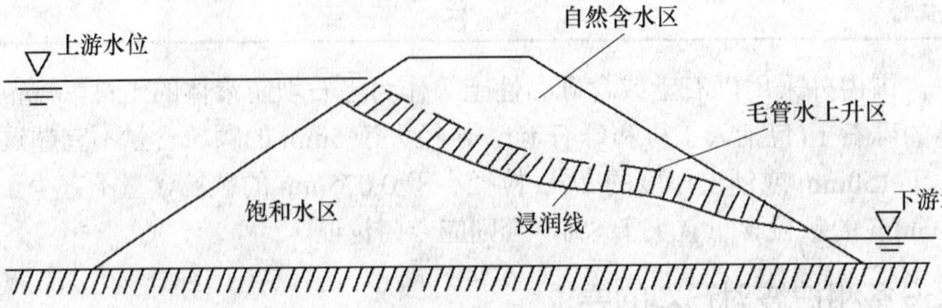

图 9-16　土坝渗流示意图

渗流对土石坝有很不利的影响，浸润线以下饱和区的土体受到水的浮力作用，减少了坝体的有效重量。而且饱和状态土料的抗剪强度比干燥状态有所降低，对坝坡稳定不利。当渗透坡降或渗透流速超过一定界限时，还会引起坝体或坝基某些部位发生渗透变形破坏，严重的会导致土石坝失事。此外，渗流量过大也会影响水库的蓄水效果。渗流对土石坝的危害作用不容轻视。

9.4.2　渗流分析的目的和内容以及方法

1．渗流分析的目的

(1) 对初选的土石坝形式和尺寸进行检验，确定对坝坡稳定有重要影响的浸润线和渗流作用力，为核算坝坡稳定提供依据。

(2) 进行坝体防渗布置与土料配置，根据坝体内部的渗流参数与渗流逸出坡降，检验土体的渗流稳定性。

(3) 计算通过坝体和河岸的渗流水量损失，并设计排水系统的容量。

2．渗流分析的内容

(1) 确定坝身浸润线位置，为坝体稳定分析、排水系统和观测设备的布置提供依据。

(2) 确定坝体和坝基的渗透流量，以估算水库的渗漏损失。

(3) 确定坝体和坝基渗流逸出区的渗透流速与坡降，检查产生渗透变形的可能性，以便采取适当的控制措施。

3．渗流分析的方法

土石坝的渗流是一空间课题，为了计算方便，将其简化为平面课题来分析，常用的分析方法如下：

(1) 水力学法。是在一些假定基础上的近似解法，只能求得某一断面的平均渗透要素，不能准确求出任一点的渗透要素。

这种方法计算简单，所确定的浸润线、平均流速、平均坡降和渗流量等，一般也能满足工程设计要求的精度，所以在实际工程中应用广泛。

(2) 流网法。是采用绘制流网来求解平面渗流问题中的各个渗流要素，又称为图解法，可用于边界条件复杂的情况。试验方法中最常用的是电模拟法，其利用渗流场和电场在数学上和物理上具有相似性，即满足拉普拉斯方程，从而用电流模拟渗流，用电压模拟渗流水头，便可求解渗流问题。对重要的工程或地基条件比较复杂的情况，往往使用几种方法进行渗流分析，以便相互校对。对中小型工程的土石坝通常只用水力学法进行渗流分析。

(3) 有限元方法。对于坝内不同材料接合处和复杂形状边界条件的情况，水力学方法很难求解；而流网法虽然可以较方便地绘制流网图，但人为因素的影响会使绘制的流网有所偏差。所以对 1、2 级坝和高坝应采用有限元法计算确定渗流场的各种渗流因素。

有限元法的原理是把微积分方程和边界条件按变分原理转变为一个泛函求极植的问题。先把连续体或研究域离散划分成有限个单元体，然后形成渗透矩阵和方程组，由计算机求解。其缺点是划分网格较复杂，计算结果及计算精度受到网格形状和划分单元个数的限制。

对土石坝的实际情况需要说明的是：由于坝体的材料是人工填筑，其水力学特性基本可以控制，而坝基则是天然土层，具有显著的甚至是严重的不均匀性。这在客观上削弱了计算或试验结果的有效性，因此不能过高地估计它们的可靠程度。因为坝体和坝基的渗流量、渗流速度和渗透力在很大程度上取决于土层中渗透性大的那些土层。这些土层构成一些渗流速度高和渗透力大的区域。这种情况难以在计算或模拟试验中表达出来。而且这些土层的范围及其渗透性也难以用通常的勘探试验方法取得完全符合实际的各项参数，这就使得渗流分析必然存在误差，有时误差还很大。因而在工程的建设过程中及投入运用后应进行系统地现场观测，以便及时发现分析值与观测值的差异，必要时，应采取工程措施。现场观测方法包括对渗流量、水压力的观测及对高速渗流部位的管涌和流土现象的监测。

9.4.3 渗流变形的形式

渗流对土体产生渗流作用力，从宏观上看，这种渗流力将影响坝的应力和变形状态，应用连续介质力学法可以进行这种分析。从微观上看，渗流力作用于无黏性土的颗粒以及黏性土的骨架上，可使其失去平衡，产生以下几种形式的渗流变形：

(1) 管涌。管涌指坝体和坝基土体中部分颗粒被渗流水带走，或土体中的盐类被渗流水溶解带走，使孔隙扩大，形成管状通水道。这种渗流变形多发生于疏松的无黏性土中，一般分内部和外部两种情况，前者颗粒移动只发生在坝体内部，后者颗粒可被带出坝体之外，渗流流速越来越大，乃至将大颗粒冲走而溃坝。

(2) 流土。一般指黏性土或细粒土被渗流水顶开，或粗细颗粒群在坝下游逸出处浮动流失的现象。

(3) 接触冲刷。当渗透水沿细粒土(砂土或黏土)与粗粒土或建筑物接触面平行的方向渗流时，把细粒土带走，这种渗流变形称为接触冲刷。

(4) 接触剥离或接触流失。当渗透水经细粒土层(如砂土或黏土)向较粗粒土层(如反滤层)渗流时，因局部渗流水压力大于外加压力而使细粒土局部剥离或流入到较粗颗粒的空隙中，这种渗流称为接触剥离或接触流失。

(5) 化学管涌。化学管涌指土体中盐类被渗流水溶解带走的现象。

渗流变形可在小范围内发生，也可以发展至大范围，导致坝体沉降、坝基塌陷或形成集中的渗流通道等，危及坝的安全。据统计，在土坝破坏的事例中，有 45%是由于渗透变形造成的，因此必须准确判别渗透变形的形式，并采取有效的防范措施。

9.4.4 渗流变形的判别

影响渗透变形的主要因素包括渗透坡降、土壤的颗粒级配、细粒含量及密实度等。以下介绍几种常用的判别方法：

1．根据颗粒级配判别

以土壤不均匀系数 $\eta(\eta=d_{60}/d_{10})$作为判别依据。伊斯托明娜根据试验认为 $\eta<10$ 的土壤易产生流土；$\eta>20$ 的土壤易产生管涌；$10<\eta<20$ 时，可以是流土或管涌。此法简单方便，但土的渗透变形不只取决于不均匀系数，因此准确性较差。

2．根据细颗粒含量判别

以土体中的细粒含量(粒径 $d<2\text{mm}$)P_{g} 作为判别依据。按伊斯托明娜的建议判别，细粒含量大于 35%，容易产生流土；对于缺乏中间粒径的砂砾料，细粒含量小于 25%～30%的为管涌，大于 30%的为流土。

我国南京水利科学研究院提出如下判别公式：

$$P_{\text{g}}=\alpha\frac{\sqrt{n}}{1+\sqrt{n}} \tag{9-2}$$

式中：P_{g}——粒径小于或等于 2mm 的细粒含量(mm)；

n——土体孔隙率；

α——修正系数，取 0.95～1.00。

若土体的细粒含量小于计算值 P_{g}时，可能产生管涌，反之可能产生流土。此法应用简单，适用于各种土壤。

3．渗透变形的临界坡降

(1) 产生管涌的临界坡降。根据南京水利科学研究院的试验研究，当渗流方向自下而上时，无黏性土发生管涌的临界坡降可按下式计算：

$$J_{\text{k}}=\frac{42d_3}{\sqrt{\dfrac{k}{n^3}}} \tag{9-3}$$

式中：d_3——相当于含量为 3%的粒径(cm)；

n——土壤孔隙率；

k——渗透系数(cm/s)。

容许渗透坡降[J]，可按建筑物级别和土壤的类别选用安全系数 2～3；还可以参照不均匀系数 η 值，选用[J]值：$10<\eta<20$ 的无黏性土，[J]=0.20；$\eta>20$ 的无黏性土，[J]=0.10。

对于大中型工程，应通过管涌试验，以求出实际发生管涌的临界坡降。

(2) 产生流土的临界坡降。当渗流自下而上作用时，渗透力垂直向上，而土体自重力向下，根据两者处于极限平衡状态计算产生流土的临界坡降：

$$J_{\text{k}}=\left(\frac{\gamma_{\text{s}}}{\gamma_{\text{o}}}21\right)(1-n) \tag{9-4}$$

式中：γ_{s}——土壤干容重(kN/m^3)；

γ_{o}——水容重(kN/m^3)；

n——土壤孔隙率。

J_k 值一般在 0.8～1.2 之间变化。容许渗透坡降[J]也需要有一定安全系数，对于黏性土可采取 1.5，对于无黏性土可用 2.0～2.5，为了防止流土的产生。必须使渗流逸出处的水力坡降小于容许的坡降。

由以上分析可知，土体发生渗透变形的条件主要取决于渗透坡降和土料性质、颗粒组成等。因此，防止土坝及坝基渗透变形的工程措施，应从降低渗透坡降和增加渗流逸出处土体抵抗渗透变形能力两方面考虑。常用的工程措施包括设置防渗设备、排水沟或减压井及设置反滤层等。

9.5 土石坝的稳定分析

土石坝是由土料和石料填筑而成的散粒体结构，坝体的剖面较大，一般不致发生整个坝体沿地基面滑动。但在自重和渗透力等荷载的作用下，若剖面尺寸设计不当或坝体、坝基土料的抗剪强度不足，都有可能使坝坡或坝体连同一部分地基发生坍滑，造成局部失稳。如不加以控制，任其逐步发展，局部失稳也会导致整体破坏。当坝内有软弱黏性土层时，也有可能发生塑性流土。另外，饱水细砂在地震作用下还可能产生液化失稳。

土石坝稳定分析的目的是：分析坝体及坝基在各种不同的工作条件下，可能产生失稳破坏的形式；保证土石坝在自重、孔隙水压力、外荷载作用下具有足够的稳定性。通过计算校核坝的稳定安全度，从而确定合理的经济剖面。

9.5.1 坝坡滑动面形状

土石坝坝坡滑动面形状与坝体结构形式、筑坝材料、地基情况和坝的工作条件等因素有关，大致可分为以下三种形式：

1．曲线滑动面

当滑动面通过黏性土的部位时，其形状常为一顶部稍陡而底部渐缓的曲面。稳定分析时，可简化为圆弧面，如图 9-17(a)、(b)所示。

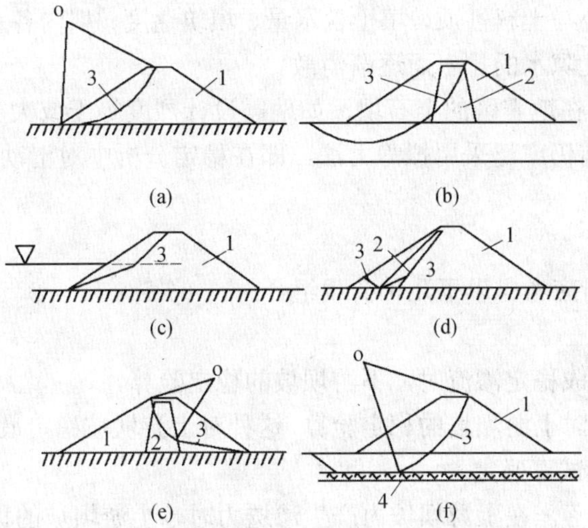

图 9-17 坝坡坍滑破坏形式

1—坝体或坝坡；2—防渗体；3—滑动面；4—软弱夹层。

2．折线滑动面

当滑动面通过无黏性土的部位时，其形状可能是直线形或折线形，视坝坡浸水情况而定。若坝坡干燥或全部浸入水中将沿一个平面发生剪切滑动；当坝坡部分浸入水中时，土体性质有所改变，滑动面常为折线形，其转折点高程一般在水面附近，如图 9-17(c)所示。斜墙坝的上游坡失稳时，通常是沿着斜墙与坝体交界面滑动，呈现如图 9-17(d)所示的由三段直线组成的折线滑动面。

3．复合式滑动面

当滑动面通过黏性土和无黏性土构成的多种土质坝时，其形状可能由直线和曲线组成的复合式滑动面，如图 9-17(e)所示。当地基中存在软弱夹层时，因其抗剪强度低，使滑动面不再往下深切，而是沿该夹层滑动，形成如图 9-17(f)的复合式滑动面。

9.5.2 荷载及其组合

1．荷载

作用在土石坝上的主要荷载有坝体自重、渗透力、孔隙水压力和地震惯性力等。

(1) 坝体自重。坝体自重是土石坝的主要荷载，其大小等于土体体积乘以容重，不同部位采用不同的容重，应根据其位于水上、水下的情况分别选取湿容重、浮容重计算。

(2) 渗透力。渗透力是由渗流引起的作用于土体的动水压力，渗透力的方向与渗流方向相同，单位土体上所受的渗透力$f=\gamma_0 J$，γ_0为水容重，J为该处的渗透坡降。

(3) 孔隙水压力。孔隙水压力是黏性土体中常存在的一种力，当土体中孔隙为水所饱和后，若在其上增加荷载，由于水的不可压缩性，所加荷载将为水所承担。随着逐渐排水和孔隙压缩，所加荷载才逐渐转移到骨架上。土粒骨架所承担的应力称为有效应力，孔隙水所承担的应力为孔隙水压力。由于孔隙水压力的存在，必然使有效应力减小，抗剪强度降低，因而对稳定性不利。

孔隙水压力主要发生在施工期，当坝体土料为黏性土或坝基中有黏性土层，随着坝体加高，荷载加大，孔隙中的水来不及排出，因此形成孔隙水压力。另外，当水库水位骤降时，坝体土料由浮容重变成饱和容重，土体重量增加，孔隙中的水来不及排出，也会产生孔隙水压力，稳定计算也需加以考虑。

孔隙水压力的大小与土料性质、填土含水量、填筑速度、坝内各点荷载及排水条件有关，并随时间而变化，随孔隙水的排出而逐渐消散。

(4) 地震力。建造在地震区的土石坝，如地震设计烈度等于或大于 7°，稳定计算时应考虑地震力的作用。目前仍广泛采用拟静力法，即在稳定分析中对滑动土体增加一项地震惯性力并作静力计算。

2．荷载组合

土石坝的稳定分析应考虑以下几种荷载组合：

1) 正常运用情况

(1) 正常蓄水位形成稳定渗流时，下游坝坡的稳定验算。

(2) 库水位最不利时上游坝坡的稳定验算，这种对上游坝坡稳定最不利水位大致在坝底以上 1/3 坝高处，应通过试算确定。

(3) 库水位正常降落，在上游坝坡内产生渗透力时，上游坝坡的稳定验算。

2) 非常运用情况

(1) 库水位骤降(一般当土壤渗透变形 $K \leqslant 10^{-3}$ cm/s，水位下降速度 v>3m/天)时的上游坝坡稳定验算。

(2) 施工期或竣工期对软土地基的坝坡连同坝基的稳定验算；对于高坝厚心墙坝还要考虑孔隙水压力的影响。

(3) 正常情况加地震作用时的上下游坝坡的稳定验算。此外，还要考虑水库蓄满、排水失效时下游坝坡的稳定验算。

9.5.3 提高土石坝坝坡稳定性的措施

土石坝滑坡是由于坝坡太陡，坝体抗剪强度不足，使滑动面上土体的滑动力超过抗滑力，或由于坝基土的抗剪强度不足引起坝体连同坝基一起滑动。抗滑力主要与填土性质、压实程度以及渗透压力的大小等因素有关，可采取以下工程措施来提高土石坝坝坡稳定性。

(1) 提高填土的填筑标准；

(2) 坝脚加压重或放缓边坡；

(3) 加强防渗、导流措施；

(4) 加固地基。

9.6 土石坝的裂缝分析

9.6.1 裂缝类型和成因

由于设计、施工不当等诸多原因，土石坝常常出现裂缝，而在渗流等因素的作用下，裂缝将进一步发展，威胁大坝的安全。研究和解决坝的抗裂问题，主要还是依靠半经验和半理论性的方法。

土石坝在建筑和运行过程中一般都要发生较大的变形，在不利的地形和坝基土质条件下，可能产生局部过大的变形与应力。当变形与应力超过坝体材料的承受能力时就产生裂缝。变形裂缝按其形态可以分为以下几种：

1．纵缝

走向大体上与坝轴线平行，多数发生在坝顶和坝坡中部，在心墙坝与多种土质坝中，由于心墙土料的固结比较缓慢，坝壳的土料沉降速度比心墙快，坝壳和心墙之间发生应力传递，在坝顶部出现拉应力区导致裂缝，其多发生在接近竣工时。土质斜墙坝的坝壳土料，如果压实不足，沉降变形大，上部和下部沉降不均，都可以使斜墙断裂，形成纵向裂缝。在高压缩性地基上也容易形成坝坡面和坝内部的纵向裂缝。

2．横缝

走向与坝轴线垂直，多发生在两岸坝肩附近，当岸坡比较陡峻，或是岸坡地形突然变化时，横缝常贯穿坝的防渗体，并在渗流作用下继续发展，因而危害极大。

3．内部裂缝

主要是由坝体和坝基的不均匀沉降而引起，这是一种内部裂缝。在坝体表面很难发现，它可能发展成为集中的渗漏通道，危害性也很大。在黏性土心墙坝中，坝壳沉降速度快，较早达到稳定，而心墙由于固结速度慢，还在继续沉降，坝壳将对心墙产生拱效应，使心墙中的竖向压应力减小，甚至可能由压应力转变为拉应力，从而产生内部水平裂缝。

地震区土石坝震害的主要形态是出现纵缝和横缝，这是一种变形裂缝，此外，由于水力劈裂作用也可以产生裂缝。由于干缩和冻融作用产生的裂缝多发生于坝体表面，深度不大，危害性较小，且易于防治。

9.6.2 裂缝的防治措施

裂缝的防治措施如下：

1．改善坝体结构或平面布置

(1) 将坝轴线布置成略凸向上游的拱形。

(2) 根据需要适当放缓坝坡。

(3) 采用具有适当厚度的斜心墙，在预计有较大差异变形处，以及与两岸或混凝土建筑物连接处将心墙适当加厚。

(4) 在渗流出口处敷设足够厚度的反滤层，特别是对易于出现裂缝的部位要适当加厚。

(5) 进行土料分区时，要避免将粒径相差悬殊的两种土料相邻布置，在黏土心墙与坝壳粗料之间设置较宽的过渡区，使不同土料间的变形特性逐步变化，上游面宜铺设较厚的堆石区，斜墙与下游坝壳之间也宜设置过渡层。

2．重视地基处理

对不利的岸坡地形，软弱、高压缩性、易液化的坝基土层均应按要求进行必要的处理，以避免过大的不均匀沉降以及水力劈裂冲蚀。

3．适当选用坝身土料

土料的选择与设计不仅要考虑强度与渗透性能，而且还应充分重视土料的变形性能。

(1) 斜墙对不均匀变形比较敏感，对土料适应变形的能力要求较高，而由于所承受的荷载较小，对土料压缩性的要求则可以适当放宽。心墙的中上部对土料的要求与斜墙类似；但心墙的中下部承受的荷载较大，而不均匀变形的可能性较小，故对变形的要求可适当降低，对土料压缩性的要求则较高。

(2) 对坝壳料，在浸润线以下不宜采用粉细砂以及黏性土或易软化变细的风化料，宜采用粒粗质坚、易于压实的砂砾、卵石、堆石，尽量减少其中的细粒及泥质含量。

(3) 对过渡区及渗流入口处宜填筑自动淤填土料。

(4) 对可能的裂隙冲刷区宜采用抗冲刷性能好的优良反滤料。

4．采取适宜的施工措施和运行方式

(1) 在坝体的中、下部要提高压实度，减小压缩性；河槽坝段中、上部的压实度要比两岸稍高；两岸坝肩等容易开裂区的防渗体要填筑柔性较大、适应变形能力较强的塑性土。

(2) 心墙、斜墙上部，或易于开裂区的部位，其填筑速度可适当放缓，以使下部坝体有比较充分的时间达到预期的沉降量。

(3) 当上游坝壳料易于湿陷时，宜边填筑边蓄水。

(4) 设有竖直心墙的土坝，其心墙、过渡段和坝壳三者的高度不宜相差悬殊。斜墙坝的下游坝壳则宜提前填筑，使沉降早日完成。

(5) 在施工间歇期要妥善保护坝面，防止干缩、冻融裂缝的发生，一旦发现裂缝，应该及时处理。

(6) 运行期，特别是初次蓄水时，水位的升降速度不宜过快，以免坝体各部位的变形来不及调整，互不协调，产生高应力，同时避免出现水力劈裂。

9.7　土石坝的地基处理

9.7.1　土石坝对地基处理的目的和要求

土石坝对地基要求比混凝土坝低，几乎在各种地基上都可以建造。但各种地基在透水性和渗流稳定性方面，在强度和承载能力方面，在压缩变形能力方面是千差万别的，要使土石坝正常工作，就必须根据需要进行地基处理，坝基的处理包括河床和两岸。根据国外资料统计，土石坝失事约有 40%是由于地基问题引起的。这是由于土石坝坝基的承载力、强度、变形和抗渗能力一般远不如混凝土坝，所以对坝基处理的要求丝毫也不能放松。

目前从国内外坝工建设的成就来看，许多地质条件不良的坝基，经过适当的处理以后，都成功地修建了高土石坝。如加拿大在深 120m 的覆盖层上采用混凝土防渗墙，修建了 107m 的马尼克 3 号坝；埃及则在厚 225m 的河床冲积层上，采用水泥黏土帷幕灌浆，修建了高 111m 的阿斯旺坝。我国在深覆盖层上的防渗技术已进入国际先进行列，如铜街子防渗墙的深度达 70m 左右；小浪底防渗墙的深度达 80m 左右。

1．土石坝地基处理的目的

(1) 渗流控制。减小渗透坡降和渗流量，防止渗透变形，降低坝体浸润线，减少下游的浸没。

(2) 稳定控制。使坝基有足够的强度，防止坝体连同坝基的失稳破坏。

(3) 变形控制。要求沉降量控制在容许范围内，特别要防止产生不均匀沉降，以免坝体开裂。竣工后，坝基和坝体的总沉降一般不宜大于坝高的 1%。

2．常见的土石坝地基

常见的土石坝地基有砂砾石地基、细砂或有淤泥层地基、黏土或黄土地基和岩石地基。

无论哪种地基，在填筑坝体之前都要进行清基，清除表层腐殖土以及可造成集中渗流和可能发生滑动的表层土石，一般清除深度为 0.3～1.0m。

9.7.2　砂砾石坝基处理

这种地基具有较大的抗剪强度和承载能力，压缩变形小，因而对这类地基的处理归结为渗流控制。处理方法有垂直防渗和水平防渗两类。垂直防渗一般有黏性土截水槽、混凝土防渗墙、灌浆帷幕；上游水平防渗主要采用铺盖；在坝下游坝趾及坝基有时还需要设置排水减压等措施。

1．黏性土截水槽

黏性土截水槽是均质土坝部分坝体或斜墙或心墙向下延伸至不透水层而成的一种坝基垂直防渗措施，如图 9-18 所示。黏性土截水槽结构简单、工作可靠、防渗效果好，当砂砾石透水层深度不大(一般不超过 20m)时，应采用这种明挖再回填黏性土的截水槽，其横贯整个河床并延伸到两岸，槽身开挖断面呈梯形，切断砂砾石层直达岩基。

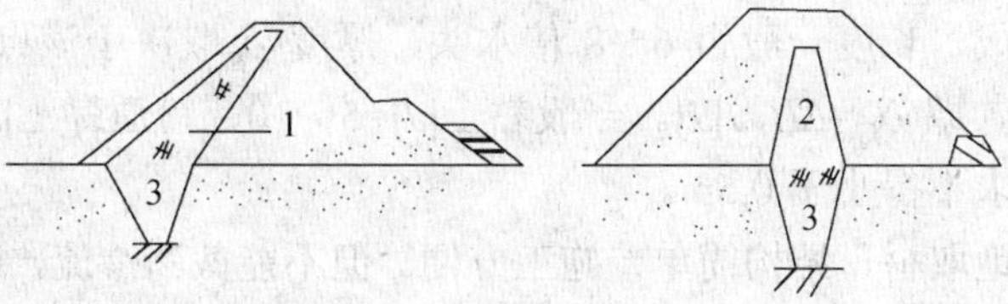

图 9-18　黏性土截水槽示意图

1—斜墙；2—心墙；3—黏土截水槽。

2．混凝土防渗墙

若覆盖层较厚(20～80m 以内的)，采用黏性土截水槽施工有困难或造价过高时，可采用混凝土防渗墙。它是用钻机沿坝基防渗线钻一排相连接的孔或挖槽深至弱风化基岩 0.5～1.0m 或深入相对不透水的黏性土 2～3m，于孔中或槽内浇筑混凝土，顶部插入防渗体内的深度应该大于 1/10 坝高，并不得少于 2m，墙厚 0.6～1.3m，形成一道连续的地下防渗墙(见图 9-19)。如黄河小浪底水库，采用双排防渗墙，单墙厚 1.2m。

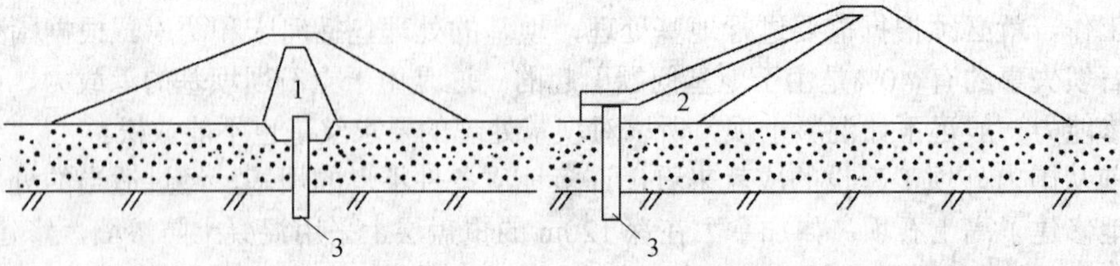

(a) 心墙下的混凝土防渗墙　　(b) 斜墙下的混凝土防渗墙

图 9-19　混凝土防渗墙示意图

1—心墙；2—斜墙；3—防渗墙。

混凝土防渗墙具有施工快、造价较低、防渗效果较显著等优点，在坝基中大卵石、浮石较多时，施工不便。目前，在国内应用混凝土防渗墙的工程较多。

3．灌浆帷幕

在透水层很深的砂砾石地基中，选用上述两种防渗措施有困难时，可考虑采用灌浆帷幕。砂砾石地基是否适合灌浆以及应灌何种材料组成的浆液，要通过灌浆试验确定，也可以根据地基土料的颗粒组成、渗透系数和可灌性指标作初步确定。

灌浆帷幕的优点是灌浆深度大(可达 100m 以上)，缺点是对于粉砂、细砂地基不易灌进，对透水性太大的地基又因耗浆量过大而不经济。

近几年来，高压定向喷射灌浆技术已用于土石坝的坝体防渗加固和砂砾石坝基处理。其原理是利用高速射流切割掺搅土层，改变土层的结构和组成，同时灌入水泥浆或复合浆形成凝结体，以达到加固地基和防渗的目的。高压喷射灌浆适用于砂性土层或粒径小于 10cm 的砂砾石层，较多地用于中低土石坝和水闸地基加固防渗处理。

4．防渗铺盖

铺盖是透水地基上的水平防渗措施，不能截断渗流，但可以延长渗透途径，减小坝基渗透坡降和渗透流量。铺盖常为坝体防渗斜墙向上游的延伸部分(见图 9-20)。当砂砾石层很深，采用垂直防渗措施不够经济或受施工条件限制，而当地又有足够数量的黏性土料时，可采用铺盖防渗。

铺盖由黏性土做成，长度一般为 6～8 倍水头，厚度 δ_x 取决于该点水头差 ΔH_x 和防渗土料的允许渗透坡降$[J]$，即 $\delta_x = \Delta H_x / [J]$。一般黏土$[J]$=5～10，粉质黏土$[J]$=3～5、铺盖上游端部厚度，由于构造要求不得小于 0.5m。

铺盖的优点是就地取材，结构简单，施工方便。但不能截断渗流，减少渗流量的作用差，主要用于中、低水头的土石坝，对高坝多和其他防渗设施配合使用；对透水性很大的地基或渗透稳定性很差的粉细砂则不宜采用。

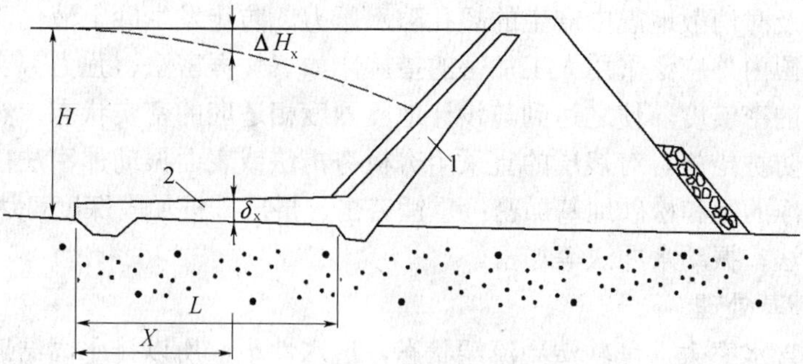

图 9-20　防渗铺盖示意图

1—斜墙；2—铺盖。

5．下游排水减压设施

当坝基透水层上面有相对不透水层时，在坝趾处将有较大的渗透压力。为了防止坝下游产生管涌、流土和沼泽化，可设置排水减压结构，常用的有排水沟和排水减压井等。若不透水层较深时，则应在坝下游平行坝轴线设置排水沟或排水减压井，将深层承压水导出地面，经排水沟排出，如图 9-21 所示。

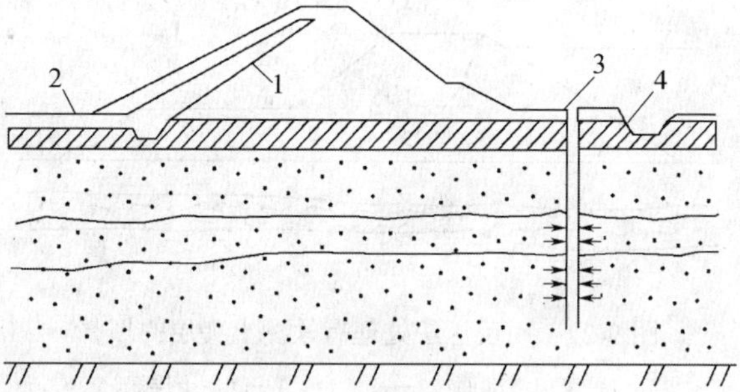

图 9-21　排水减压井示意图

1—斜墙；2—铺盖；3—减压井；4—排水沟。

9.7.3　细砂、软黏土和湿陷性黄土坝基处理

如果坝基土层中夹有松散砂层、淤泥层、软黏土层，应考虑其抗剪强度与变形特性，在地震区还应考虑可能发生振动液化，进而造成坝基和坝体失稳的危险，对于这些土层必须进行专门的分析研究和处理。

1．细砂等易液化土坝基处理

以细砂土为代表的饱和土在较强的地震作用下，孔隙水若在短时间内来不及排出，孔隙水压力上升至某一数值，颗粒之间的接触压力减为很小或零，细砂颗粒处于游离悬浮状态，即所谓地震液化。

均匀饱和的松散细砂等易液化土层在地震等动力荷载作用下极易发生液化，失去抗剪能力而造成工程失事。为确保土石坝工程安全，常需要采取适当的地基加固处理。当砂层厚度较薄且接近地表面时，可将其全部挖除。若砂层较厚，可用上下游截水墙或板桩加以封闭，使坝基细砂层受震后不致流失，以保证坝基稳定，但造价较高；也可在坝趾附近设置砂井，

加强坝基排水，及时消散地震中产生的超孔隙水压力，防止发生砂土液化，但应注意防止淤塞。近些年来，国内外广泛采用人工加密的措施，如爆炸振密法、强力夯实法、振动水冲法等，以增加砂土的密实度，使之达到与设计地震烈度相适应的密实状态，然后采取加盖重、加强排水等附加防护措施。对浅层的宜采用夯板夯击法或表面振动加密法；爆炸压实法一般适用于水下较纯净的饱和松砂地基加密；重锤夯击、挤压砂桩加固深度可达 10～20m；对深层宜用强力夯实法、振动水冲法等加密。

2．软黏土坝基处理

软黏土天然含水率大，呈软塑到流塑状态，透水性小，所以排水固结速率缓慢，地基强度增长不快，抗剪强度和承载力很低，而且压缩性很大，容易产生变形和不均匀沉陷，沉降变形持续时间很长，在建筑物竣工后仍将发生较大的沉降，地基长期处于软弱状态，坝体容易产生裂缝、滑坡或局部破坏。

坝基中的淤泥、淤泥质土、泥炭高压缩性饱和软黏土，对分布范围不大，埋藏较浅且厚度较薄的软黏土层，宜全部挖除。当埋藏较深，分布范围较广，则应采取砂井排水、插塑料排水带、加荷预压、真空预压、振冲预压、振冲置换以及调整施工速率等措施(见图 9-22)，经过技术论证后，以确定是否可在其上建坝。即使可建低坝，也应尽量减小坝基中的剪应力，坝体防渗黏土的含水率应略高于最优含水率，并应加强软黏土孔隙压力和变形的观测。

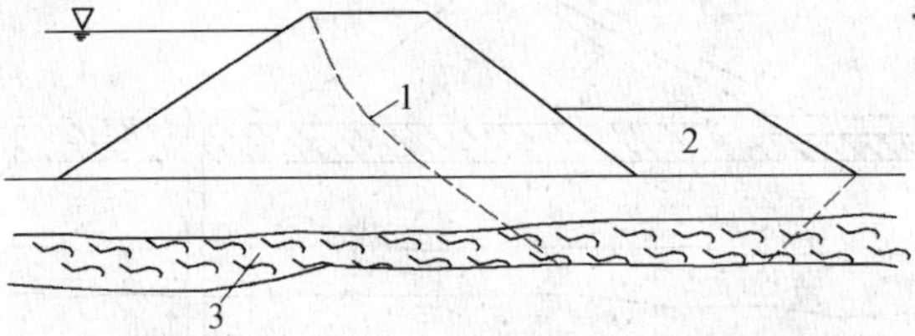

图 9-22　用反压法处理有软黏土夹层的坝基

1—可能滑动面；2—反压台；3—软黏土层。

3．湿陷性黄土坝基处理

湿陷性黄土主要由粉粒组成，呈棕黄色或黄褐色，富含可溶盐，具有大孔隙结构或垂直节理；在天然不饱和状态下有较高的抗剪强度和承载力；浸水时，其天然结构迅速破坏，在一定压力作用下发生明显的附加下沉，称为黄土的湿陷性。在自重作用下发生湿陷的，称为自重湿陷性黄土；在外荷载作用下发生湿陷的，称为非自重湿陷性黄土。

如果地基中含有湿陷性黄土，浸水后会产生过大的不均匀沉降，造成坝体裂缝，故不宜在这种地基上建坝，只有经过充分论证和处理后，论证其沉降、湿陷和溶滤对土石坝的影响是容许的，才可在其上建低坝。

对此类土的地基常用的处理方法有：预先浸水湿陷；表土挖除、换土和压实等措施；对黄土中陷穴、动物巢穴、窑洞等的其他地下空洞应查明处理。

4．岩石坝基处理

建在岩基上的土石坝，其地基处理原则与重力坝相同，但强度要求可适当放低。小型土石坝的岩基可不作专门处理，清洗干净后，直接填土筑坝。大中型工程常用的岩基防渗处理方法是灌浆帷幕。

地基中的断层破碎带可能成为渗流通道，应慎重处理。若断层破碎带分布范围不大，可将充填物和破碎岩石挖除，再回填混凝土或混凝土塞；若范围较大，可进行灌浆帷幕或采用混凝土防渗墙。

9.7.4 土石坝与坝基、岸边的连接

土石坝的各种结合面，如土石坝与岸坡、土石坝与其他建筑物的接触面都是容易产生集中渗流造成渗透破坏的部位，在岸坡的坡度变化较大及土石坝与其他建筑物连接处，还可能由于坝体不均匀沉陷而出现裂缝。因此，必须处理好土石坝与坝基、岸边及其他建筑物的连接问题。

1．土石坝与坝基的连接

不论是土基或岩基，在筑坝之前，都必须进行清基，将表层的腐植土、乱石和松动岩块等清除掉。对于不符合设计要求的土(岩)层，必须进行处理。

均质坝与地基连接时，若地基与坝体土质相近，清基后可直接填筑；土质不同时，应做几道齿槽，槽深不小于 1.0m，如图 9-23(a)所示；与岩基连接时，可设置 1～3 道混凝土或浆砌石齿墙，如图 9-23(b)所示。其尺寸与道数以增加渗径的 5～10%为限，位置宜放在坝轴线与上游坝踵间 1/3 坝底宽度内。过去国内外许多土质心墙和斜墙与岩石地基连接，都采用混凝土齿墙或垫层，见图 9-24(a)、(b)；近代的建坝趋势则是将防渗体直接填筑在岩面上，认为混凝土垫座或齿墙作用不明显，受力条件不好，容易产生裂隙，而且对填土碾压有干扰，难以碾压密实。

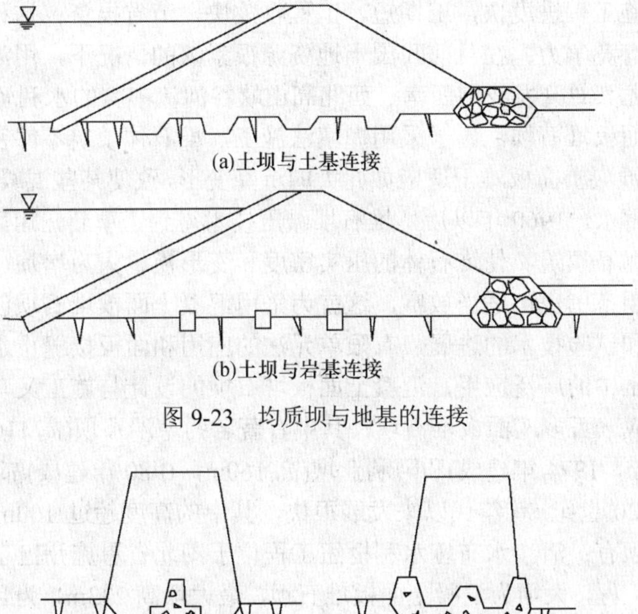

(a)土坝与土基连接

(b)土坝与岩基连接

图 9-23 均质坝与地基的连接

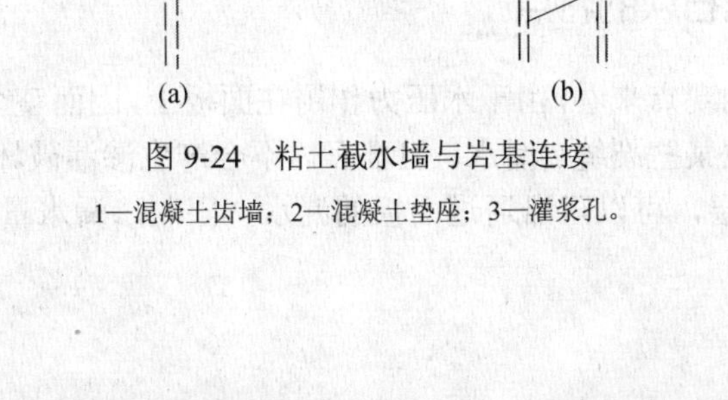

(a) (b)

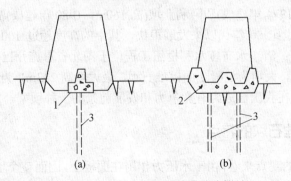

图 9-24 粘土截水墙与岩基连接

1—混凝土齿墙；2—混凝土垫座；3—灌浆孔。

2. 土坝与岸边连接

土坝岸坡为残坡积土或风化岩层，渗透性大，稳定性差，易出现集中渗流和裂缝。所以，为防止不均匀沉陷，避免产生裂缝，岸坡必须清理成缓坡面，而不宜挖成阶梯状，更不允许有倒坡。岸坡应不陡于 1:0.5；否则应有专门论证，并采取相应的措施，如消坡或回填浆砌石处理等(见图 9-25)。

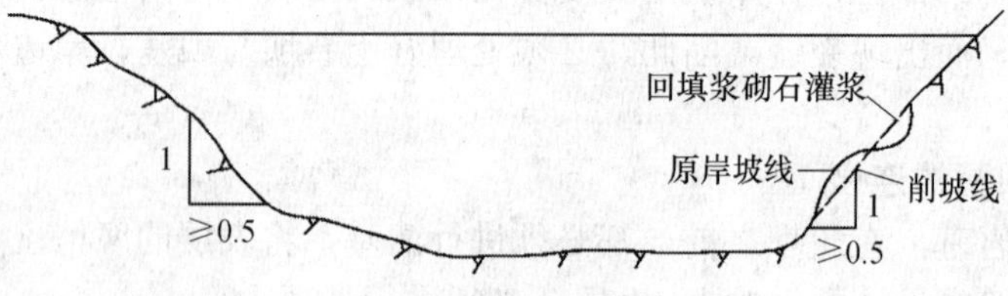

图 9-25　岸坡处理

9.8　混凝土面板堆石坝

混凝土面板堆石坝是以堆石作为支承，而以混凝土、沥青混凝土等材料作为防渗体的一种坝型。混凝土面板堆石坝可以改变我国长期以来水利工程投资大和工期长的两大弱点，因为其有许多突出的优点：堆石体抗剪强度高，浸润线低，抗震稳定性好；坝坡比其他土石坝陡，不仅坝体工作量明显减少，而且导流洞也明显减短，堆石体可以临时过水，拦洪渡汛简单；堆石体可常年施工，进度快，工期短，工程收效快，节省投资；这种坝型对岩基的要求比混凝土坝低，很有竞争力；在目前我国土地资源很紧缺的情况下，用混凝土面板代替黏土防渗体非常必要，尤其对开发我国西南、西北高山峡谷河流丰富的水利资源具有重要意义。

早期的混凝土面板堆石坝，由于采用抛填法施工，堆石体填筑不够密实，蓄水后沉降有时可达坝高的 5%。混凝土面板难于适应如此大的沉降变形，致使某些混凝土面板开裂和漏水，甚至造成水库不能蓄水。1960 年以后，堆石坝碾压技术得到了革新，用薄层铺填、振动碾碾压的施工方法代替抛石填筑，使堆石体的压实密度和变形模量大为增加，而坝体沉降则大为减小，且石料的选用范围也可适当放宽，这就为采用混凝土面板堆石坝创造了有利条件。随着堆石坝观测设备和试验技术的进展，有限单元法的应用和面板接缝止水设施的改进，以及滑动模板在面板施工中的广泛应用，混凝土面板堆石坝的设计与施工又有了全新的发展。据统计，全世界已建成一百多座面板堆石坝，其中有著名的塞沙那坝(高 110m，1971 年建成)、安奇卡亚坝(高 140m，1974 年建成)和阿利亚坝(高 160m，1980 年建成)都取得了成功的经验。我国面板堆石坝自 20 世纪 80 年代以来发展很快，其中的高度超过 100m 的面板堆石坝有几十座，较高的土石坝有：清江水布垭水利枢纽工程位于湖北省恩施州巴东县境内，是清江流域梯级开发的龙头工程，大坝为混凝土面板堆石坝，最大坝高 233m，为目前世界已建的最高面板堆石坝。这种坝型在我国已成为有竞争力和发展前景的一种坝型。

9.8.1　混凝土面板堆石坝的特点

(1) 从结构稳定性的观点来看，由于水压力作用在面板上，因而整个堆石体都起稳定作用。

(2) 即使面板坝发生某些裂缝、漏水，但堆石体不会产生渗漏破坏，而且面板下部设置有级配良好的弱透水性垫层，可以阻滞通过面板的漏水，限制渗漏水量。因而面板坝较其他土石坝具有更大的安全潜力。

(3) 只要地基及坝体堆石料有足够的强度，坝坡可以较陡，一般坡度为 1:1.3～1:1.4。因而在碾压式土石坝中，面板堆石坝的坝体填筑工程量是最小的。

(4) 混凝土面板兼有上游护坡的作用，不需要另设防浪、防冲措施。

(5) 堆石体填筑不受防渗结构施工的影响，如施工作业安排合适，可以连续施工。在堆石体填筑到一定高度或全部完成后，再浇筑面板，用滑模施工，速度快，工期短。

(6) 坝体仅采用堆石或砂砾料填筑，施工受天气影响小，基本上可以全年施工，具有明显的经济性。

(7) 混凝土面板设在堆石坝体的上游面，不仅便于检查、维修，而且其施工也不受气候条件的影响。

(8) 施工导流与渡汛可以大为简化，甚至施工初期可采取措施允许堆石体过水，以降低初期导流度汛标准，缩小导流建筑物的规模。

(9) 面板堆石坝的上游表面抵抗漂浮物冲击，抗严寒冰冻能力不如心墙堆石坝，并应注意环境水对面板可能的侵蚀作用。

(10) 面板对堆石体与基础的沉降变形较敏感，因此要求对垫层和主堆石进行很好的压实，对地质缺陷的处理也需重视。

近年来，国内外一些坝工专家都认为面板堆石坝是一种即经济又安全的坝型。其基本论点是面板万一出现裂缝，一般只会发生渗漏，损失水量，不至于危及堆石体的稳定和坝的安全。

9.8.2 面板堆石坝的设计原则

面板堆石坝的设计主要包括地基处理、面板底座(趾板)、坝体堆石级配、压实标准及其材料分区、面板及其分缝(特别是周边缝)与止水系统等。设计中需要考虑的原则如下：

(1) 坝体稳定。整个坝体在库水压力、自重与其他荷载(如地震力)的作用下，除了必须保证有足够的整体稳定性外，还必须满足上下游坝坡的自身稳定要求，为此，应使堆石体具有足够重量和足够的抗剪强度，面板堆石坝的上、下游坝坡约在 1:1.3～1:1.6。

(2) 坝体变形。堆石体在各种荷载作用下，并考虑堆石蠕变特性后所产生的最大变形值，必须限制在混凝土面板所能适应的限度以内，以免面板产生裂缝和引起周边接缝与伸缩缝止水的失效。为此，在设计中应根据堆石体各分区受力条件和现场爆破与碾压试验的资料，以及坝址附近料场情况对坝体进行合理分区，分别提出石料的特性、规格和铺筑、碾压的工艺要求。

(3) 坝体防渗。面板堆石坝除在上游面设置防渗面板外，在面板下应设置一至两层级配良好的半透水性垫层。要求仔细分层碾压以达到更高的密实度。垫层不仅具有阻滞渗水的作用，而且还对面板起支承作用。因此，在设计中应对垫层的厚度、填筑料的特性、碾压工艺等提出专门的要求。

(4) 面板的可靠性。混凝土面板有时可能开裂，但裂缝都暴露在表面，可以在水上或水下修补。当然在水下修补是很困难的。造成面板开裂的主要原因是堆石体的变形。一些研究成果表明，当堆石体中的大、小主应力接近，石料间的内摩擦角大、应力绝对值小、岩石坚硬、孔隙比小时，堆石体的变形模量最大。并且当堆石体孔隙比降低时，岩石强度对变形的影响变小。如孔隙比为 0.22 时，堆石体内的石料受力后不会再破碎。因此，为保证面板工作的可靠性，应使堆石体得到最大的密实度。

(5) 基础处理。面板堆石坝基础处理的一般要求与其他类型的堆石坝既类似又有差别。通常要在围堰合拢、基坑排水并进行清基后，才能填筑坝体。面板的底座是关键部位，底座(趾板)应牢固地固定在基岩上。因此，底座的基岩一般应为坚硬、稳定、较完整、无冲蚀和可灌浆的新鲜或弱风化岩石。如底座下部基岩存在着断层、软弱夹层或其他不利的地质构造，为避免基岩在各种荷载作用下产生较大的变形或基岩内部的滑动，应在设计中采取必要的工程措施，以保证地基的稳定性和将地基变形控制在允许范围内。两岸岸坡开挖也要求尽量平顺，避免突变，以防底座内产生应力集中。岸坡开挖坡度不超过1:0.5为宜，不能有陡壁或倒悬。

(6) 其他方面的要求。混凝土面板堆石坝(见图9-26)与其他型式的土石坝一样，不允许洪水漫过坝顶溢流。为此，在混凝土面板堆石坝的枢纽中，要求溢洪道具有足够的泄洪能力，以保证大坝运行安全。

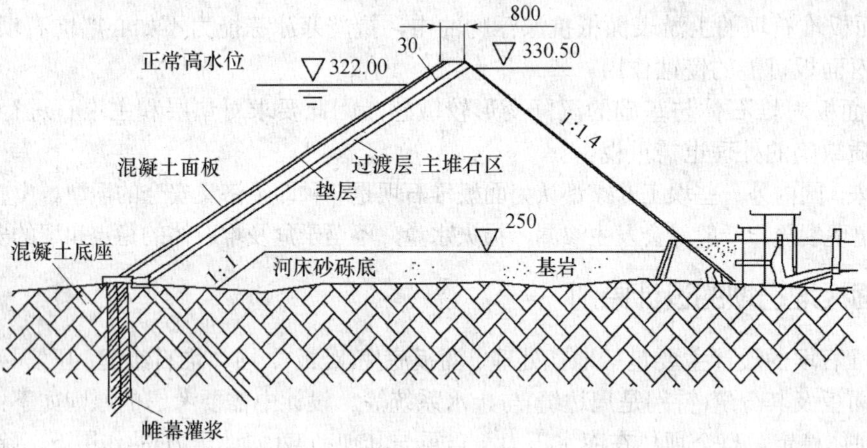

图9-26　西北口混凝土面板堆石坝

9.8.3 坝体堆石的分区

面板堆石坝堆石分区的主要目的是为了控制变形、排水和充分利用筑坝材料。由于堆石体在各种荷载作用下，各部分的应力状态和变形情况都不相同，且各部分变形对面板的影响程度也不一样。因此，在面板堆石坝的设计中，应根据堆石坝各部分的受力条件和所起的作用进行适当的分区，以便于施工和降低工程造价。

根据已建成面板堆石坝的设计和施工经验，一般从上游向下游依次分为垫层区、过渡区、主堆石区及下游堆石区，如图9-27所示。

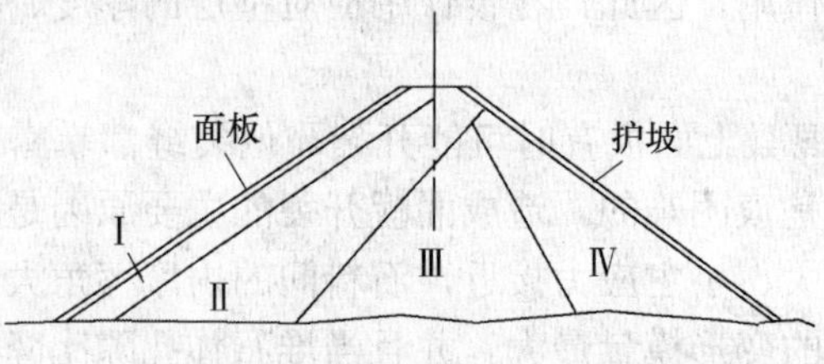

图9-27　面板坝堆石分区示意图

I—垫层区；II—过渡区；III—主要堆石区；IV—下游堆石区。

1．垫层区(Ⅰ区)

垫层区(Ⅰ区)直接位于面板下部，其作用是直接支承面板，并将作用于面板上的库水压力较均匀地传给堆石体，同时又缓和其下游堆石体变形对面板的影响，以改善面板内部的应力状态。垫层一般应具有较高的变形模量、足够的抗剪强度、弱透水性和渗透稳定性。高坝的垫层料应具有良好的级配，最大粒径为 80～100mm，粒径小于 5mm 的含量宜为 30%～40%，小于 0.1mm 的含量宜控制在 5%左右。其填筑压实标准要求孔隙率为 15%～21%，压实后的渗透系数为10^{-4}～10^{-3} cm/s。对于中低坝可适当降低对垫层料的要求。垫层料可采用天然砂砾料或人工砂石料。人工砂石料的母岩应是坚硬和抗风化能力强的石料，垫层厚度一般为 3～5m。

2．过渡区(Ⅱ区)

过渡区(Ⅱ区)为垫层区与主堆石区之间的过渡层。它们之间要大致符合反滤过渡准则，以便在面板发生渗漏时，避免垫层被冲蚀。过渡层的厚度至少要与垫层相同，也要很好地压实，碾压参数可与垫层区相同。过渡区必须选用新鲜坚硬的细粒堆石料，应控制最大粒径为 200～300mm，不允许含<0.1mm 的极细粒，且要求级配连续，压实后应具有低压缩性和高抗剪强度。

3．主堆石区(Ⅲ区)

主堆石区(Ⅲ区)是面板坝堆石的主体，是承受库水荷载的主要支承体。主堆石区要求用级配良好、坚硬的粗粒石料施工，它的沉降变形特别是蠕变大小直接影响面板变形，因此也要有较好的密实度，但可稍低于Ⅰ、Ⅱ区，一般孔隙率为 22%～25%，粒径与级配亦可适当放宽。一些面板坝对主堆石区采用最大粒径 600mm 左右的坚硬石料，其中允许含有分散的少量风化岩。堆筑层厚大多为 80cm，加水量为 20%～25%，10 t 级振动碾碾压 4～6 遍。我国西北口面板堆石坝，主堆石体堆筑层厚也采用 80cm，最大粒径 600mm，用 13.5 t 和 17.2 t 振动碾碾压，压实干容重达到 2.1～2.15 t/m^3，相应孔隙率为 23%～25%。

4．下游堆石区(Ⅳ区)

下游堆石区(Ⅳ区)大致位于坝轴线的下游侧。其变形大小对面板影响较小，因此填筑厚度可以较大，级配比Ⅲ区可以放宽，允许含有少量均匀分布的风化岩石，其碾压施工要求与一般碾压式堆石坝相同，一般孔隙率为 25%～28%。Ⅳ区的设置可合理利用各类石料，尤其在浸润线以上，应研究采用代替料的可能性，使很多开挖弃料得到充分利用，以达到更加经济合理。例如澳大利亚于 1981 年建成的孟洛夫面板坝(高 80m)，其下游堆石区就是利用风化岩石填筑压实的。

必须指出，砂砾石也是面板坝的一种很好的坝体填筑材料，不仅能节省爆破开挖岩石费用，而且施工简单、速度快、易于压实到所要求的密实度，其变形模量可比一般碾压堆石体高 5 倍左右。但砂砾石料抗剪强度稍低，因此坝坡要适当放缓，增加填筑工程量。特别是砂砾石中的细砂，易于随渗漏水流失而发生管涌，为了防止渗透变形，必须设置妥善的排水反滤措施。

9.8.4 面板的结构布置

1．面板布置

混凝土面板直接铺设在垫层的上游坡面上，其底边与浇筑在河床及两岸地基上的底座(趾板)相连接，其顶边与防浪墙的底部相连接。

2．面板厚度

面板是浇筑在已碾压密实的垫层上，面板将其承受的水压力较均匀地传给垫层以及堆石体上，其本身不承受弯矩，或只承受很小的弯矩。因此，面板厚度主要由抗渗性、抗裂和耐久性等条件来决定。根据经验统计，其顶部厚度应不小于0.3m，自坝顶向下逐渐加厚，可按δ=0.3+(0.002～0.0035)H计算确定，其中H为水头，均以米计。

3．面板配筋

面板配置钢筋的主要作用是承受蓄水前温度变化和干缩产生的应力。也有防止裂缝进一步开展的作用。由于面板除了在河中靠底部及靠近岸边与基础的个别部位产生拉应力外，其他大部分区域都不产生拉应力，因此只需在局部区域增配一些受拉钢筋。

4．面板接缝止水

在面板接缝处都应设置止水设备。常见的止水材料有止水铜片、橡皮止水和塑料止水等几种。止水可设一道或两道，但岸边部位的竖向伸缩缝和周边缝，处于受拉状态，是容易被拉开或错动的薄弱部位，应予以特别重视，至少应设两道止水。

5．面板的底座(趾板)

底座是面板与基础连接的混凝土板状结构，防渗面板的底端则铰接在底座上。混凝土底座直接浇筑在经过清理的坚固良好的基岩上，一般还需设置锚入基岩的钢筋，因而底座将与地基牢固地连接成一整体，只要地基是稳定的，底座在库水压力作用下，就不会产生明显的位移。

底座的宽度主要取决于结构稳定和地基渗透稳定的要求，与坝高、地基地质条件以及灌浆施工条件等因素有关。底座宽度一般为最大作用水头H的1/10～1/20。

复习思考题

1. 何谓土石坝？土石坝有哪些类型？
2. 土石坝有哪些工作特点和设计要求？
3. 土石坝与其他坝型相比有哪些优缺点？
4. 土石坝剖面设计的原则是什么？
5. 土石坝的构造包括哪几个部分？各有什么作用？
6. 反滤层是如何组成的？其有何功用？
7. 土石坝渗流分析的目的是什么？
8. 土石坝稳定分析的目的和内容各是什么？
9. 土石坝失稳的原因有哪些？坝坡坍滑破坏有哪几种形式？
10. 土石坝各组成部分对土石料有什么要求？
11. 土石坝地基处理方法有哪些？
12. 何谓混凝土面板堆石坝？与其他一般土石坝相比有哪些优越性？
13. 面板堆石坝的筑坝材料是如何选择的？

第 10 章　岩土与地下工程

10.1　概　述

岩土与地下工程主要包括基础工程(房屋、道路、铁路以及桥梁)、边坡工程、隧道(铁路、公路、水工)、城市地下铁道、大型地下洞室(厂房、商场等)、各种类型的矿山、大坝工程等内容。见图 10-1～图 10-4。

图 10-1　房屋基础

图 10-2　深基坑(郑东新区金融大厦)

图 10-3　边坡支护

图 10-4　小浪底水电站全貌

10.1.1　岩土工程

岩土工程是指专门研究关于土体和岩体方面的土木工程领域。它包含以下三个层次的内容：

(1) 岩土工程是以土力学与基础工程、岩石力学与工程等理论为基础，并和工程地质学密切结合的综合性学科。

(2) 岩土工程以岩石和土的利用、整治或改造作为研究内容。岩土工程是从工学的角度、以工程为目的研究岩石和土的工程性质。当岩土的工程性质或岩土环境不能满足工程要求时，就需要采取工程措施对岩土进行整治和改造，不仅涉及对岩土性质的认识，而且需要研究如何采用有效的、经济的方法实现工程目的。

(3) 岩土工程服务于各类主体工程的勘察、设计与施工的全过程，是这些主体工程的重要组成部分。

早在我国夏代大禹治水，把土地分为九个等级，从疏导入手，换来九州平安，这是在 4200 余年前的一项非凡的防治水患的岩土工程；我国桩基础的使用，可以追溯至距今六七千年的河姆渡文化期，在河姆渡遗址发掘中，到处可见数量众多的木桩及木构件。

现代的岩土工程所涉及的领域从传统的水利工程(堤坝)、建筑工程(基础、基坑)和公路铁路工程(路基、边坡、桥梁基础、隧道)扩大至地震工程、海洋工程、环境保护、地热开发、地下蓄能、地下空间开发利用等领域，许多重特大项目无不包含了大量的岩土工程内容。

如，上海洋山深水港位于杭州湾口长江口外的崎岖列岛，是具备 15m 以上水深的天然港址。一期港区工程的 1600m 水工码头和配套的大小桥梁工程中采用了大量的桩基础，陆域形成工程中采用了强夯、排水固结等多种地基加固方法。

上海金茂大厦，基础底板埋置在地下 15～18m 深度，地下连续墙埋深 36m，基坑面积 $20000m^2$，开挖土方 $320000m^3$，是我国近年施工的深大基坑中的一例。

10.1.2 地下工程

地下工程是指深入地面以下为开发利用地下空间资源所建造的地下土木工程，也指在岩体(层)或土体(层)中修筑的各种类型的通道和地下构筑物。比如，交通运输方面的铁路、道路、运河隧道，及地下铁道和水下隧道等；工业和民用建筑方面——市政、防空、采矿、储存和生产等用途的地下工程；军事方面的各种坑道(或地道)、发射井等；水力发电工程方面的地下发电厂房以及其他各种水工隧洞；以及为解决城市土地利用、环境保护等方面的地下空间，如地下街、各种构筑物之间的联络通道等。

国外最早的地下工程当属著名的埃及采矿穴和罗马的下水道。世界上第一座交通隧道是公元前 2180 年—公元前 2160 年在巴比伦城中的幼发拉底河下修建的人行隧道。公元前 30 年，奈波耳附近修建了道路隧道。

我国黄土窑洞建造施工简单，且具有冬暖夏凉的特点，因此在我国西北地区黄土地带广泛采用，至今在河南、山西、陕西、甘肃等省，窑洞仍是当地民居居住形式之一。

到了现代，由于采用新了技术使地下工程有了很大的发展空间。如，英法海底铁路隧道采用隧道掘进机修建，1993 年 12 月完工，总投资 128 亿美元。英法隧道的建成，亦是集英、美、法、日、德等先进国家隧道施工技术于一体的最高成就。我国最早成功应用新奥法施工的隧道是大瑶山铁路隧道，它标志着隧道先进的设计和施工方法——“新奥法”在中国的成功运用。

10.2 基础工程与地基处理

10.2.1 浅基础

浅基础一般指基础埋深小于 5m，或者基础埋深小于基础宽度的基础。比如，码头桩基础、桥梁基础、半地下室箱形基础等。浅基础其特点是通过基础底面，把荷载扩散分布于浅部地层。天然地基上浅基础埋深浅，结构较简单，用料较省，需要复杂的施工设备，造价低。

1．无筋扩展基础(刚性基础)

刚性基础(图 10-5)是由砖、石、素混凝土或灰土等抗压性能好，而抗弯抗剪性能差的材料做成的基础。

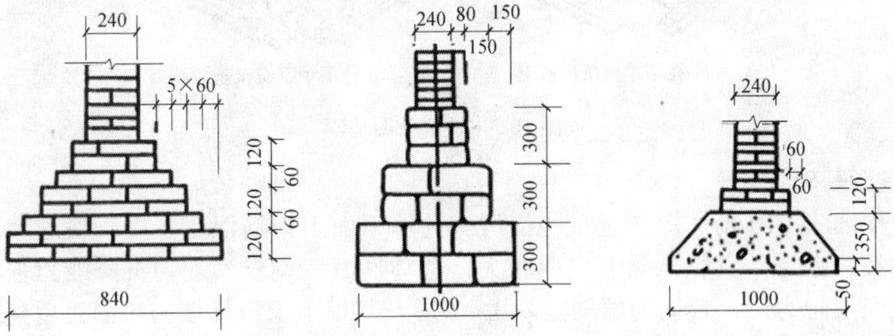

(a) 砖基础　　(b)石基础　　(c)素混凝土基础

图 10-5　刚性基础

刚性基础的特点为稳定性好，施工简便，可用于小于等于 6 层的民用建筑、荷载较小的桥梁基础及涵洞等。但刚性基础具有一定的局限性，当基础承受荷载较大时，用料多、自重大，埋深也加大。

2．扩展基础(柔性基础)

当不便于采用刚性基础或采用刚性基础不经济时，采用钢筋混凝土材料做成的基础，如柱下钢筋混凝土独立基础(图 10-6a)和墙下钢筋混凝土条形基础(图 10-6b)。

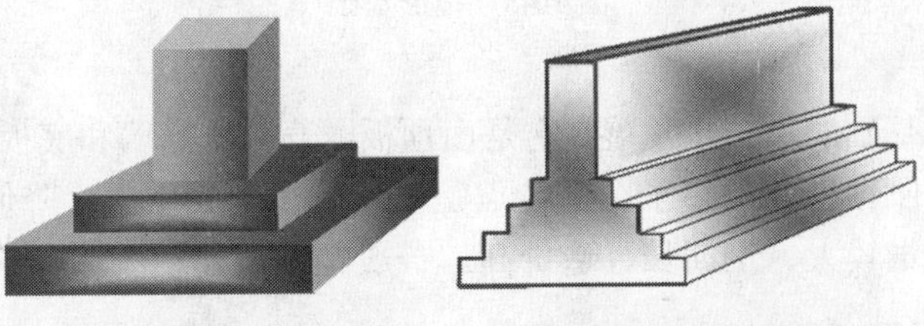

(a) 柱下钢筋混凝土独立基础　　(b) 墙下钢筋混凝土条形基础

图 10-6　扩展基础

墙下钢筋混凝土条形基础多为砌体承重墙体及挡土墙、涵洞下的基础形式，柱下钢筋混凝土独立基础多为建筑物中的柱、桥梁中的墩常用基础形式。

3．联合基础

联合基础有矩形联合基础、梯形联合基础、连梁式联合基础三种。两柱设立独立基础时，其中一柱受限；两柱间距较小而基底面积不足或荷载偏心过大等。其特点是调整相邻两柱沉降差、防止两柱相向倾斜。

4．柱下条形基础

柱下条形基础(图 10-7)可分为单向条形基础、十字交叉条形基础。

条形基础的特点是抗弯刚度大，具有调整不均匀沉降的能力。当地基较软，分布不均、基底面积受相邻建筑物或设备基础的限制无法扩展、柱荷载差异大，以致基底面积扩大使其彼此接近或相碰时，采用条形基础。

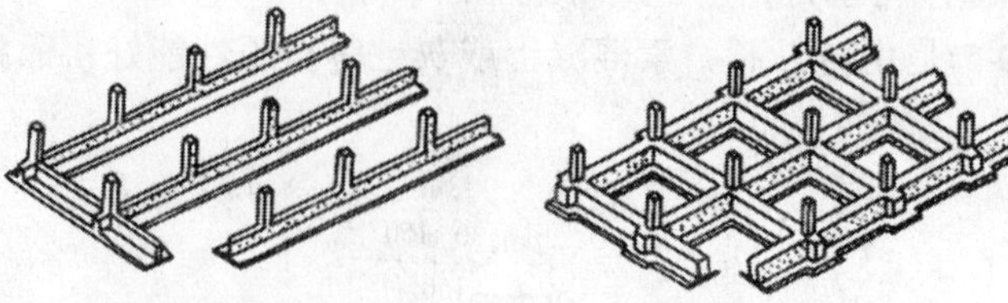

(a)柱下单向条形基础　　(b)柱下十字交叉条形基础

图 10.7　柱下条形基础

5．筏形基础

筏形基础(图 10-8)是指在建筑物的所有柱墙下面用钢筋混凝土做一块连续的整片基础，也称筏板基础。其特点是基底面积大，整体性好，调整不均匀沉降能力强，抗震性好。在硬壳层持力层，较均匀软弱地基上 6 层及其以下承重横墙密集的民用建筑中常采用筏形基础。

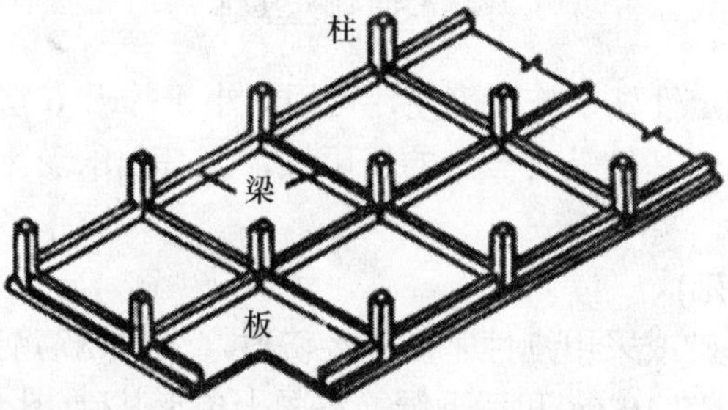

图 10-8　筏形基础

6．箱形基础

箱形基础是筏形基础的进一步发展，它是由顶板、若干纵横墙和底板所组成的整体结构，如同一只埋在土中的刚性密闭的箱子。其特点是显著减少基底压力，降低基础沉降，抗震性能好，但钢筋水泥用量较大、工期长、造价高。一般在高层建筑中采用箱形基础。

10.2.2　深基础

位于地基深处承载力较高的土层上，埋置深度大于 5m 或大于基础宽度的基础，称为深基础。

深基础是埋深较大，以下部坚实土层或岩层作为持力层的基础，其作用是把所承受的荷载相对集中地传递到地基的深层，而不像浅基础那样，是通过基础底面把所承受的荷载扩散分布于地基的浅层。因此，当建筑场地的浅层土质不能满足建筑物对地基承载力和变形的要求，而又不适宜采用地基处理措施时，就要考虑采用深基础方案了。深基础有桩基础、墩基础、地下连续墙、沉井和沉箱等几种类型。

1．桩基础

桩基础是用承台把沉入土中的若干个单桩的顶部联系起来的一种基础。桩的作用是将上部建筑物的荷载传递到深处承载力较大的土层上，或将软弱土层挤密以提高地基土的承载力及密实度。在设计时，遇到地基软弱土层较厚、上部荷载较大，用天然地基无法满足建筑物对地基变形和强度方面的要求时，常用桩基础。

桩基础，按承台位置的高低分为高承台桩基础、低承台桩基础(图 10-9)；按承载性质不同分为端承桩、摩擦桩；按桩身的材料不同分为钢筋混凝土桩、钢桩、木桩、砂石桩；按桩的使用功能分竖向抗压桩、竖向抗拔桩、水平荷载桩、复合受力桩；按成孔方法分为非挤土桩、部分挤土桩、挤土桩、打入桩；按制作工艺分为预制桩、灌筑桩。

2．地下连续墙

在地面以下为截水防渗、挡土、承重而构筑的连续墙壁(图 10-10)。地下连续墙对土壤的适应范围很广，可以应用于软弱的冲积层、中硬地层、密实的砂砾层以及岩石的地基中等。现实生活中如房屋的深层地下室、地下停车场、地下街、地下铁道、地下仓库、矿井等均可应用。

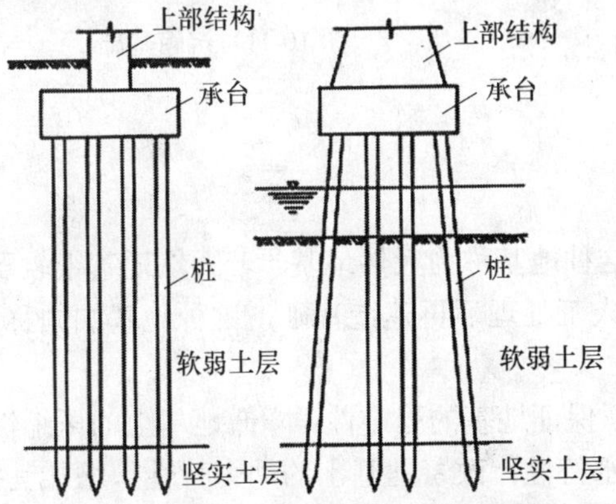

(a) 低承台桩基础　　(b) 高承台桩基础

图 10-9　桩基础示意图

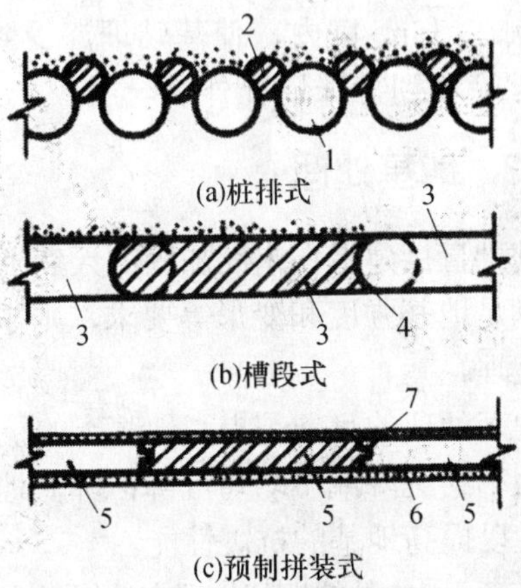

图 10-10　地下连续墙

1—挡土桩；2—截水桩；3—标准槽段；4—圆弧接头；5—标准预制块；6—自凝泥浆；7—承插接头。

地下连续墙按成墙方式可分为桩排式、槽板式、组合式；按墙的用途可分为防渗墙、临时挡土墙、永久挡土(承重)墙、作为基础用的地下连续墙；按墙体材料可分为钢筋混凝土墙、塑性混凝土墙、固化灰浆墙、自硬泥浆墙、预制墙、泥浆槽墙(回填砾石、黏土和水泥三合土)、后张预应力地下连续墙、钢制地下连续墙；按开挖情况可分为地下连续墙(开挖)、地下防渗墙(不开挖)。

3．沉井基础

沉井基础是以沉井法施工的地下结构物和深基础的一种形式。是先在地表制作成一个井筒状的结构物(沉井)，然后在井壁的围护下通过从井内不断挖土，使沉井在自重作用下逐渐下沉，达到预定设计标高后，再进行封底，构筑内部结构。其广泛应用于桥梁、烟囱、水塔的基础;水泵房、地下油库、水池竖井等深井构筑物和盾构或顶管的工作井。沉井基础的特点是埋深较大，整体性好，稳定性好，具有较大的承载面积，能承受较大的垂直和水平荷载，其施工工艺简便，技术稳妥可靠，可做成补偿性基础，避免过大沉降，在深基础或地下结构中应用较为广泛。

沉井基础按沉井形状分按平面形状分为圆形沉井、矩形沉井、圆端形沉井；按立面形状分为柱形、阶梯形；按沉井的建筑材料分为混凝土沉井、钢筋混凝土沉井、钢沉井。

4．沉箱基础

沉箱基础(图 10-11)是以气压沉箱来修筑的桥梁墩台或其他构筑物的基础。

沉箱适用于如下情况：

(1) 待建基础的土层中有障碍物而用沉井无法下沉，基桩无法穿透时。

(2) 待建基础邻近有埋置较浅的建筑物基础，要求保证其地基的稳定和建筑物的安全时。

(3) 待建基础的土层不稳定，无法下沉井或挖槽沉埋水底隧道箱体时。

(4) 地质情况复杂，要求直接检验并对地基进行处理时。

由于沉箱作业条件差，对人员健康有害，且工效低、费用大，加上人体不能承受过大气压，沉箱入水深度一般控制在 35m 以内，使基础埋深受到限制。因此，沉箱基础除遇到特殊情况外，一般较少采用。

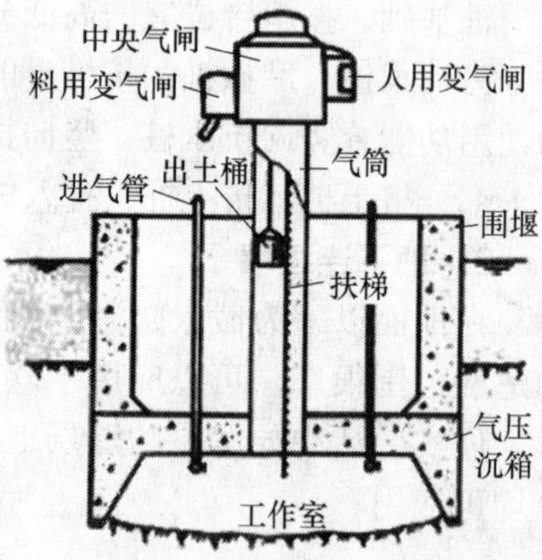

图 10-11 沉箱基础

10.2.3 地基处理

基础直接建造在未经加固的天然土层上时，这种地基称为天然地基。若天然地基很软弱，不能满足地基强度和变形等要求，则事先要经过人工处理后再建造基础，这种地基加固称为地基处理。

地基处理的目的是提高地基土的抗剪切强度，保证地基的稳定性；降低地基土的压缩性，减少地基的沉降或不均匀沉降；降低地基土的透水特性；改善地基土的动力特性 增加其振动特性以提高地基的抗震性能。

目前，国内外的地基处理方法很多，按作用机理分为换土垫层法、强夯法、强夯置换法、振冲法、砂石桩法、泥粉煤灰砂石桩法、夯实水泥土桩法、水泥土搅拌法、高压喷射注浆法、石灰桩法。

在选择处理方法时需要综合考虑各种影响因素，如建筑物的体型、刚度、结构受力体系、建筑材料和使用要求，荷载大小、分布和种类，基础类型、布置和埋深，基底压力、天然地基承载力、稳定安全系数、变形容许值，地基土的类别、加固深度、上部结构要求、周围环境条件、材料来源、施工工期、施工队伍技术素质与施工技术条件、设备状况和经济指标等。

10.3 隧道工程

隧道是埋置于地层中的工程建筑物。1970 年，OECD(世界经济合作与发展组织)隧道会议从技术方面将隧道定义为：以任何方式修建，最终使用于地表以下的条形建筑物，其空洞内部净空断面在 $2m^2$ 以上者均为隧道。

修建隧道工程的目的是保证行车安全，又可防止滑坡、土石方坍塌、泥石流、雪崩等道路病害，提高行车速度和安全的可靠性，利用地下空间节省了建设用地，还能与周围环境相协调，保护自然景观的完善。

世界上，最长的公路隧道是挪威的洛达尔隧道(长度 24.5km)；最长的海底隧道是青函隧道(全长 53.85km，海底部分长 23.3km)；最长的双孔公路隧道是秦岭终南山特长公路隧道(全长 18.02km)(图 10-12)；最长的输水隧道是纽约德拉瓦隧道(全长 169km)；海拔最高的冻土隧道是风火山隧道(位在海拔 4909m，全长 1338m)；最繁忙的两线过海隧道是香港海底隧道(全长 1.8km，平均每日行车量达 121700 辆)；最长铁路隧道是瑞士哥达隧道(全长达 57km，2017 年)(图 10-13)。

图 10-12　秦岭终南山特长公路隧道

图 10-13　瑞士圣哥达隧道

表 10-1 为世界上长度大于 10km 的公路隧道。

表 10-1　世界上长度大于 10km 的公路隧道

隧道名称	国家或地区	长度/m	隧道名称	国家或地区	长度/m
勃朗峰(Mt. Blance)	法国－意大利	11600	包家山隧道	中国	11500
弗雷儒斯(Frejus)	法国－意大利	12901	阿尔贝格(Arlberg)	奥地利	13927
圣哥达(St. Gothard)	瑞士	16918	居德旺恩(Gudvanga)	挪威	11400
秦岭终南山隧道	中国	18020	Aurland Laerdal	挪威	24500
大坪里隧道	中国	12290	坪林(Pinglin)	中国台湾地区	12900

10.3.1　隧道分类

隧道的种类繁多，从不同角度来区分，就有不同的分类方法。

(1) 按隧道所处地质条件划分，主要包括：①土质隧道(或软土隧道)；②石质隧道(或岩石隧道)。

(2) 按隧道埋置的深度划分，主要包括：①浅埋隧道；②深埋隧道。隧道的埋置深度不同，施工与设计的方法也不相同，浅埋隧道一般采用明挖法施工，深埋隧道大多采用暗挖法施工。

(3) 按隧道所处的地理位置划分，主要包括：①山岭隧道；②水底(河或海底)隧道；③城市隧道。

(4) 按隧道的用途来划分，主要包括：①交通运输隧道；②矿山隧道；③市政工程隧道；④水利水电工程隧道；⑤军工与人防工程隧道。

(5) 按隧道断面形式划分，主要包括：①圆形隧道；②多心圆隧道；③马蹄形隧道；④矩形隧道；⑤直墙拱顶隧道、曲墙隧道。

(6) 按国际隧道协会(ITA)定义的隧道断面大小划分情况如表 10-2 所示。

表 10-2　隧道断面大小划分情况

隧道种类	隧道断面面积/m^2	隧道种类	隧道断面面积/m^2
特大断面隧道	100 以上	小断面隧道	3～10
大断面隧道	50～100	极小断面隧道	3 以下
中等断面隧道	10～50		

(7) 按隧道施工方法划分，主要包括以下几种：①山岭隧道施工隧道，包括矿山法(或钻爆法)施工隧道与机械掘进施工隧道，其中矿山法施工隧道又包括传统矿山法与新奥法施工隧道；②浅埋及软土隧道施工隧道，包括采用明挖法、地下连续墙法、盖挖法、浅埋暗挖法与盾构法等施工方法施工的隧道；③水底施工隧道，包括沉埋法与盾构法施工隧道。

10.3.2 隧道构造

隧道结构由主体结构和附属结构两部分组成。主体结构是为了保持围岩体的稳定和行车安全而修建的人工永久建筑物，通常指洞身衬砌和洞门构造物。附属结构物是主体结构以外的其他建筑物，如通风、照明、通讯、防排水结构，消防设施及智能控制系统等。

1．洞身衬砌

衬砌的主要方式有整体式混凝土衬砌、喷射混凝土衬砌、复合式衬砌和装配式衬砌等。一般常用的形式是前面三种，见图 10-14。

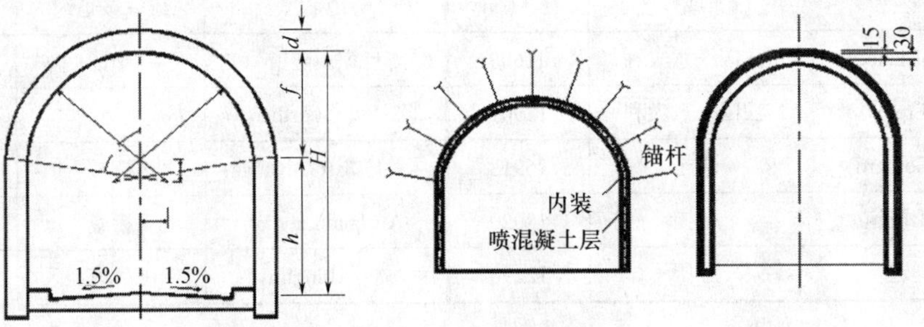

(a) 整体式混凝土衬砌(直墙式)　(b) 锚喷式衬砌　(c) 复合式衬砌

图 10-14　洞身衬砌

(1) 整体式混凝土衬砌。整体式混凝土衬砌是指隧道开挖后，以较大厚度和刚度的整体模筑混凝土作为隧道的结构。整体式衬砌按照工程类比、不同围岩级别采用不同的衬砌厚度。其形式有直墙式和曲墙式两种，而曲墙式又分为有仰拱和无仰拱两种。

(2) 复合式衬砌。复合式衬砌是指把衬砌分成两层或两层以上，可以是同一种形式、方法和材料施工的，也可以是不同形式、方法、时间和材料施工的。

目前大都采用内外两层衬砌。按内外衬砌的组合情况可分为初期支护与二次衬砌。根据围岩条件不同，分别采用不同的断面形式和支护、衬砌参数。

(3) 锚喷式衬砌。锚喷式衬砌是指锚喷结构既作为隧道临时支护，又作为隧道永久结构(单层衬砌)的形式。它具有隧道开挖后衬砌及时、施工方便和经济的显著特点。

锚喷式衬砌在围岩整体性较好的军事工程、各类用途的使用期较短及重要性较低的隧道中广泛使用。在公路、铁路隧道设计规范中，都有根据隧道围岩地质条件、施工条件和使用要求采用锚喷衬砌的规定。

(4) 装配式衬砌。装配式衬砌是将衬砌分成若干块构件，这些构件在现场或工厂预制，然后运到坑道内用机械将它们拼装成一环接着一环的衬砌。

这种衬砌的特点是：拼装成环后立即受力，便于机械化施工，改善劳动条件，节省劳力。

2．洞门

洞门的形式有环框式洞门、端墙式、翼墙式(八字式)洞门、柱式洞门、台阶式洞门、斜交式洞门、喇叭口式洞门等，见图 10-15。

(a) 环框式洞门　(b) 柱式洞门　(c) 台阶式洞门　(d) 喇叭口式洞门

图 10-15　洞门的形式

环框式洞门是指将衬砌略伸出洞外,增大其厚度，形成洞口环框，适用于洞口石质坚硬、地形陡峻而无排水要求的场合。

端墙式(一字式)洞门，适用于地形开阔、石质较稳定的地区。

当洞口地质较差(Ⅳ级及以上围岩)，山体纵向推力较大时，在端墙式洞门的单侧或双侧设置翼墙。

柱式洞门是指地形较陡(Ⅳ级围岩)，仰拱有下滑的可能性，又受地形或地质条件限制，不能设置翼墙时，可在端墙中部设置 2 个(或 4 个)断面较大的柱墩，以增加端墙的稳定性。

台阶式洞门，是指当洞门位于傍山侧坡地区，洞门一侧边仰坡较高时，为了提高靠山侧仰坡起拔点，减少仰拱高度，将端墙顶部改为逐级升高的台阶形式。

斜交式洞门，当隧道洞口地面等高线斜交时，为了缩短隧道度度、减少挖方数量，可采用平行于等高线与线路呈斜交的洞口。

喇叭口式洞门，高速铁路隧道，为了减缓高速列车的空气动力学效应，对单线隧道，一般设喇叭口缓冲段，同时兼作隧道洞门。

10.3.3　隧道施工方法

在长时间的工程实践中，人们已经创造出能够适应各种围岩的多种隧道施工方法，分别为矿山法、掘进机法、沉管法、顶进法、明挖法等。

1．矿山法

矿山法因最早应用于矿石开采而得名，分为传统的矿山法和新奥法。

(1) 传统的矿山法。传统的矿山法是指采用钻爆开挖加钢木构件支承的方法。传统的矿山法除了掘进速度和效率相对较低外，最大的问题就是对周围岩石的扰动大。另外，施工作业条件差、工人劳动强度大、安全性差等也是困扰矿山法的缺点。

(2) 新奥法。新奥法是以控制爆破或机械开挖为主要掘进手段，以锚杆、喷射混凝土为主要支护方法，理论、量测和经验相结合的一种施工方法。最早是由奥地利 Rabcewicz 等人在传统矿山法的基础上，总结支护施工经验，并结合岩体力学理论于 1948 年提出来的，强调发挥周围岩石的自承作用，以薄层柔性支护与围岩结合形成的支护系统取代厚层的混凝土衬砌支护，改善了结构受力性能，减少了开挖量和圬工量，在经济性和安全性方面，均优于传统的矿山法。

2．掘进机法

掘进机法包括隧道掘进机法和盾构掘进机法。前者应用于岩石地层、山岭隧道或大型引水工程，后者则主要应用于土质围岩，尤其是软土、流沙、淤泥等特殊地层，主要用于城市地铁及小型管道。

(1) 隧道掘进机法(TBM)。隧道掘进机是利用回转刀具开挖，同时破碎洞内围岩及掘进，形成整个隧道断面的一种新型、先进的隧道施工机械；相对于目前常用的方法，TBM 集钻、掘进、支护于一体，使用电子、通信、遥测、遥控等高新技术对全部作业进行制导和监控，使掘进过程始终处于最佳状态。

目前世界上每年开挖的隧道有30%～40%是由TBM来完成的。TBM相比传统矿山法具有高效、快速、优质、安全等优点，其掘进速度一般是传统钻爆法的4～10倍。

(2) 盾构掘进机法。盾构机(图10-16)，全称为盾构隧道掘进机，是一种隧道掘进的专用工程机械，现代盾构掘进机集光、机、电、液、传感、信息技术于一体，具有开挖切削土体、输送土碴、拼装隧道衬砌、测量导向纠偏等功能。

图10-16 盾构机

盾构机进行隧洞施工具有自动化程度高、节省人力、施工速度快、一次成洞、不受气候影响、开挖时可控制地面沉降、减少对地面建筑物的影响和在水下开挖时不影响水面交通等特点，在隧洞洞线较长、埋深较大的情况下，用盾构机施工更为经济合理。

3．沉管法

沉管法则是用来修建水底隧道、地下铁道、城市市政隧道等，以及埋深很浅的山岭隧道。沉管法是在水底预先挖好沟槽，把在陆地上特殊场地预制的适当长度的管段，浮运到沉放现场，顺序地沉放到沟槽中并进行连接，然后回填覆盖成隧道的施工方法。

沉管隧道历史至今已逾百年，世界各国采用沉管法修建或在建的水下隧道已达150余座。多数地基条件均适于沉管法施工，并能适应于纵向发生不均匀沉陷的地基。此种施工法也完全适用于地震地区。由于管段是预制的，因而沉管隧道质量更可靠，断面利用率更高。沉管隧道最主要的缺点是在沉管阶段对于河道上的船舶交通会造成影响。

10.4 地下空间综合开发利用

人类对地下空间的开发利用有着悠久的历史，经历了从自发到自觉的漫长历程。远古时代，利用天然洞穴作为防雨避风的住所。古埃及金字塔，实际上是建于公元前2650～前2500前后的一种用于墓葬的地下空间。

第二次世界大战期间，由于地下建筑物在防护方面的优越性十分明显，许多国家都将一些军事设施和工厂、仓库、油库等修建在地下。另外，将生产一些尖端的产品的车间设在地下，能够满足恒温、恒湿、防震等生产工艺上的严格要求。

随着经济的发展，对能源的需求与日俱增，从而开始了大规模的水利水电建设。有时在高山峡谷中修建水电站，由于施工场地的局限或者为了不破坏植被和生态环境，通常将水电站厂房建于地下。

由于世界人口的增长，城市面积扩大、土地减少、能源短缺、城市交通拥塞、环境污染及备战防灾诸方面的压力和问题，地下空间的开发和利用已成为建设现代化城市的重要标志，受到了人们关注的热点，视其为新的国土资源。

世界各国非常重视城市地下空间的开发与综合利用，修建了大量的地下存储库、地下停车场、地下商业街、地下文娱体育设施和用地下管线等连接为一体的地下综合建筑群体。

地下工程的优势在于：

(1) 地下工程具有良好的热稳定性和密闭性。岩土的特性是热稳定性和密闭性，这样使得地下建筑周围有一个比较稳定的温度场，对于要求恒温、恒湿、超净的生产、生活用建筑非常适宜，尤其对低温或高温状态下储存物资效果更为显著，在地下比在地面创造这样的环境容易，造价和运营费用较低。

(2) 地下工程具有良好的抗灾和防护性能。地下建筑处于一定厚度的土层或岩层的覆盖下，可免遭或减轻包括核武器在内的空袭、炮轰、爆破的破坏，同时也能较有效地抗御地震、飓风等自然灾害，以及火灾、爆炸等人为灾害。

目前城市地下空间的开发深度已达 30m 左右，有人曾大胆地估计，即使只开发相当于城市总容积 1/3 的地下空间，就等于全部城市地面建筑的容积。这足以说明，地下空间资源的潜力是很大。

地下建筑物按使用功能分类可分为：

(1) 工业建筑。包括仓库、油库、粮库、冷库、各种地下工厂(车间)，以及水、火电站、核电站的地下厂房等，见图 10-17。

(2) 仓储建筑。包括地下仓库、地下停车场(图 10-18)。

(3) 民用建筑。包括各种民防(人防)工程(人员掩蔽部、指挥所和通信枢纽、救护站和地下医院等)，一些平战结合的地下公共建筑，如地下街、车库、影剧院(见彩图)餐厅、招待所和物资储存仓库，以及地下住宅等。

图 10-17 古田溪水力发电厂

图 10-18 地下停车场

复习思考题

1. 什么叫地下工程？它的内容是什么？
2. 为什么要开发和利用地下空间？
3. 土木工程有哪些常见的基础形式？
4. 基础的类型有哪些？怎样进行基础形式的选用？
5. 浅基础按构造类型分为哪几种？一般情况下如何选用？
6. 隧道施工的方法有哪些？
7. 隧道暗挖施工方法有哪些？各有何特点？
8. 盾构法作用隧道暗挖施工方法的一种，其适用条件是什么？

第11章　土木工程材料

11.1　概　述

土木工程中所使用的各种材料及其制品统称为土木工程材料，它是一切土木工程的物质基础，任何土木工程建(构)筑物都是材料按一定的要求打造而成的，正确选择和合理使用土木工程材料，对土木工程建(构)筑物、安全、实用、美观、耐久性及造价有着重大意义。

土木工程材料的品种很多，一般分为金属材料和非金属材料两大类。金属材料包括黑色金属(钢、铁)与有色金属；非金属材料，按化学成分，则有无机(矿物质)材料与有机之分。材料也可按功能分类，一般分为结构材料(承受荷载作用的材料，如基础、柱、梁所用的材料)和功能材料(具有其他功能的材料、如起维护作用的材料、起防水作用的材料、起装饰作用的材料、起保温隔热作用的材料)。材料还可按用途分类。工程上通常根据材料组成物质的种类及化学成分将材料分为三大类，见表11-1。

表11-1　材料分类

无机材料	金属材料	黑色金属(钢、铁)、有色金属(铝、铜及其合金)
	非金属材料	天然石材(砂、石子及各种石材)、烧陶制品(烧结砖、陶瓷、玻璃等)、胶凝材料(石灰、石膏、水泥)、混凝土、砂浆及硅酸盐制品等
有机材料	植物材料	木材、竹材等
	沥青材料	石油沥青、煤沥青及其制品
	高分子材料	塑料、有机涂料、胶黏剂、合成橡胶等
复合材料	无机—无机复合材料	钢筋混凝土、砂浆等
	无机—有机复合材料	玻璃钢、铝塑管等

土木工程材料是随着人类社会生产力和科学技术水平的提高而逐步发展起来的，纵观我国历史，劳动人民在土木工程材料的生产和使用方面，曾经取得重大成就。我国历代许多著名的建筑物如万里长城、都江堰水利工程、明代故宫和一些宏伟壮观的寺庙、楼阁、塔等都说明当时我国土木工程材料特别是天然石材、砖瓦、木材、油漆和粘结材料的生产和应用技术都达到了很高水平(见图11-1)。

赵州桥

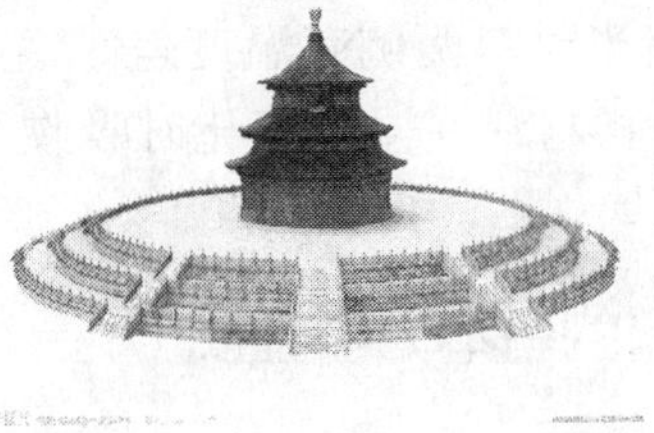

天坛祈年殿

图 11-1　保留至今的中国古建筑

11.2　土木工程材料的基本性质

土木工程建(构)筑物使用的各种材料要受到各种不同作用，从而要求材料具有相应的不同性质。用于各种承力结构中的材料，要受到各种外力的作用；长期暴露于大气中或与侵蚀介子相接触的建(构)筑物中的材料，还会受到冲刷、磨损、化学侵蚀、生物作用、干湿循环、冻融循环等破坏作用。为了保证建(构)筑物能经久耐用，要求设计人员必须掌握材料的基本性质，并能合理地选用和使用材料。

11.2.1　材料的基本物理性质

1．材料的密度、表观密度和堆积密度

密度是指材料在绝对密实状态下单位体积的质量；表观密度是材料在自然状态下单位体积的质量；堆积密度是指散粒状或纤维状材料在自然堆积状态下单位体积的质量。在土木工程中，计算材料的用量和构件的自重、进行配合比计算、确定材料堆放空间及组织运输时，经常要用到材料的密度、表观密度和堆积密度，它们之间既有联系又有区别。

2．孔隙率和空隙率

孔隙率是材料体积内孔隙体积所占的比例。孔隙率的大小直接反映了材料的致密程度，材料内部的孔隙结构特征(闭口和开口)和大小(极微细、细小、粗大)对材料的性能影响很大。空隙率则是指散粒材料在堆积状态下，其颗粒之间空隙体积占堆积体积的比例。空隙率的大小反映了散粒的颗粒互相填充的致密程度。空隙率可作为控制混凝土骨料级配与计算含砂率的依据。

3．亲水性和憎水性

亲水性和憎水性指固体材料与水接触时由于水在固体表面湿润状态不同，表现为两种不同的性质。

4．吸湿性和吸水性

吸湿性和吸水性指材料在潮湿空气中或水中吸收水分的性质。

5．耐水性

耐水性指材料长期在水的作用下不破坏、强度不明确下降的性质。

6．抗渗性与抗冻性

抗渗性指材料抵抗压力水渗透的性质；抗冻性指材料在含水状态下能经受多次冻融循环而不破坏，强度也不显著降低的性质。

7．导热性、热容量和耐燃性

导热性指当材料两侧有温度差时，热量由高温侧向低温侧传递的能力，用热导率来表示；热容量是指材料在温度变化时吸收和放出热量的能力；耐燃性指材料对火焰和高温的抵抗能力。

11.2.2 材料的基本力学性质

材料的力学性质指材料在外力作用下所引起的变化的性质。这些变化包括材料的变形和破坏。材料的变形指在外力的作用下，材料通过形状的改变来吸收能量，根据变形的特点分为弹性变形和塑性变形。材料的破坏指当外力超过材料的承受极限时，材料出现断裂等丧失使用功能的变化。根据破坏形式不同，材料可分为脆性材料和韧性材料。

1．强度

在外力作用下，材料抵抗破坏的能力称为强度。根据外力作用形式的不同，材料的强度分为抗压强度、抗拉强度、抗弯强度(或扛折强度)及抗剪强度。还有一个重要的相关概念是比强度，指材料强度与其表观密度之比。一般来说比强度越小，材料越好(轻质高强)。

2．弹性与塑性

材料在外力作用下产生变形，当外力去除后能完全恢复到原始形状的性质称为弹性。材料在外力作用下产生变形，当外力去除后，有一部分变形不能恢复，这种性质称为材料的塑性。弹性变形与塑性变形的区别在于，前者为可逆变形，后者为不可逆变形，材料的弹性与塑性跟材料承受的荷载大小有关。

3．韧性与脆性

材料受外力作用，当外力达到一定值时，材料突然发生破坏，且破坏时无明显的塑性变形，这种性质称为脆性。材料在冲击或振动荷载作用下，能吸收较大的能量，同时产生较大的变形而不破坏，这种性质称为韧性。

4．硬度

硬度是指材料表面抵抗硬物压入或刻画的能力。金属材料的硬度常用压入法测定，如布氏硬度，是以单位压痕面积上所受的压力来表示。陶瓷等材料常用刻画法测定。一般情况下，硬度越大的材料强度高、耐磨性好，但不易加工。所以，工程中有时用硬度来间接推算材料的强度。

11.2.3 材料的耐久性及绿色化

土木工程材料要求除具有良好的使用性能外，还需具有良好的环境协调性能，即具有好的耐久性、低的环境负荷值和高的可循环再生率，强调绿色环保建材。

1．材料的耐久性

材料在长期使用过程中，能保持其原有性能而不变性、不破坏的性质，称为耐久性。它是一种复杂的、综合的性质，包括材料的抗冻性、耐热性、大气稳定性和耐腐蚀性(见图 11-2)。材料在使用过程中，除受到外力作用外，还要受到环境中各种自然因素的破坏作用，这些破坏作用可分为物理作用、化学作用和生物作用。要根据材料所处的结构部位和使用环境等因素，综合考虑其耐久性，并根据各种材料的耐久性特点合理使用材料。

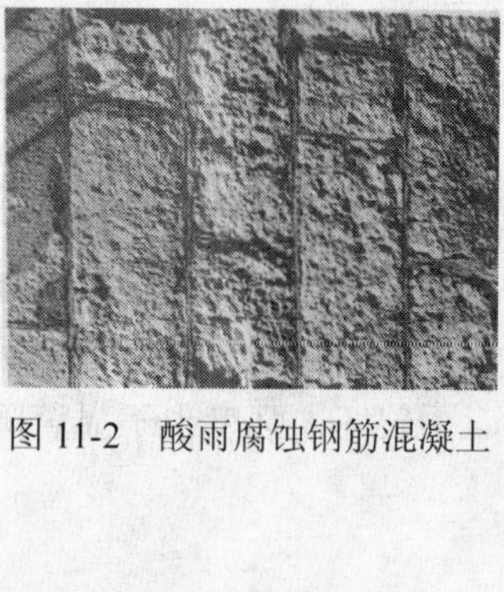

图 11-2 酸雨腐蚀钢筋混凝土

2．材料的绿色化

土木工程材料的绿色化，是指建筑工程中所使用的材料向着绿色建材方向发展，它是实现绿色建筑的重要环节之一。所谓的绿色建材就是指：材料不仅应具有令人满意的使用功能，而且在其生命周期的各个阶段还应满足环保、健康和安全等要求。

11.3 天然石材及砌筑材料

天然石材及砌筑材料是基本建筑材料。无论是古代，还是现代的土木工程领域中都处于不可替代的地位。

11.3.1 天然石材

凡采自天然岩石，经过加工或未经过加工的石材，统称为天然石材。

天然石材是最古老的土木工程材料之一，具有很高的抗压强度，良好的耐磨性和耐久性，经加工后表面美观，富于装饰性，资源分布广，储量丰富，便于就地取材，生产成本低等优点，是古今土木工程中修建城堡、桥梁、房屋、道路及水利工程的主要材料。土木工程主要应用的天然石材品种包括以下几种。

1．毛石

毛石也称片石，是采石场由爆破直接获得的形状不规则的石块。根据平整程度又将其分为乱毛石和平毛石两类。毛石可用于砌筑基础、堤坝、挡土墙，乱毛石也可用作毛石混凝土的骨料。

2．料石

料石是由人工开采或机械采出的较规则的六面体石块，再略经加工而成。根据表面加工的平整程度分为毛料石、粗料石、半细料石和细料石四种。料石一般由致密均匀的砂岩、石灰岩、花岗岩加工而成。

3．饰面石材

用于建筑物内外墙面、柱面、地面、栏杆、台阶等处装修的石材称为饰面石材。饰面石材按岩石种类主要分为大理石和花岗石两大类。饰面石材的外形可加工成平面板材，或者加工成曲面的各种定型件。表面经不同的工艺可加工成凹凸不平的毛面，或者经过精磨抛光成光彩照人的镜面。

4．混凝土用砂、石子骨料

在混凝土组成材料中，砂称为细骨料，石子称为粗骨料。石子除作为混凝土粗骨料外，也常用做路桥工程、铁道工程的路基道砟等。石子分为碎石和卵石，由天然岩石或卵石经破碎、筛分得到粒径大于 5mm 的岩石颗粒，称为碎石或碎卵石。由自然条件作用而形成的，粒径大于 5mm 的岩石颗粒，称为卵石。

砂是混凝土和砂浆的主要组成材料之一。砂一般分为天然石和人工砂两类。由自然条件作用(主要是岩石风化)而形成的，粒径在 5mm 以下的岩石颗粒，称为天然砂。人工砂是由岩石破碎而成的，由于成本高、片状及粉状物多，一般不用。

11.3.2 砌筑材料

用于基础、墙体、柱等建筑部位砌筑的材料称为砌筑材料，砌筑材料常用的有天然石材、砌墙砖、砌块等。

1. 砌墙砖

砖是一种常用的砌筑材料。砖的生产和使用在我国有着悠久的历史，有“秦砖汉瓦”之称。制砖的原料容易取得，生产工艺比较简单，价格低，体积小，便于组合，黏土砖还有防火、隔热、隔声、吸潮等优点。所以，砖至今仍然广泛地用于墙体、基础、柱等砌筑工程中。但是由于生产传统黏土砖毁田、取土量大、能耗高、砖自重大，施工生产中劳动强度高、工效低，因此，有逐步改革并用新型材料代替的必要。砖按照生产工艺分为烧结砖和非烧结砖；按所用原材料分为黏土砖、页岩砖、煤矸石砖、粉煤灰砖、炉渣砖和灰砂砖；按有无孔洞及孔洞率分为空心砖、多孔砖和普通砖(见图 11-3)。

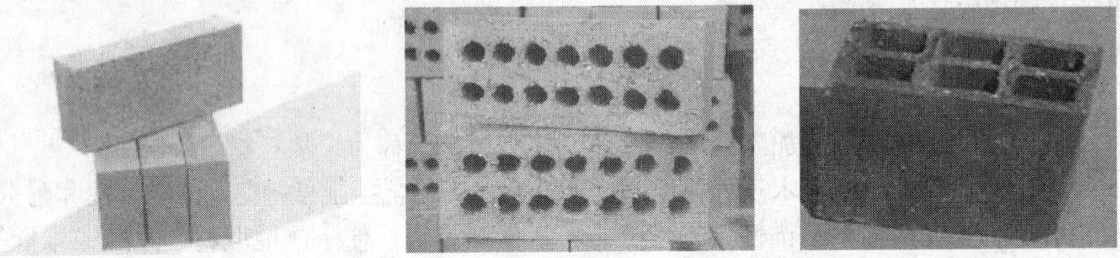

(a) 烧结普通砖　(b) 烧结多孔砖　(c) 空心砖

图 11-3　各种砌墙砖

除黏土砖外，也可利用粉煤灰、煤矸石和页岩等为原料制砖，这是由于它们的化学成分与黏土相近。

利用煤矸石和粉煤灰等工业废料制砖，不仅可以减少环境污染，节约大量良田黏土，而且可以节约大量燃料煤。显然，这是三废利用、变废为宝的有效途径。近年来国内外都在研制非烧结砖。如非烧结黏土砖是利用不适合种田的山泥、废土、砂等，加入少量的水泥或石灰作固结剂和适量水拌和压制成型，自然养护或蒸养一定时间即成。

2. 墙用砌块

砌块是用于砌筑的人造块材，外形多为直角六面体，也有各种异形的。根据砌块的长度、宽度、高度的规格尺寸大小分为小型砌块、中型砌块、大型砌块。砌块按其空心率大小分为空心砌块和实心砌块。砌块根据用途及能否承受荷载分为承重砌块及非承重砌块(见图 11-4)。

图 11-4　小型空心砌块

砌块通常又可按其所用主要原材料及生产工艺命名，如水泥混凝土砌块，粉煤灰硅酸盐混凝土砌块、多孔混凝土砌块、石膏砌块、烧结砌块等。

制作砌块能充分利用地方材料和工业废料，且制作工艺不复杂，砌块尺寸比砖大，施工方便，能有效提高劳动生产率，还可以改善墙体功能，减轻建筑自重。

11.4 无机胶凝材料

凡能在物理、化学作用下，从浆体变为坚固的石状体，并能胶结其他物料而具有一定机械强度的物质，统称为胶凝材料。胶凝材料包括有机胶凝材料与无机胶凝材料。无机胶凝材料按硬化条件不同分为气硬性胶凝材料和水硬性胶凝材料。水硬性胶凝材料如水泥，加水拌和后不仅能在空气中凝结硬化也可在水中更好地凝结硬化，并保持及发展强度。只能在空气中硬化，并保持和继续发展强度者称为气硬性胶凝材料。石灰、石膏属于气硬性胶凝材料。

11.4.1 石灰

1．石灰的生产及分类

将主要成分为碳酸钙的天然岩石，在 900～1000℃下煅烧，排出分解出的二氧化碳后，所得以 CaO 为主要成分的产品即为生石灰。将煅烧成的块状生石灰经过不同的加工，还可得到石灰的另外三种产品：生石灰粉、消石灰粉和石灰膏。

2．石灰的熟化和硬化

生石灰(CaO)与水反应生成氢氧化钙的过程称为石灰的熟化。

石灰浆体的硬化包括干燥结晶和碳化两个过程，后者过程缓慢。

3．石灰的性质与技术要求

石灰的主要性质有可塑性好；硬化缓慢、强度低；硬化时体积收缩大；耐水性差；吸湿性强。

4．石灰的应用

石灰在建筑上用途很广，主要用于制作石灰乳涂料、配制混合砂浆、拌制灰土和石灰三合土、生产硅酸盐制品。

11.4.2 石膏

我国石膏资源丰富，已探明天然石膏储量为 471.5 亿吨，居世界之首。

1．石膏的种类

(1) 天然二水石膏。天然二水石膏($CaSO_4 \cdot 2H_2O$)矿石是生产石膏胶凝材料的主要原料，纯净的天然二水石膏矿石呈无色透明或白色，但天然石膏常因含有各种杂质而呈灰色、褐色、黄色、红色和黑色等颜色。

(2) 化工石膏。化工石膏是指一些含有 $CaSO_4 \cdot 2H_2O$ 与 $CaSO_4$ 混合物的化工副产品及废渣，也可作为生产石膏的原料，如磷石膏使用的是制造磷酸时的废渣，此外还有盐石膏、硼石膏、黄石膏和钛石膏等。

(3) 天然无水石膏。天然无水石膏 $CaSO_4$ 结晶紧密，结构比天然二水石膏致密，质地较硬，难溶于水，又称为天然硬石膏。天然硬石膏一般作为生产水泥的原料。

(4) 建筑石膏(半水石膏)。建筑石膏是以 β 型半水石膏(β—$CaSO_4 \cdot 1/2H_2O$)为主要成分，不预加任何外加剂的粉状胶凝材料，主要用于制作石膏建筑制品。

(5) 高强石膏。若将二水石膏置于具有 0.13MPa、124℃的过饱和蒸汽条件下蒸压，或置于某些盐溶液中沸煮，可获得晶粒较粗、较致密的 α 型半水石膏(α—$CaSO_4 \cdot 1/2H_2O$)，这就是高强石膏。高强石膏晶粒粗大，调制成浆体需水量较小，因而强度较高。

2．建筑石膏的性质与应用

土木工程中使用最多的石膏品种是建筑石膏，建筑石膏加水拌制的浆体具有良好的可塑性、防火性能、隔热性能和吸声性能，并具有良好的装饰性和可加工性。建筑石膏的应用很广，除用于室内抹灰、粉刷外，更主要的用途是制成各种石膏制品，广泛用于各种装饰装修工程。常见的石膏制品有纸面石膏板、石膏装饰板、纤维石膏板、石膏空心条板、石膏空心砌块和石膏夹心砌块等。石膏还用来生产各种浮雕和装饰品，如浮雕饰线、艺术灯圈、角花等(见图 11-5)。

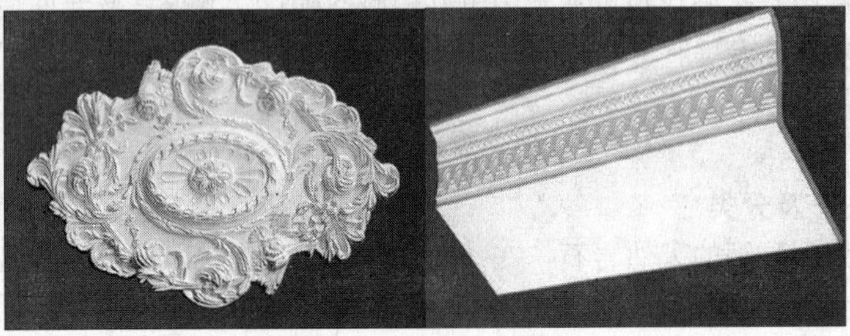

图 11-5　石膏制品的应用

11.4.3　水泥

水泥是粉状的水硬性胶凝材料，加水拌和成塑性浆体，能在空气中和水中凝结硬化，可将其他材料胶结成整体，并形成坚硬石材的材料。水泥不仅大量应用于土木工程，还广泛用于工业、农业和国防建设等工程。

1．水泥的分类

水泥按其用途及性能分为通用水泥、特性水泥和专用水泥。

水泥按其主要水硬性物质名称分为硅酸盐系水泥(波特兰水泥)、铝酸盐系水泥、硫铝酸盐系水泥、氟铝酸盐系水泥、磷酸盐系水泥以及火山灰质潜在水硬性活性材料为主要组分的水泥。

2．通用水泥

通用水泥是指用于一般土木建筑工程的硅酸盐系列水泥。根据国家标准规定，凡以硅酸盐熟料为主要成分，活性或非活性混合材料、适量石膏按一定比例混合磨细制成的水硬性胶凝材料，称为硅酸盐系列水泥。根据活性或非活性混合材料的种类和比例不同，硅酸盐系列水泥主要品种有硅酸盐水泥、普通硅酸盐水泥、矿渣硅酸盐水泥、火山灰硅酸盐水泥、粉煤灰硅酸盐水泥和复合硅酸盐水泥。

3．特性水泥和专用水泥

在实际施工中，往往会遇到一些特殊要求的工程，如紧急抢修工程、耐热耐酸工程、新旧混凝土搭接工程等。对这些工程，前面介绍的通用水泥均难满足要求，需要其他品种的水泥。特性水泥是指某种性能比较突出的水泥，如快硬硅酸盐水泥；专用水泥是指专门用途的水泥，如道路硅酸盐水泥。

4．水泥的储存、运输和保管

(1) 分类储存。不同品种、不同强度等级的水泥应分类存放，不可混杂。

(2) 防潮防水。水泥受潮后即产生水化作用，凝结成块，影响水泥的正常使用。所以运输和储存时应保持干燥。对袋装水泥，地面垫板要高出地面 30cm，四周离墙 30cm，堆放高度一般不超过 10 袋。存放散装水泥时，地面要抹水泥砂浆。

(3) 储存期过长，由于空气中的水汽、二氧化碳作用而降低水泥强度。一般来说，储存三个月后的强度降低 10%～20%。所以，通用水泥存放期一般不应超过三个月。快硬水泥、高铝水泥的规定存储期限更短(为 1～2 个月)。过期水泥，使用时必须经过重新检验，并按实测数据重新确定其强度等级。

11.5 混凝土与砂浆

11.5.1 混凝土

混凝土是当代最主要的土木工程材料之一。它是由胶结材料、骨料和水按一定比例配制，经搅拌振捣成型，在一定条件下养护而成的人造石材。混凝土具有原料丰富、价格低廉、生产工艺简单的特点，用量越来越大；同时混凝土还具有抗压强度高、耐久性好、强度等级范围宽的特点，使其使用范围十分广泛。

1．混凝土的种类与发展

混凝土的种类很多。按胶凝材料不同分为沥青混凝土、石膏混凝土及聚合物混凝土等；按表观密度不同分为重混凝土、普通混凝土、轻混凝土；按使用功能不同分为结构用混凝土、道路混凝土、水工混凝土、耐热混凝土、耐酸混凝土及防辐射混凝土等；按施工工艺不同分为喷射混凝土、泵送混凝土、振动灌浆混凝土等。

为了克服混凝土抗拉强度低的缺陷，人们还将混凝土与其他材料复合，出现了钢筋混凝土、预应力混凝土、各种纤维增强混凝土及聚合物浸渍混凝土等。此外，随着混凝土的发展和工程的需要，还出现了膨胀混凝土、加气混凝土、纤维混凝土等各种特殊功能的混凝土。泵送混凝土、商品混凝土以及新的施工工艺给混凝土施工带来方便。

目前，混凝土仍向着轻质、高强、多功能、高效能的方向发展，发展多功能复合材料、预制混凝土构件和使混凝土商品化仍是今后发展的重要方向。

2．普通混凝土

(1) 组成材料与结构。普通混凝土是由水泥、粗骨料(碎石或卵石)、细骨料(砂)和水拌和，经硬化而成的一种人造石材。其织构如图 11-6 所示。

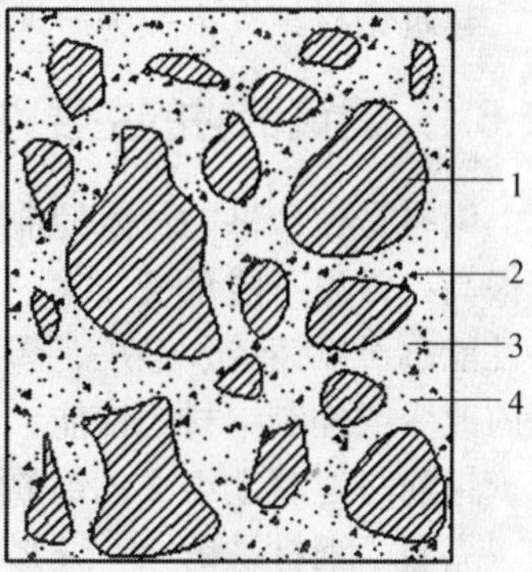

图 11-6　混凝土结构

1—石子；2—砂子；

3—水泥浆；4—气孔。

(2) 主要技术性质。混凝土的性质包括混凝土拌和物的和易性、混凝土强度、变形及耐久性等。

① 和易性是指混凝土拌和物在一定的施工条件下，便于各种施工工序的操作，以保证获得均匀密实的混凝土的性能。和易性是一项综合技术指标，包括流动性(稠度)、黏聚性和保水性三个主要方面。②强度是混凝土硬化后的主要力学性能，反映混凝土抵抗荷载的量化能力。混凝土强度包括抗拉、抗压、抗弯及握裹强度。其中以抗压强度最大、抗拉强度最小。③混凝土的变形包括非荷载作用下的变形和荷载作用下的变形。④混凝土耐久性是指混凝土在实际使用条件下抵抗各种破坏因素作用，长期保持强度和

外观完整行的能力，包括混凝土的抗冻性、抗渗性、抗蚀性及抗碳化能力等。

11.5.2 砂浆

砂浆是由胶凝材料、细骨料和水等材料按适当比例配制而成的。砂浆与混凝土的区别在于不含粗骨料，可认为砂浆是混凝土的一种特例，也可称为细骨料混凝土。砂浆常用的胶凝材料有水泥、石灰、石膏。按胶凝材料不同砂浆分为水泥砂浆、石灰砂浆和混合砂浆。混合砂浆有水泥石灰砂浆、水泥黏土砂浆和石灰黏土砂浆等。按用途分为砌筑砂浆、抹面砂浆、装饰砂浆、防水砂浆和其他特种砂浆等。

11.6 建筑钢材

土木工程中应用最广泛的金属材料是钢材，它广泛应用于铁路、桥梁、建筑工程等各种结构工程中，在国民经济建设中发挥着重要作用。

建筑钢材是指用于建筑结构的各种型材(如圆钢、角钢、工字钢等)、钢板、管材和用于钢筋混凝土中的各种钢筋、钢丝等(见图 11-7)。

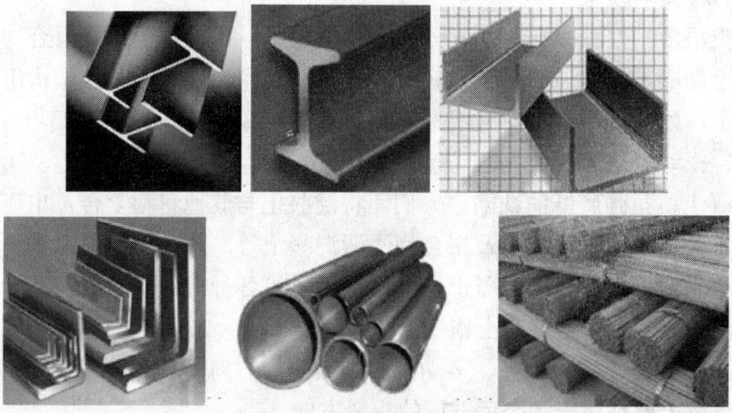

图 11-7 建筑中使用的各种钢材

建筑钢材绝大多数为普通碳素结构钢和普通低合金钢。

11.6.1 建筑钢材的主要性能

钢材是在严格的技术控制条件下生产的，品质均匀致密，抗拉、抗压、抗弯、抗剪强度都很高；常温下能承受较大的冲击和振动荷载，有一定的塑性和很好的韧性；具有良好的加工性能，可以铸造、锻压、焊接、铆接和切割，便于装配。通过热处理方法，可以在很大范围内改变或控制钢材的性能。采用各种型钢和钢板制作的钢结构，具有自重小、强度高等特点。钢筋与混凝土组成的钢筋混凝土结构，虽然自重大，但节省钢材。由于混凝土的保护作用，克服了钢材易锈蚀、维修费用高的缺点。

11.6.2 土木工程常用钢材

1. 钢结构用钢材

钢结构用钢材主要有普通碳素结构钢和低合金结构钢。

(1) 碳素结构钢。碳素结构钢指一般钢结构及工程用热轧板、钢管、钢带、型钢、棒材，按《碳素结构钢》(GB 700—1998)控制其性能。

(2) 低合金结构钢。普通低合金结构钢一般是在普通碳素结构钢的基础上，添加少量若干合金元素而成，如硅、锰、钒、钛、铌等，加入这些合金元素可使钢的强度、耐腐蚀性、耐磨性、低温冲击韧性等得到显著提高和改善。在土木工程中普通低合金结构钢的应用日益广泛，如在大跨度桥梁、大型柱网构架、电视塔、大型厅馆中成为主体结构钢材料。

2．钢筋混凝土用钢

钢筋混凝土用的钢材主要指钢筋，钢筋是土木工程中使用最多的钢材品种之一，其材质包括普通碳素钢和普通低合金钢两大类。钢筋按生产工艺性能和用途的不同可分为以下几类：

(1) 热轧钢筋。钢筋混凝土结构对热轧钢筋的要求是机械强度较高，具有一定的塑性、韧性、冷弯性和焊接性。1 级钢筋的强度较低，但塑性及焊接性好，便于冷加工，广泛用作普通钢筋混凝土工程中的非预应力钢筋；2 级与 3 级钢筋的强度较高，塑性与焊接性也较好，广泛用作大、中型钢筋混凝土结构的受力筋；4 级钢筋强度高，但塑性与焊接性较差，适宜用作预应力钢筋。

(2) 冷加工钢筋。为了提高强度以节约钢筋，工程中常按施工规范对钢筋进行冷拉或冷拔。冷拉后钢筋的强度提高，但塑性、韧性变差。因此，冷拉钢筋不宜用于受冲击或重复荷载作用的结构。冷拔低碳钢丝是用直径 3.5～8.0mm 的低碳钢筋通过拔丝机进行多次强力拉拔而成。冷拔低碳钢丝由于经过反复拉拔强化，强度提高，但塑性显著降低，脆性随之增大，已属硬钢类钢筋。

(3) 热处理钢筋。热处理钢筋是用热轧螺纹钢筋经淬火和回火的调质处理而成的，公称直径分别为 6mm、8.2mm 和 10mm，其伸长率 δ_{10} 要求均不低于 6%，热处理钢筋目前主要用于预应力钢筋混凝土。

(4) 碳素钢丝、刻痕钢丝和钢绞线。碳素钢丝、刻痕钢丝和钢绞线是预应力混凝土专用钢丝，它们由优质碳素钢经过冷加工、热处理、冷拔、绞捻等过程制得。其特点是强度高，安全可靠，便于施工。

11.7　木　　材

木材是古老而永恒的土木工程材料。古代木结构在我国历史上创建了千古不朽的功绩，由于其具有一些独特的优点，在出现众多新型土木工程材料的今天，木材仍在工程中占有重要地位，特别在装饰领域。

木材具有许多优点，如轻质高强，易于加工(如锯、刨、钻等)，有较高的弹性和韧性，能承受冲击和振动作用，导电和导热性低，木纹美丽，装饰性好等。但木材也有缺点，如构造不均匀，各向异性；易吸湿、吸水，因而产生较大的湿胀、干缩变形；易燃、易腐等。不过，这些缺陷经加工和处理后，可得到很大程度的改善。

11.7.1　木材的分类与构造

木材是由树木加工而成的，树木分为针叶树和阔叶树两大类。针叶树树干通直高大，易得大材，纹理平顺，材质均匀，木质较软而易于加工，故又称软木材。常用树种有松、杉、柏等。阔叶树树干通直部分一般较短，材质较硬，较难加工，故又称硬木材。常用树种有榆木、水曲柳、柞木等。

树木可分为树皮、木质部和髓心三个部分。而木材主要使用木质部，木质部的构造特征如下(见图 11-8)。

(1) 边材、心材。在木质部中，靠近髓心的部分颜色较深，称为心材。心材含水量较少，不易翘曲变形，抗腐蚀性较强。外面部分颜色较浅，称为边材。边材含水量高，易干燥，也易被湿润，所以容易翘曲变形，抗腐蚀性也不如心材。

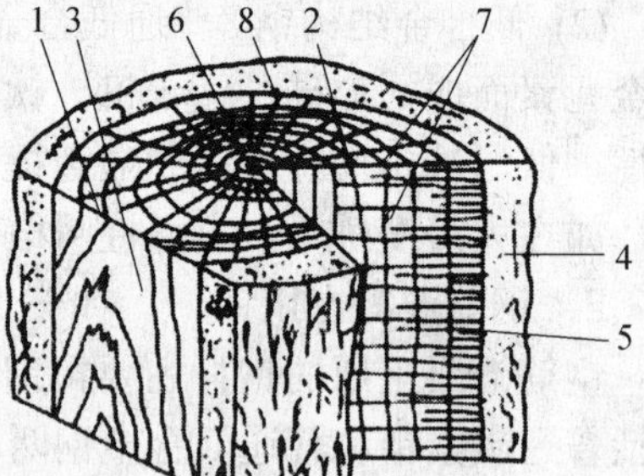

图 11-8　木材宏观构造

1—横切面；2—径切面；3—弦切面；
4—树皮；5—木质部；
6—髓心；7—髓线；8—年轮。

(2) 年轮、春材、夏材。横切面上可以看到深浅相间的同心圆，称为年轮。年轮中浅色部分是树木在春季生长的，由于生长快，细胞大而排列疏松，细胞壁较薄，颜色较浅，称为春材(早材)；深色部分是树木在夏季生长的，由于生长迟缓，细胞小，细胞壁较厚，组织紧密坚实，颜色较深，称为夏材(晚材)。每一年轮内就是树木一年的生长部分。年轮中夏材所占的比例越大，木材的强度就越高。

(3) 髓心、髓线。第一年轮组成的初生木质部称为髓心(树心)，从髓心成放射状横穿过年轮的条纹，称为髓线。髓心材质松软，强度低，易腐蚀开裂。髓线与周围细胞联结较软弱，在干燥过程中，木材易沿髓线开裂。

11.7.2　木材的主要性质

木材的性质包括物理性质和力学性质，如含水率、湿胀干缩、密度和强度等。强度包括抗压、抗拉、抗弯和抗剪切四种。其中抗拉、抗压、抗剪强度又有顺纹和横纹之分。顺纹和横纹强度有很大的差别。

影响木材强度的主要因素为含水率(一般含水率高、强度低)，温度(温度高、强度低)，荷载作用时间(持续荷载时间长、强度下降)及木材的缺陷(木节、腐朽、裂纹、翘曲、病虫害等)。

11.7.3　木材的应用

木材在土木工程材料领域是一种供不应求的材料。我国是少林国家，树木生长速度缓慢，环境保护需要和建设事业大量耗用木材的矛盾十分突出。因此，要求土木工程中在经济合理的条件下，尽可能地少用木材，避免大材小用、长材短用、优材劣用。充分利用木材的边角废料，生产各种人造板材，提高木材的综合利用率。

木材的综合利用就是将木材加工过程中的边角、碎料、刨花、木屑、锯末等，经过再加工处理，制成各种人造板材。人造板材的主要品种有胶合板、纤维板、刨花板等。近年来，利用植物废料加工的各种人造板材相继问世，不但节约了木材，也推动了土木工程材料领域的发展。

11.8　其他功能材料

11.8.1　建筑防水材料

防水材料是指防止建筑工程结构受雨水、地下水、生活用水侵蚀的材料，建筑防水材料依据其外观形态可分为防水卷材、防水涂料、密封材料和刚性防水材料四大类。

防水卷材是建筑工程防水材料的主要品种之一，目前我国防水卷材是使用最广泛的防水材料，其主要指标有耐水性、温度稳定性、机械强度、延伸性、柔韧性和大气稳定性。目前的防水卷材主要包括沥青防水卷材、高聚物改性沥青防水卷材和合成高分子防水卷材三大类。主要品种有石油沥青纸胎油毡、SBS改性沥青防水卷材、聚氯乙烯防水卷材等。

防水涂料在硬化前呈粘稠状液态，经涂布固化后能形成无接缝的防水涂膜。不仅能在水平面上，而且能在立面、阴阳面及各种复杂表面进行防水施工，并形成无接缝的完整的防水、防潮的膜。防水涂料按液态组分和成分分类，可分为溶剂型、水乳型和反应型三大类。防水涂料广泛适用于工业与民用建筑的屋面防水工程、地下室防水工程和地面防潮、防渗等。主要品种有沥青胶、冷底子油、乳化石油沥青等。

11.8.2 绝热材料

在建筑中，习惯上把用于控制室内热量外流的材料称为保温材料；把防止室外热量进入室内的材料称为隔热材料。保温、隔热材料统称为绝热材料。

1．绝热材料的性能要求

导热性指材料传递热量的能力。材料的导热能力用热导率表示。热导率的物理意义为：在稳定传热条件下，当材料层单位厚度内的温差为1℃时，在1小时内通过1平方米表面积的热量。材料热导率越大，导热性越好。工程上将热导率$\lambda<0.23$(W/m・K)的材料称为绝热材料。

绝热材料除应具有较小的热导率外，还应具有适宜的或一定的强度、抗冻性、耐水性、防火性、耐燃性和耐低温性、耐腐蚀性，有时还需具有较小的吸湿性和吸水性。

室内外之间的热交换除了通过材料的热传导方式外，辐射传热也是一种重要的传热方式。铝箔等金属薄膜，由于具有很强的反射能力，具有隔绝热辐射传热的作用，因而也是理想的绝热材料。

2．绝热材料的种类

绝热材料按照它们的化学组成可以分为无机绝热材料和有机绝热材料。常用无机绝热材料有多孔轻质类无机绝热材料、纤维状无机绝热材料和泡沫状无机绝热材料；常用有机绝热材料有泡沫塑料和硬质泡沫橡胶。

11.8.3 吸声材料

当声波遇到材料表面时，被吸收声能与入射声能之比，称为吸声系数，通常取125Hz、150 Hz、500 Hz、1000 Hz、2000 Hz、4000 Hz六个频率的吸声系数来表示材料的吸声频率特性。凡六个频率的平均吸声系数大于0.2的材料，称为吸声材料。

吸声材料的性能与材料的表观密度、孔隙特征、材料的厚度等有关。如孔隙越多越细小，吸声性能越好。大多数吸声材料的强度较低，因此，吸声材料应设置在护壁台面以上，以免撞坏。多孔吸声材料易于吸湿，安装时应考虑胀缩的影响。

11.8.4 隔声材料

建筑上把主要起隔绝声音作用的材料称为隔声材料。隔声材料主要用于外墙、门窗、隔墙以及隔断等。隔声分为隔绝空气声(通过空气传播的声音)和隔绝固体声音(通过撞击或振动传递的声音)两类，两者的隔声原理截然不同。

固体声的隔绝主要是吸收，这和吸声材料是一致的；而空气声的隔绝主要是反射，因此必须选择密实沉重的材料(如黏土砖、钢板等)作为隔声材料。

11.8.5 建筑装饰材料

1．建筑装饰材料的分类

建筑装饰材料通常按照在建筑中的装饰部位分类，也可按材料的组成来分类。常用的装饰材料有木材、塑料、石膏、铝合金、塑铝等装饰材料，此外还有涂料、玻璃制品、陶瓷、饰面石材等。

2．建筑装饰材料的基本要求

建筑装饰材料的基本要求除了颜色、光泽、透明度、表面组织及形状尺寸等美感方面外，还应根据不同的装饰目的和部位，要求具有一定的环保、强度、硬度、防火性、阻燃性、耐水性、抗冻性、耐污染性、耐蚀性等性能。为了加强对室内装饰装修材料污染的控制，保障人民群众的身体健康和人身安全，国家制定了《建筑材料放射性核素限量》(GB 6566—2001)以及关于室内装饰装修材料有害物质限量等 10 项国家标准，并于 2002 年正式实施。

3．常用的建筑装饰材料

1) 建筑玻璃

玻璃是以石英砂、纯碱、长石、石灰等为主要原料，经熔融、成型冷却、固化后得到的透明非晶体无机物。普通玻璃的化学组成主要是 SiO_2、Na_2O、K_2O、AL_2O_3 和 CaO 等，主要有平板玻璃、钢化玻璃、压花玻璃、磨砂玻璃、有色玻璃、玻璃空心砖、夹层玻璃、中空玻璃、玻璃马赛克等。

2) 建筑陶瓷

凡以黏土、长石、石英为基本原料，经配料、制坯、干燥、焙烧而制得的成品，统称为陶瓷制品。用于建筑工程陶瓷制品，则称为建筑陶瓷，主要包括釉面砖、地面砖、陶瓷锦砖、卫生陶瓷等，见图 11-9。

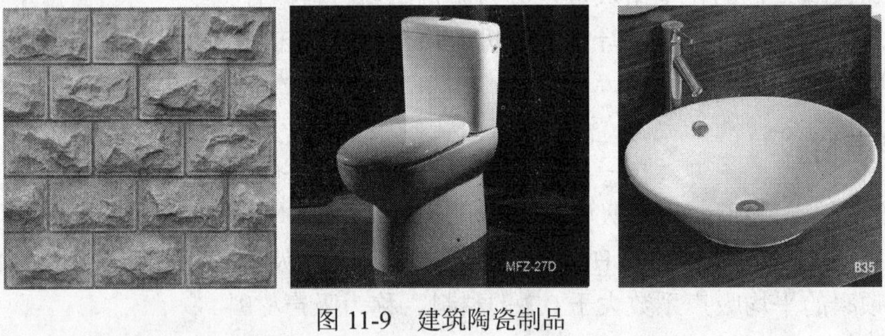

图 11-9　建筑陶瓷制品

建筑陶瓷的主要技术性质包括外观质量、机械性能、与水有关的性能、热性能和化学性能。

3) 建筑装饰涂料

建筑装饰涂料是指能涂于建筑物表面，并能形成黏结性涂膜，从而对建筑物起到保护、装饰或使其具有某些特殊功能的材料，如防火、防水、吸声隔声、隔热保温、防辐射等。建筑涂料品种繁多，按在建筑上使用的部位不同来分类，主要有地面涂料、防水涂料、防火涂料、特种涂料。

常见的建筑涂料有合成树脂乳液砂壁状建筑涂料、复层涂料合成树脂乳液内外墙涂料、溶剂型外墙涂料、无机建筑涂料和聚乙烯醇水玻璃内墙涂料等。

4) 装饰石材

(1) 天然装饰石材。天然装饰石材结构致密、抗压强度高，耐水、耐磨、装饰性、耐久性好，主要用于装饰等级要求高的工程中。建筑装饰用的天然石材主要有花岗石和大理石装饰板材和园林石材。

(2) 人造装饰石材。人造装饰石材一般指人造花岗石和人造大理石。其颜色和花纹可根据要求设计制作，具有天然石材的质感，而且重量轻、强度高、耐磨、耐污染、可锯切、钻孔、施工方便。人造装饰石材适用于墙面、门套和柱面装饰，也可用于工作台面及各种卫生洁具，还可以加工成浮雕、工艺品等。

5) 建筑塑料装饰制品

建筑塑料装饰制品是目前应用最广泛的装饰材料，主要制品有塑料壁纸、塑料地板、塑料地毯、塑料装饰板等。此外，常用的装饰材料还有木材与竹材、装饰金属等。

11.8.6 建筑功能材料的发展

建筑功能材发展迅速，且在三个方面有较大的发展：一是注重环境协调性，注重健康环保；二是复合多功能；三是智能化。

1．绿色建筑功能材料

绿色建材又称生态建材、环保建材，其本质内涵是相同的，即采取清洁生产技术，少用天然资源和能源，大量使用工农业或城市废弃物，生产无毒害、无污染、可回收再用，有利于环境保护和人体健康的建筑材料。

2．复合多功能建材

复合多功能建材是指材料在满足某一主要的建筑功能的基础上附加了其他实用功能的建筑材料，如抗菌自洁涂料既能满足一般建筑涂料对建筑主体结构材料的保护和装饰墙面的作用，又具有抵抗细菌生长和自动清洁墙面的附加功能，使得人类的居住环境质量进一步提高，满足人们对健康居住环境的要求。

复习思考题

1. 什么是土木工程材料？举例说明其发展的重要性。
2. 土木工程材料的基本性质有哪些？
3. 什么是材料的耐久性？
4. 什么是胶凝材料？什么是水硬性胶凝材料？什么是气硬性胶凝材料？
5. 什么是混凝土？什么是砂浆？
6. 土木工程中常用的钢材有哪些？
7. 木材的主要性质有哪些？

第 12 章　土木工程施工

土木工程的施工范围广泛，内容极为丰富，包括土石方工程、基础工程、砌筑工程、钢筋混凝土工程、防水工程及装饰装修工程等。进行施工时，必须做好施工组织设计。

12.1　土 方 工 程

土方工程是土木工程中重要内容之一，涉及面十分广泛，包括建筑工程、道路工程、隧道工程等。建筑工程中常见的土方工程有场地平整、基坑(槽)开挖、地坪填土、路基填筑及基坑回填等。

土方工程施工的特点是面广量大、劳动繁重、工期长、施工条件复杂。有些大型建设项目的场地平整，土方施工面积可达数十平方千米，有些大型基坑的开挖深度达 20m～50m。土方工程多为露天作业，土、石是一种天然物质，成分较为复杂。因此，在施工前应该做好调查研究，并根据本地区的工程及水文地质情况以及气候、环境等特点，制定合理的施工方案组织施工。

12.1.1　土方开挖

土方开挖是一种常见的土方工程，包括建筑基础及基坑开挖等项目。在土方开挖施工中首先需要计算土方开挖量，其次要制定开挖方案及选择开挖机械，如果开挖的底面标高低于地下水位的基坑(或沟槽)，地下水就会不断流出而影响施工；如果开挖深度过大，超过了土体自身的稳定能力，则需要采取措施保持土体稳定。

1．排水、施工降水

开挖深度低于地下水位的基坑时，地下水会不断渗入坑内；雨季施工时地面水也会流入坑内。如果不及时排出坑内的水，不但会使施工条件恶化，而且更严重的是会造成边坡塌方和坑底地基土承载能力下降。因此，在基坑开挖前和开挖时，做好施工排水和降低地下水位工作，保持土体干燥十分必要。

基坑降水的方法有集水坑降水法和井点降水法。集水坑降水法一般用于降水深度较小且无细砂、粉砂的情况。如果降水深度较大，或地层中有流沙，或在软土地区，应尽可能采用井点降水法。

(1) 集水坑降水法。集水坑降水法是目前常用的一种降水方法。它是在基坑开挖过程中，在基坑设置集水坑并沿基坑底的周围或中央开挖排水沟，使水流入集水坑中，然后用水泵抽走，如图 12-1 所示。

(2) 井点降水法。井点降水法，就是在基坑开挖前，在基坑四周埋设一定数量的滤水管(井)，利用抽水设备抽水，使地下水位降低至坑底以下，并在基坑开挖过程中不断抽水，使所挖的土始终保持干燥状态，如图 12-2 所示。

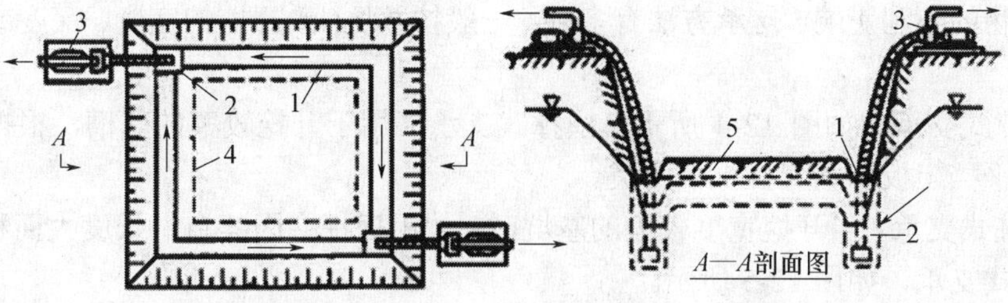

(a) 平面图　　(b) 剖面图

图 12-1　集水坑降水法

1—排水沟；2—集水坑；3—水泵；4—基础外边线；5—地下水位线。

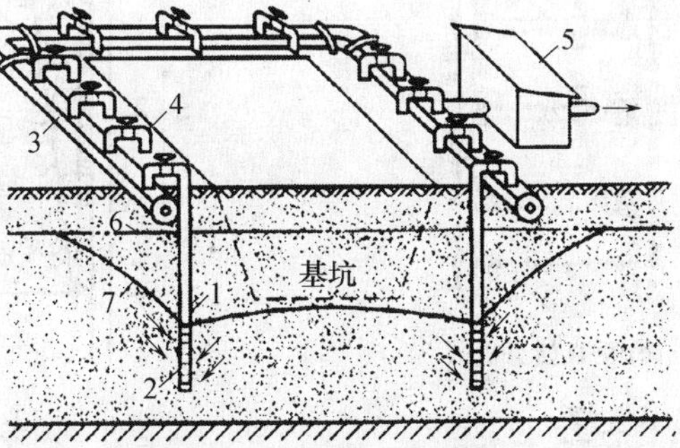

图 12-2　井点降水示意图

1—井点管；2—滤水管；3—总管；4—弯联管；5—水泵房；6—原地下水位线；7—降低后的地下水位线。

2．土方边坡与土壁支护

1) 土方边坡

土方工程施工过程中，土壁主要依靠土体的内摩擦力和内聚力来保持平衡，一旦土体在外力作用下失去平衡，就会出项土壁坍塌，即塌方事故，不仅妨碍土方工程施工，造成人员伤亡，还会危及附近建筑物、道路及地下管线的安全，后果严重。

为了防止土壁塌方，保持土体稳定，保证施工安全，在土方施工中，对挖方或填发的边缘，应做成一定坡度的边坡。由于条件限制不能放坡或为了减少土方工程量而不放坡时，可设置土壁支护结构，以确保施工安全。

土方边坡用挖方深度(或填方高度)H与其边坡宽度B之比来表示，即土方边坡坡度$=1/m=H/B$，m称为坡度系数。边坡可以做成直线型边坡、阶梯型边坡及折线型边坡，如图 12-3 所示。

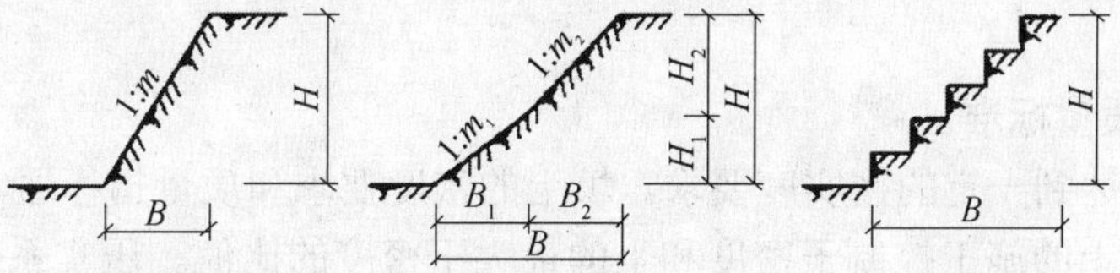

图 12-3　土方边坡

2) 土壁支护

当开挖基坑(槽)受地质或场地条件的限制不能放坡，或为减少放坡土方量，以及有防止地下水渗入基坑(槽)的要求时，可采取加设支承的方法，以保证施工的顺利和安全，并减少对相邻已有建筑物的不利影响。支承方法有多种，一般按基坑(槽)开挖的宽度、深度或土质情况来选择。

(1) 横撑式支承。如图 12-4 所示，横撑式支承多用于开挖较窄的基槽，根据挡土板的不同，分为水平挡土板和垂直挡土板两类。

(2) 锚桩式支承。当开挖宽度较大的基坑时，如用横撑会因其自由长度大而稳定性差，此时可用锚桩式支承，如图 12-5 所示。

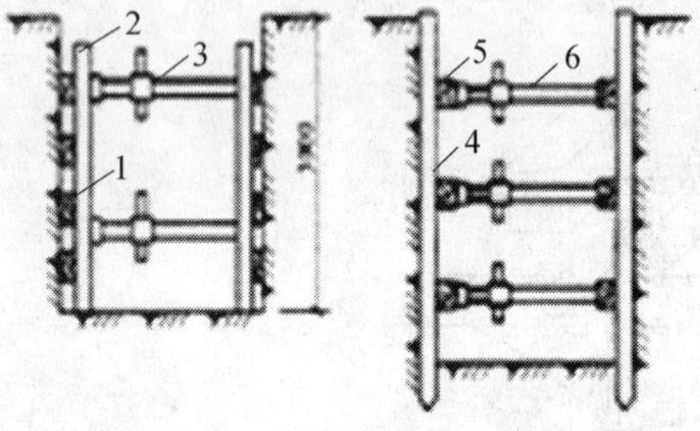

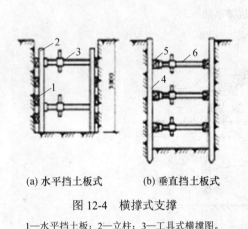

(a) 水平挡土板式　　(b) 垂直挡土板式

图 12-4　横撑式支撑

1—水平挡土板；2—立柱；3—工具式横撑图。

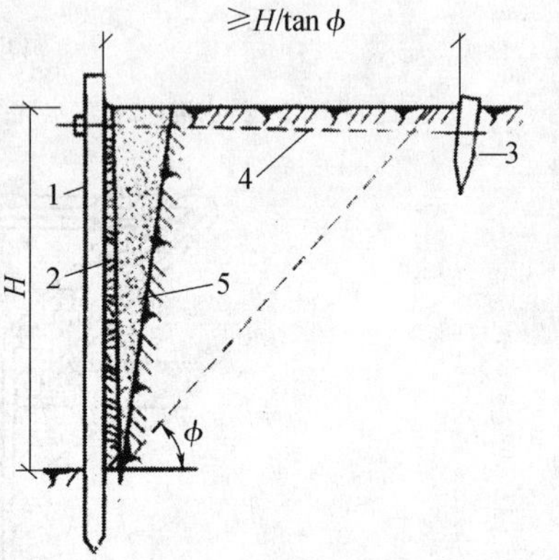

图 12-5　锚桩式支撑

1—桩柱；2—挡土板；3—锚桩；4—拉杆；5—填土。

(3) 板桩支承。在土质差、地下水位高的情况下，开挖深且大的基坑时常采用板桩作为土壁的支护结构。它既可以挡土也可以挡水，又可以避免流沙的产生，防止邻近地面沉降。

12.1.2　场地平整

场地平整是土木工程施工中常见的土方工程，场地平整的规模有大有小，大型场地平整面积可达几平方千米至数十平方千米，小型的可为数百平方米至数千平方米。场地平整的施工程序是：确定场地设计标高，计算土方量，确定零线，划分土方调配区，选定最优方案，选定施工机械，拟定施工方案，土方开挖及土方填筑。

12.1.3　土方填筑与压实

为了保证填土的强度和稳定性，必须正确选择回填土料和填筑方法，以满足填土压实的质量要求。

1．填土压实质量标准

填土压实后要达到一定的密实度要求。填土的密度要求和质量指标通常以压实系数 λ 表示。压实系数是填土的施工控制干密度和土的最大干密度的比值。压实系数一般根据工程结构性质、使用要求以及土的性质确定。

黏性土或排水不良的砂土的最大干密度宜采用击实试验确定。

施工前，应求出现场各种填料的最大干密度，然后乘以设计的压实系数，求得施工控制干密度，作为检查施工质量的依据。

填土压实后土的实际干密度，可采用环刀法取样。试样取出后，先测出土的湿密度并测定其含水量，然后按下式计算土的实际干密度ρ_0。

$$\rho_0 = \eta \frac{\rho}{1+0.01W} \tag{12-2}$$

式中　ρ——土的湿密度(g/cm^3)；

W——经验系数，黏土取 0.95，粉质黏土取 0.96，粉土取 0.9。

如用式(12-1)算得的土的实际干密度$\rho_0 \geqslant \rho_d$(ρ_d为施工控制干密度)，则压实合格；若$\rho_0 < \rho_d$，则压实不够，应采取相应措施，提高压实质量。

2．填方土料的选择和填筑要求

含水量大的黏土、冻土、有机物含量(以质量计)大于 8%的土和水溶性硫酸盐含量(以质量计)大于 5%的土均不得用作回填土料。填土应分层进行，尽量采用同类土回填。换土回填时，必须将透水性较小的土置于透水性较大的土层之上，不得将各类土料任意混杂使用。填方土层应接近水平地分层压实。

3．填土压实方法

填土压实方法有碾压法、夯实法和振动压实法。平整场地等大面积填土工程采用碾压法，较小面积的填土工程采用夯实法和振动压实法。

4．影响填土压实质量的因素

影响填土压实质量的因素很多，其中主要有土的压实功、含水量及铺土厚度。

(1) 压实功。压实功指压实机械对被压实的土所做的功，其大小由压实机械的一次施压能量和压实遍数决定。同一种碾压或夯实机械施工时，一般以选择碾压或夯击遍数来确定压实功的大小。当土的含水量一定，随着所耗压实功的增加，土的密度增加量逐渐变小。因此，施工中保证基本的压实遍数是必要的。但过多增加遍数，耗工虽多，效果却不明显。

(2) 含水量。土的含水量对其压实效果起着重要作用。当土较干燥时，水分在土颗粒间起到润滑作用，使摩阻力减小而易压实；当土的含水量过大时，由于土压实后并不能挤出土中水分，同样也会降低土的密度。当含水量为某一值时，在同样的压实下所得到的密度最大，此含水量称为土的最优含水量，即处于最优含水量的土最容易压实。

(3) 铺土厚度。铺土厚度指分层填土压实时，每层虚铺土的厚度。土在压实功的作用下，其应力随深度增加而逐渐减小。铺土过厚，要压很多遍才能达到规定的密实度；铺土过薄，则也要增加机械的总压实遍数。最优的铺土厚度应能使各层土均满足压实要求而总的机械功耗费最小。

12.1.4　土方工程机械化施工

人工挖土不仅劳动繁重，而且劳动生产率低，工期长，成本较高。因此，在土方工程施工中应尽量采用机械化、半机械化的施工方法，以减轻繁重的体力劳动，加快施工进度，降低工程成本。

常用的土方机械有推土机、铲运机、单斗挖土机等。推土机能单独地进行挖土、运土和卸土工作。铲运机是一种能综合完成全部土方施工工序的机械。常用的单斗挖土机有正铲、反铲、拉铲和抓铲四种，如图 12-6 所示。

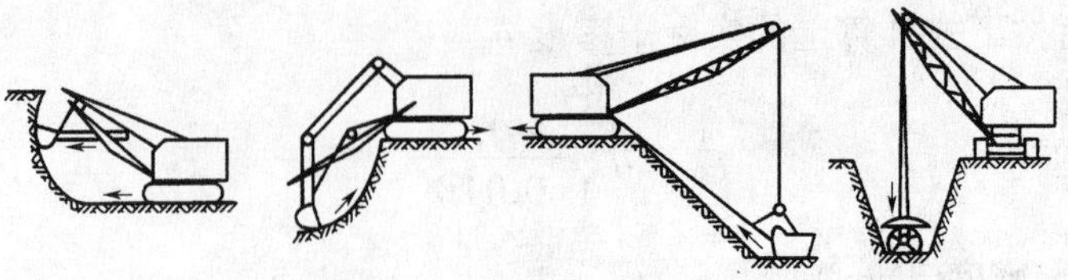

(a) 正铲挖土机　(b) 反铲挖土机　(c) 拉铲挖土机　(d) 抓铲挖土机

图 12-6　单斗挖土机种类

12.2　基础工程

在土木工程建设中，当天然地基的强度和变形不能满足工程要求时，需要采用深基础，以满足工程建设的需要。常用的深基础有桩基础、沉井基础、地下连续墙等，其中桩基础应用最广。

桩基是一种常用的深基础形式，它由桩和桩顶承台组成。按桩的受力情况，桩分为摩擦桩和端承桩两类。摩擦桩桩上的荷载由桩侧摩擦力和桩端阻力共同承担；端承桩桩上的荷载主要由桩端阻力承受。按桩的施工方法，桩分为预制桩和灌注桩两类。

12.2.1　钢筋混凝土预制桩

钢筋混凝土预制桩能承受较大的荷载，施工速度快，可以制成各种需要的断面及长度，桩的制作及沉桩工艺简单，不受地下水位高低变化的影响。其应在混凝土达到设计强度标准值的 75%时方可起吊，到达 100%时方能运输和沉桩。桩方法有锤击沉桩、静压沉桩、振动沉桩和水冲沉桩。为保证预制桩沉桩施工的质量，沉桩施工时应做好准备工作及确定合理的沉桩顺序。

1．准备工作

清除妨碍施工的地上、地下障碍物；平整场地；定位放线；设置供电供水系统；安装沉桩机械；确定沉桩顺序等。

2．沉桩顺序

为了使桩能顺利地达到设计标高，保证质量和进度，减少因沉桩先后造成的挤压效应和变位，防止周围建筑物被破坏，沉桩前应根据桩的规格、入土深度、桩的密集程度和桩机在场地内的移动方便来拟定沉桩顺序。根据群桩的密集程度，可选择如下沉桩顺序：自一侧向单一方向进行(见图 12-7(a))；自中间向两个方向对称进行(见图 12-7(b))；自中间向四周进行(见图 12-7(c))。

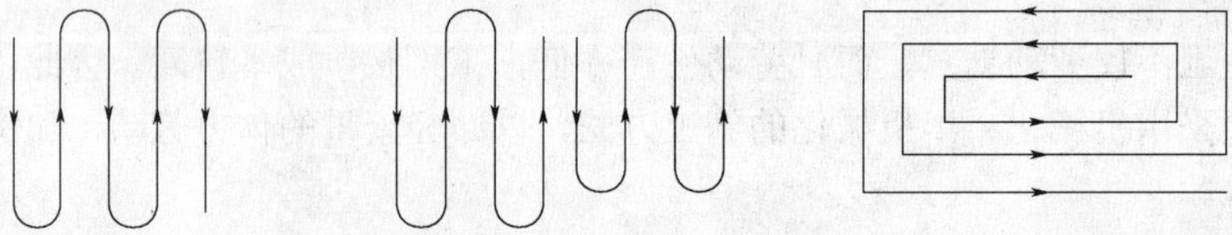

(a) 自一侧向单一方向进行　(b) 自中间向两个方向对称进行　(c) 自中间向四周进行

图 12-7　沉桩顺序

3．就位

沉桩设备就位后，将桩提起使桩尖对准桩位缓慢放下插入土中，这时桩的垂直度偏差不超过 0.5%。桩就位后，锤击沉桩时，在桩锤自重的作用下，桩将沉入土中一定深度，待下沉稳定后，再次校正桩位和垂直度后，即可开始打桩。

4．沉桩的质量控制

沉桩的质量控制包括两方面的要求：一是满足贯入度(终压力)及桩尖标高或入土深度要求；二是桩的位偏差是否在允许的范围内。

12.2.2 混凝土及钢筋混凝土灌注桩施工

混凝土及钢筋混凝土灌注桩按成孔的方法不同有泥浆护壁成孔灌注桩、干作业成孔灌注桩、套管成孔灌注桩、爆扩成孔灌注桩及人工挖孔灌注桩等。

1．泥浆护壁成孔灌注桩

泥浆护壁成孔灌注桩是指采用泥浆保护孔壁排出土后成孔，泥浆在成孔过程中所起的作用是：护壁、携渣、冷却和润滑，其中以护壁作用最为主要。泥浆护壁成孔灌注桩成孔方法有冲击成孔法、冲抓锥成孔法和潜水电钻成孔法三种。

钻到设计标高，成孔完成后，需进行清孔。清孔的目的是防止灌注桩沉降加大，承载能力降低。清孔合格后放入钢筋笼，接下来灌注混凝土。由于采用泥浆护壁成孔法在成孔后孔内还充满水或泥浆，为保证混凝土灌注质量，需采用水下浇筑混凝土的方法，方法有很多种，常用导管法。如图 12-8 所示。

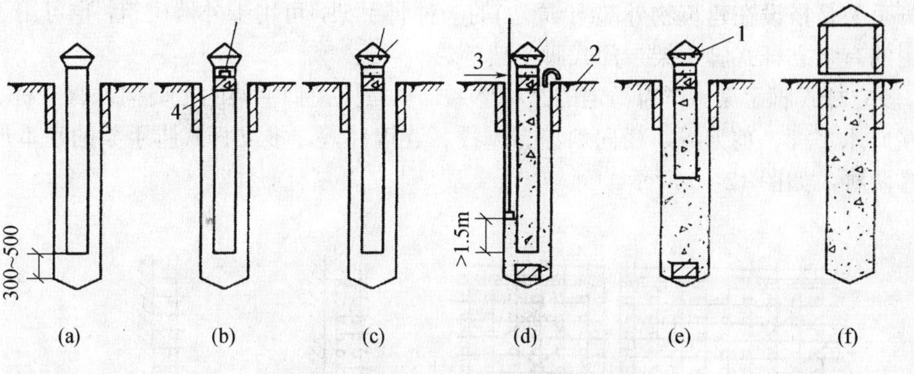

图 12-8 导管法水下灌注混凝土施工

(a) 安放导管；(b) 悬挂隔水塞，使其与导管水面贴紧；(c) 灌入混凝土；
(d) 剪断铁丝隔水塞下落；(e) 连续浇筑混凝土，上提导管；(f) 混凝土浇筑完毕，拔出导管。
1—漏斗；2—浇筑混凝土过程中排水；3—测绳；4—隔水塞。

2．套管成孔灌注桩

套管成孔灌注桩是目前采用比较广泛的一种灌注桩。按其成孔方式不同，可分为振动沉管灌注桩和锤击沉管灌注桩。这种灌注桩的施工工艺是采用振动沉管打桩机或锤击沉管打桩机，将带有活瓣式桩尖，或预制钢筋混凝土桩尖的钢制套管沉入土中，然后在钢管内放入钢筋骨架，边浇注混凝土边振动或锤击拔出钢套管而形成灌注桩。其施工过程如图 12-9 所示。套管成孔灌注桩施工时常发生断桩、径缩桩、吊脚桩、夹泥桩、桩尖进泥进水的问题。

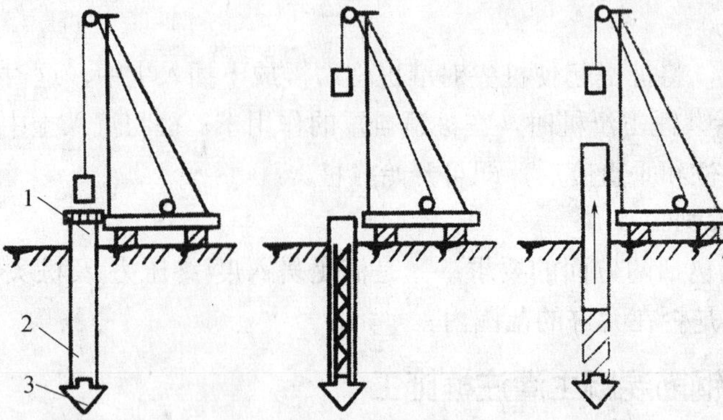

(a) 钢管打入土中　　(b) 放入钢筋笼　　(c) 灌入混凝土拔出钢管

图 12-9　沉管注桩施工

1—桩冒；2—钢管；3—桩尖。

12.3　脚手架及垂直运输设施

12.3.1　砌筑用脚手架

砌筑用脚手架是为砌筑工程施工而搭设的堆放材料和工人施工作业用的临时结构架，它直接影响工程质量、施工安全和砌筑的劳动生产率。

1．外脚手架

外脚手架是搭设在建筑物外部(沿周边)的一种脚手架，可用于外墙砌筑，也可用于外墙装饰。常用的有多立杆式脚手架、门式脚手架等。

(1) 多立杆式脚手架。作为稳定的结构体系，多立杆式脚手架的主要构件有立杆、纵向水平杆、横向水平杆、剪刀撑、横向斜撑、抛撑、连墙件等。多立杆式脚手架的基本形式有单排、双排两种，如图 12-10 所示。

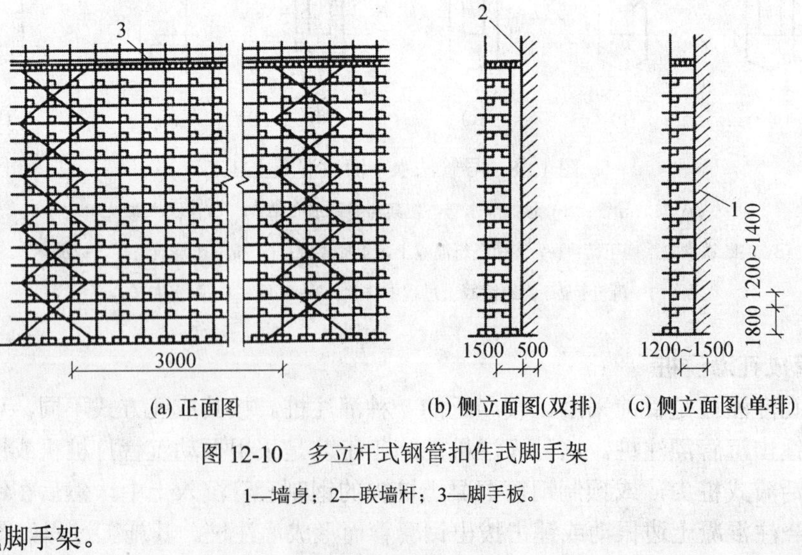

(a) 正面图　　(b) 侧立面图(双排)　　(c) 侧立面图(单排)

图 12-10　多立杆式钢管扣件式脚手架

1—墙身；2—联墙杆；3—脚手板。

(2) 门式脚手架。

门式脚手架是目前国际上应用较为普遍的脚手架之一。门架是门式脚手架的主要构件，由立杆、横杆及加强杆焊接组成，如图 12-11 所示。

2．内脚手架

内脚手架是搭设在建筑物内部地面或楼面上的脚手架，可用于结构层内砌墙、内装饰等。由于需要施工进度频繁装拆、转移，所以内脚手架应轻便灵活、装拆方便。

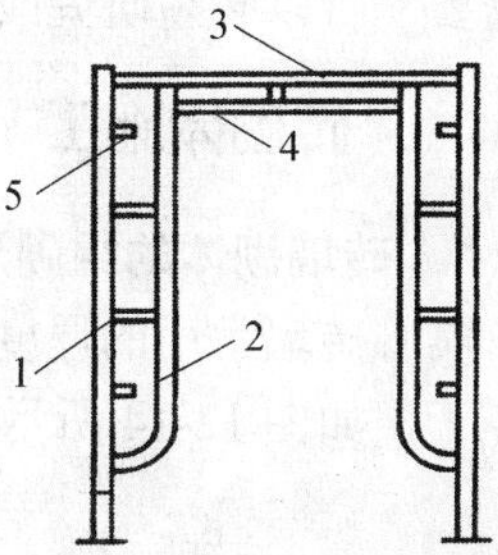

图 12-11　门式脚手架单元

1—立杆；2—立杆加强杆；3—横杆；4—横杆加强杆；5—锁销。

12.3.2　垂直运输设施

砌筑工程需要使用垂直运输机械将各种材料(砖、砌块、砂浆)、工具(脚手架、脚手板、灰槽等)运至施工楼层。目前砌筑工程常用的垂直运输机械有：轻型塔式起重机、井架(低架)、龙门架等。

1．井架

井架是砌筑工程垂直运输的常用设备之一。它可采用型钢或钢管加工成的定型产品，也可用脚手架部件(扣件式钢管脚手架、框组式脚手架等)搭设。图 12-12 所示为普通型钢井架示意图。

2．龙门架

龙门架由两根立柱及横梁(天轮梁)组成。在龙门架上装设滑轮(天轮和地轮)、导轨、吊盘(上料平台)、安全装置(制动停靠装置和上极限位器等)、起重索及揽风绳等，构成一个完整的垂直运输体系，见图 12-13。

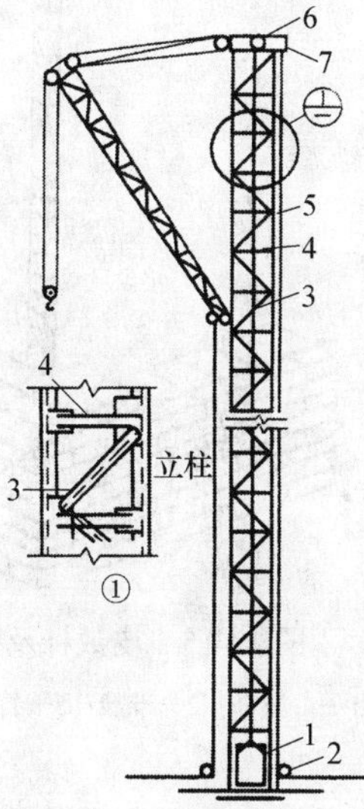

图 12-12　普通型钢井架

1—吊盘；2—导向滑轮；3—斜撑；4—揽风绳；5—天轮。

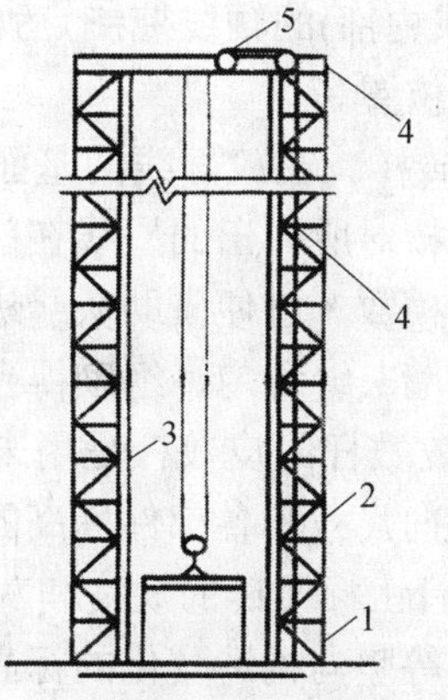

图 12-13　龙门架

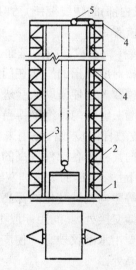

1—地轮；2—立柱；3—导轨；4—平撑；5—立柱；6—天轮；7—揽风绳。

12.4　砌 筑 工 程

砌筑工程包括砖石砌体工程和砌块砌体工程，是建筑结构的主要结构形式之一。砖石砌筑在我国有着悠久的历史，它取材方便、技术简单、造价低廉，在工业和民用建筑以及构筑物工程中广泛采用。但砖石砌筑工程生产效率低、劳动强度大，难以适应现代化建筑工业化的需要，所以必须研究改善砌筑工程的施工工艺，合理组织砌筑施工。

12.4.1 砖砌体施工

1. 砖墙砌体的组砌形式

实心砖墙常用的厚度有一砖、一砖半、二砖半等，组砌形式通常有一顺一丁、三顺一丁、梅花丁，如图 12-14 所示。

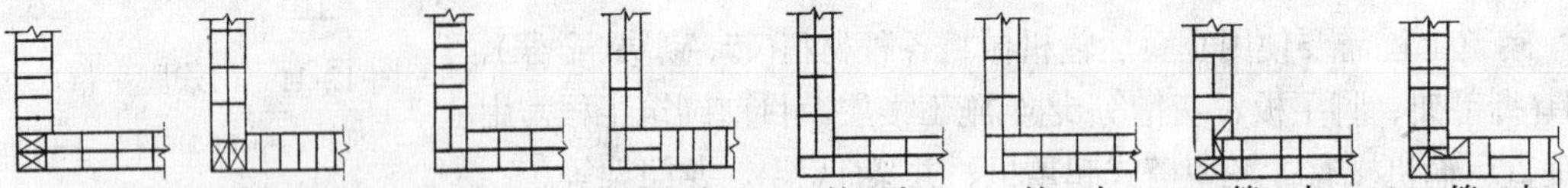

图 12-14 实心砖墙组砌形式

2. 砌筑的材料要求和施工过程

砖的品种、强度等级必须符合设计要求，并应规格一致。用于清水墙、柱表面的砖，应边角整齐、色泽均匀。砌筑时，砖应提前 1～2 天浇水湿润。

(1) 找平弹线。砌筑砖墙前，先在基础防潮层或楼面板上用水泥砂浆找平，然后根据龙门板上的轴线定位钉或房屋外墙(或内部)的轴线控制点弹出墙身的轴线、边线和门窗洞口的位置。

(2) 摆砖样。在放好线的基面上按选定的组砌方式用干砖试摆，核对所弹出的墨线在门洞、窗口、墙垛等处是否符合砖的模数，以便借助灰缝进行调整，尽量能减少砍砖，并使砖墙灰缝均匀，组砌得当。

(3) 立皮数杆。皮数杆是用来保证墙体每皮砖水平、控制墙体竖向尺寸和各部件标高的木质标志杆。根据设计要求、皮数杆上标明砖的规格和灰缝厚度，以及门窗洞口、过梁、楼板等竖向构造变化的标高。皮数杆一般立于墙的转角及纵横墙交接处，其间距一般不超过 15m(见图 12-15)。立皮数杆时要用水准仪抄平，使皮数杆上的楼地面标高线位于设计标高处。

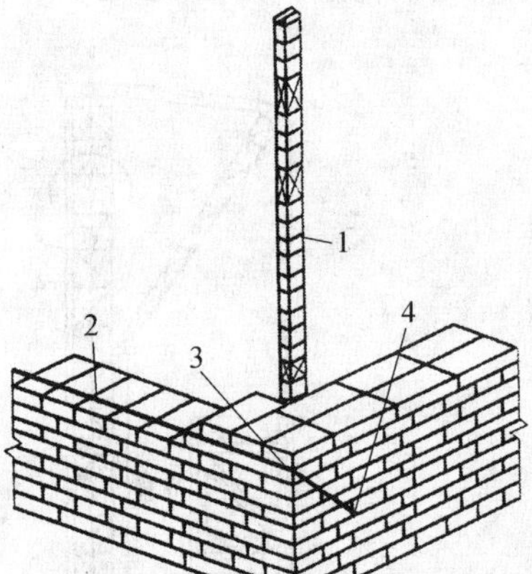

图 12-15 皮数杆及挂线示意图

1—皮数杆；2—准线；3—竹片；4—圆铁片。

(4) 砌筑、勾缝。砌筑时为保证水平灰缝平直，要挂线砌筑。 一般可在墙角及纵横墙交界处按皮数杆先砌筑几皮砖，然后在其间挂准线砌筑中间砖。砌筑时宜采用“三一砌砖法”。勾缝是清水墙的最后一道工序，具有保护墙面和美观的作用。

3. 砖墙砌体的质量要求及质量保证措施

砖砌体的质量要求可概括为 16 个字：横平竖直、灰浆饱满、错逢搭接、接槎可靠。

(1) 横平竖直。即要求砖砌体水平灰缝平直、表面平整和竖向垂直等。因此，砌筑时必须立皮数杆、挂线砌砖，并应随时吊线、直尺检查以及校正墙面的平整度和竖向垂直度。

(2) 灰浆饱满。砂浆的作用是浆砖、石、砌块等块体材料黏结成整体以共同受力，并使块体表面应力分布均匀，以及挡风、隔热。砌体灰缝砂浆的饱满程度直接影响它的作用和砌体强度。

(3) 错逢搭接。

砖砌体的砌筑应遵循“上下错逢，内外搭接”的原则。其主要目的是避免砌体竖向出现通缝(上下两皮砖搭接长度小于 25mm 皆称通缝)，影响砌体整体受力。为此，应采用适宜的组砌形式，如一顺一丁。

(4) 接槎可靠。接槎是指砌体不能同时砌筑时，临时间断处先、后砌筑的砌体之间的接合。接槎处的砌体的水平灰缝填塞困难，如果处理不当，会影响砌体的整体性和抗震性能。

砖砌体的转角处和交接处应同时砌筑。对不能同时砌筑而又必须留置的临时间断处，应砌筑成斜槎，斜槎水平投影长度不应小于高度的 2/3；对于非抗震设防及抗震设防裂度为 6 度、7 度的临时间断处，当不能留斜槎时，除转角处外，也可留直槎，但必须做成凸槎，并加设拉结钢筋(见图 12-16)。砖砌体施工临时间断处补砌时，必须将接槎处表面清理干净，浇水湿润，并填实砂浆，保持灰缝平直。

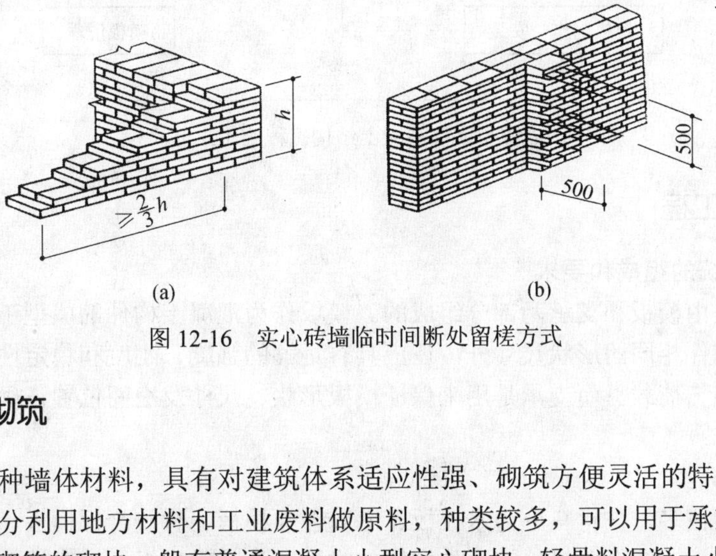

图 12-16　实心砖墙临时间断处留槎方式

12.4.2　砌块砌筑

砌块作为一种墙体材料，具有对建筑体系适应性强、砌筑方便灵活的特点，应用日趋广泛。砌块可以充分利用地方材料和工业废料做原料，种类较多，可以用于承重墙和填充墙砌筑。用于承重墙砌筑的砌块一般有普通混凝土小型空心砌块、轻骨料混凝土小型空心砌块等；用于砌筑填充墙的砌块有加气混凝土砌块、轻骨料混凝土小型空心砌块。

1．材料要求和准备

砌块和砂浆的强度等级必须符合设计要求。砂浆宜选用专用的小砌块砌筑砂浆。

普通混凝土小砌块吸水率很小，砌筑前无需浇水，当天气干燥炎热时，可提前洒水湿润；轻骨料混凝土小砌块吸水率较大，应提前 2 天浇水湿润；加气混凝土砌块砌筑时，应向砌筑面适量浇水，但含水量不宜过大，以免砌块空隙中含水过多，影响砌体质量。

2．砌块的砌筑

砌块砌体砌筑时，应立皮数杆且挂线施工，以保证水平灰缝的平直度和竖向灰缝构造变化部位留设正确。水平灰缝应采用铺灰法铺设，小砌块的一次铺灰长度一般不超过两块主规格块体的长度。竖向灰缝，对于小砌块应采用加浆法，使其砂浆饱满；对于加汽混凝土砌块，宜用内外临时夹板灌缝。

12.5　混凝土结构工程

混凝土结构工程按施工方法分为现浇混凝土结构工程和装配式混凝土结构工程。

现浇混凝土结构工程是在施工现场，在结构构件的设计位置架设模板、绑扎钢筋、浇筑混凝土、振捣成型，经过养护，混凝土达到拆模强度时拆除模板，制成结构构件。现浇混凝土整体性好、抗震性好，施工时不需要大型起重设备，当模板消耗量大、劳动强度高、施工受气候条件影响比较大。

混凝土结构工程由模板工程、钢筋工程和混凝土工程组成，在施工中这三个工种工程应紧密配合，合理组织施工，才能保证工程质量。混凝土结构工程的施工工艺如图 12-17 所示。

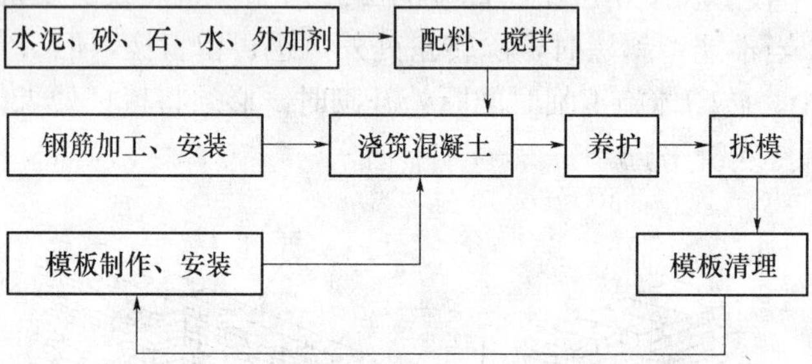

图 12-17　钢筋混凝土结构工程施工工艺流程

12.5.1　模板工程

1．模板系统的组成和要求

模板系统是由模板和支承两部分组成的。模板作为混凝土构件的成型工具，它本身除了应具有与结构构件相同的形状尺寸外，还应具有足够的强度、刚度和稳定性，以承受新浇混凝土的荷载和施工荷载。而支承是用来保证模板形状、尺寸及空间位置正确，承受模板传来的全部荷载。

2．模板的分类

模板的种类很多，按材料分为木模板、木胶合板模板、竹胶合板模板、钢木模板、塑料模板、玻璃钢模板、铝合金模板等；按结构的类型分为基础模板、柱模板、楼板模板、楼梯模板、墙模板、壳模板和烟筒模板等；按施工方法分为现场装拆式模板、固定式模板和移动式模板。

3．定型组合钢模板

组合钢模板是一种工具式模板，由钢模板和配件两大部分组成，配件包括连接件和支承件。组合钢模板优点是通用性强、装拆灵活、搬运方便、节约用工；浇筑的尺寸准确、棱角正确、表面光滑、模板周转次数多；节约大量木材。其缺点是一次性投资较大，浇筑成型的混凝土过于光滑，不利于表面装修等。

1) 钢模板的类型及规格

钢模板包括平面模板、阴角模板、阳角模板及连接角模板四种类型和多种专用类型，四种通用类型是最常使用的模板类型(见图 12-18)。钢模板面板厚度一般为 2.50mm、2.75mm 或 3.00mm。钢模板采用模数制作设计，宽度以 100mm 为基础，以 50mm 为模数进级；长度以

450mm 为基础，以 150mm 为模数进级(长度超过 900mm 时，以 300mm 进级)。钢模板的规格见表 12-1。

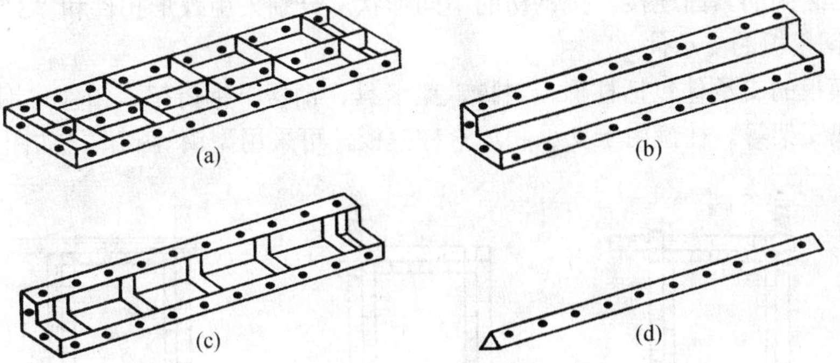

图 12-18　钢模板类型

表 12-1　模板类型及规格

名　称	类型代号	宽度/mm	长度/mm	肋高/mm
平面模板	P	600，550，500，450，400，350，300，250，200，150，100	1800，1500，1200，900，750，600，450	55
阴角模板	E	150×150，100×150		
阳角模板	Y	100×100，50×50		
连接角模板	J	50×50		

2) 定型组合钢模板连接件

定型组合钢模板的连接件包括 U 形卡、L 形插销、钩头螺栓、对拉螺栓、紧固螺栓和扣件等，如图 12-19 所示。

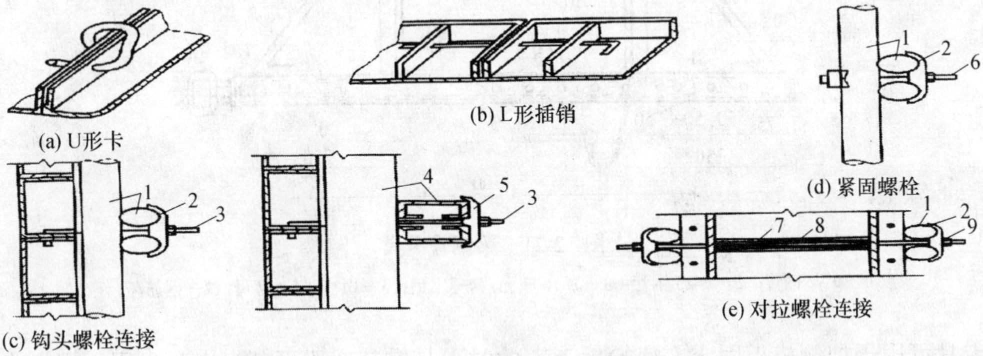

图 12-19　钢模板连接件

1—圆钢管楞；2—“3”形扣件；3—钩头螺栓；4—内卷边槽钢钢楞；5—蝶形扣件；6—紧固螺栓；7—对拉螺栓；8—塑料套管；9—螺母。

U 形卡用于钢模板纵横向自用拼接，即每隔一孔口插一个，安装方向一顺一倒相互错开，以抵消因打紧 U 形卡可能产生的位移。L 形插销用于插入钢模板端部横肋的插销孔内，以加强两相邻模板接头处的纵向拼接刚度和保证接头处板面平整。钩头螺栓用于钢模板与内外钢楞的连接固定，安装间距一般不大于 600mm，长度与采用的钢楞尺寸相适应。紧固螺栓用于紧固内外钢楞，长度应与采用的钢楞尺寸相适应。对拉螺栓用于拉紧两侧模板，保持两侧模板的设计间距，并承受混凝土侧压力及其他荷载，确保模板的强度和刚度。扣件用于钢楞与钢模板或钢楞之间的紧固连接，按钢楞的不同形状，分别采用蝶形扣件和“3”形扣件。

3) 组合钢模板的支承件

组合钢模板的支承件包括柱箍、斜撑、梁卡具、钢楞、钢桁架、扣件式钢管支架、门式支架和碗扣式支架等。柱箍用于支承和加紧柱模板，可采用型钢等制作，如图 12-20 所示。

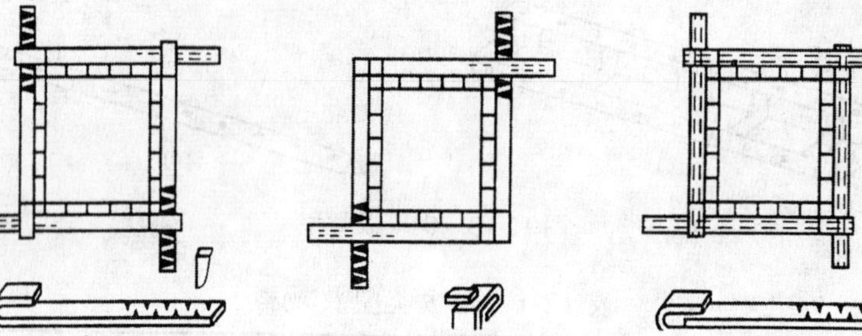

图 12-20　柱箍

使用时应根据柱模板尺寸、侧压力大小等选择柱箍形式和间距。斜撑用于承受单侧模板的侧向荷载和调整竖向侧模的垂直度。梁卡具用于固定矩形梁的侧模板，钢管制作的钢管卡具，如图 12-21 所示。

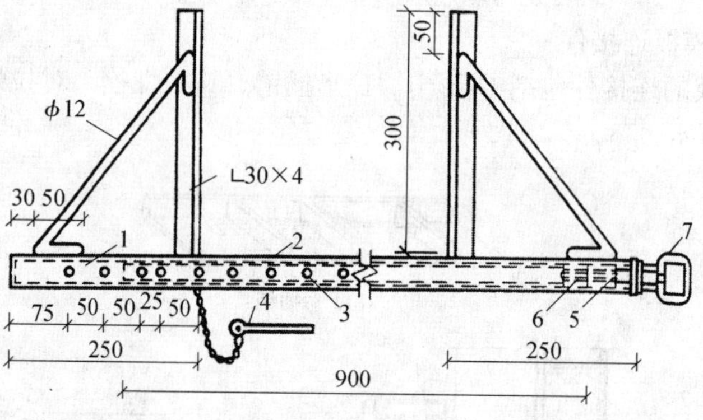

图 12-21　梁钢管卡具

1—ϕ32 钢管；2—ϕ25 钢管；3—ϕ10 圆孔；4—钢销；5—螺栓；6—螺母；7—钢筋环。

卡具可用于把侧模板固定在底模板上，此时卡具安装在梁下部；卡具也用于梁侧上口的卡固定位，此时卡具安装在梁上方。钢楞用于支承钢模板和加强其整体刚度，可采用园钢管、矩形钢管和内卷边槽钢等多种形式。

钢支柱用于承受水平模板传来的竖向荷载，有单支柱、四管支柱等多种形式。图12-22所示为钢管支柱，由内外两节钢管组成，可以伸缩以调节支柱高度。在内外钢管上每隔100mm钻一个ϕ14mm的销孔，调整好高度以后用ϕ12mm销子固定。支座底部垫木板，100mm以内高度调整可在垫板处加木楔调整。也可在钢管支柱下端装调节螺杆，用以调节100mm以内的高度。

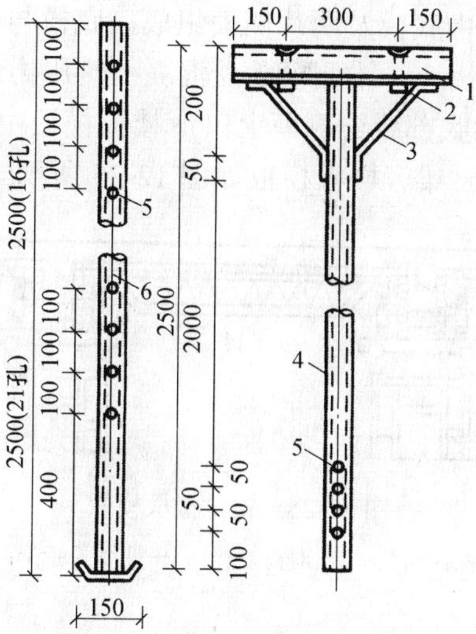

图 12-22　钢管支撑

1—垫木；2—ϕ 12 螺栓；3—ϕ 16 钢筋；4—内径管；5—ϕ 14 孔；6—ϕ 50 内径钢管。

钢桁架一般用于支承楼板、梁等构件的底面模板，取代梁模板下的立柱。跨度小、荷载小时桁架可用钢筋焊接而成；跨度大或荷载较大时可用角钢或钢管制成，也可制成两个半榀，再拼装成整体。每根梁下边设一组(两榀)桁架。梁的跨度较大时，可以连续安装桁架，中间加支柱。桁架两端可以支承在墙上。桁架支承在墙上时，可用钢筋托具，托具用ϕ8～12mm 钢筋制作。托具可预先砌入或砌完墙后 2～3 天打入墙内。

扣件式钢管支架、门式支架和碗扣式支架用作梁、板及平台模板的支架，可采用扣件式、门式和碗扣式脚手架构件搭设而成。

4) 现浇混凝土结构模板

(1) 基础模板。基础模板如图 12-23 所示。基础阶梯的高度如不符合钢模板宽度的模数时可加镶木板。杯形基础杯口处在顶部中间装杯芯模板。

(2) 柱模板。柱模板由四块拼板围成，四角连接角模板外设柱箍。柱箍除使四块拼板固定保持柱的形状外，还要承受由模板传来的新浇混凝土的侧压力。柱模板顶部开有与梁模板连接的缺口，底部开有清理孔。当柱较高时，可根据需要在柱子中设置混凝土浇筑口(见图 12-24)。

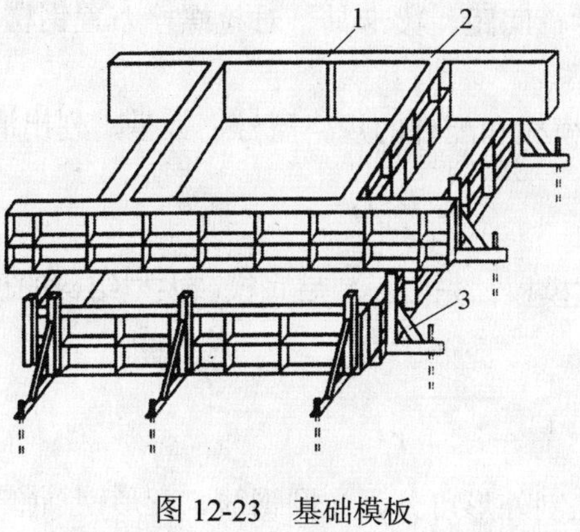

图 12-23　基础模板

1—扁钢连接杆；2—T 形连接杆；3—角钢三角撑。

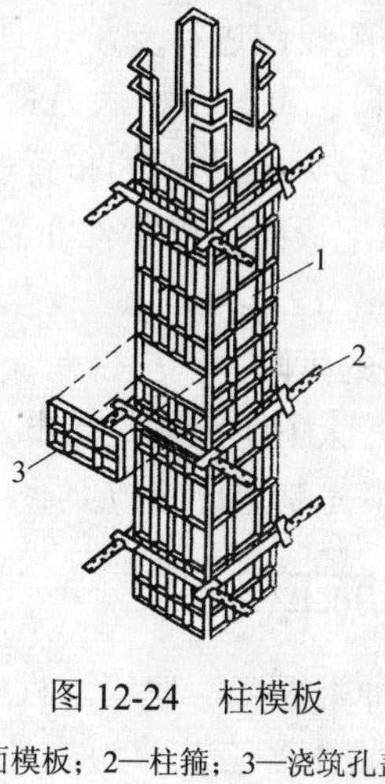

图 12-24　柱模板

1—平面模板；2—柱箍；3—浇筑孔盖板。

(3) 梁及楼板模板。梁模板由底模及两片侧模组成。底模与两侧模间用连接角模连接，侧模顶部用阴角模板与楼板模板相连。梁侧模承受混凝土侧压力，根据需要可在两侧模之间设对拉螺栓或设钢管卡具(设在梁底部或梁侧模上口)。楼板模板由平面钢模板拼接而成，其周边用阴角模板与梁或墙模板连接。梁、楼板模板如图 12-25 所示。

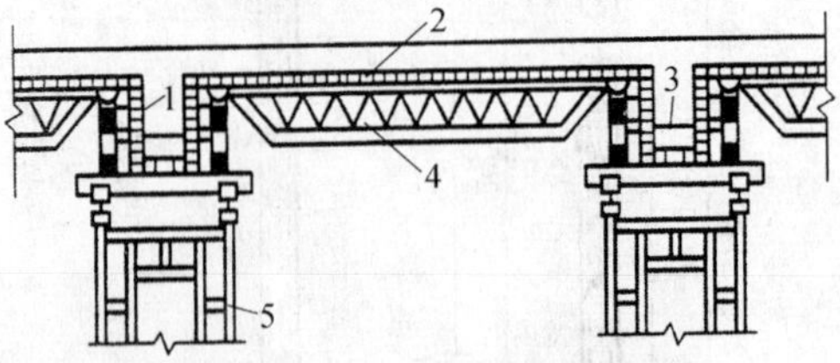

图 12-25　梁、楼板模板

1—梁模板；2—楼板模板；3—对拉螺栓；4—伸缩式桁架；5—门式支撑。

5) 模板配板设计

为了保证模板架设工程质量，做好组合钢模板施工准备工作，在施工前应该进行配板设计。模板的配板设计内容如下：

(1) 画出各构件的模板展开图。

(2) 绘制模板配板图。根据模板展开图，选用最适当的各种规格的钢模板布置在模板展开图上。配板时根据构件的特点，钢模板可采用横向排列，也可采用纵向排列；可采用错缝拼接，也可采用齐缝拼接；配板时各模板面的交接部分可用木板拼接(需做到木板面积最小)，也可采用专用模板；钢模板连接孔应对齐，以便使用 U 形卡；配板图上应注明钢模板的位置、规格型号、数量以及预埋件、预留孔位置。配板图示例如图 12-26 所示。

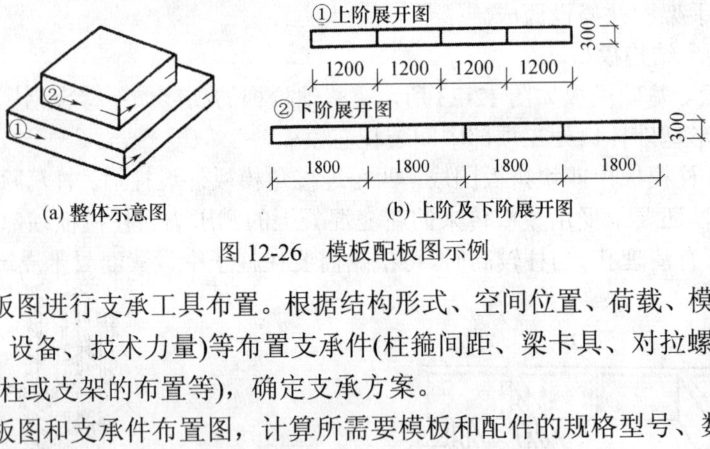

图 12-26　模板配板图示例

(3) 根据配板图进行支承工具布置。根据结构形式、空间位置、荷载、模板配板图及施工条件(现有材料、设备、技术力量)等布置支承件(柱箍间距、梁卡具、对拉螺栓布置钢楞、支承桁架间距、支柱或支架的布置等)，确定支承方案。

(4) 根据配板图和支承件布置图，计算所需要模板和配件的规格型号、数量，列出清单，进行备料。

4．模板的拆除

模板的拆除顺序一般是先非承重模板，后承重模板；先侧模，后底模。大型结构的模板，拆除时必须事先制定详细方案。

12.5.2　钢筋工程

钢筋的种类很多，建筑工程中常用的钢筋按轧制外形可分为光圆钢筋、变形钢筋(螺纹、人字纹)等；按生产工艺分为热轧钢筋，冷轧带肋钢筋、冷轧扭钢筋、预应力钢绞线、消除应力钢丝和热处理钢筋等；按化学成分可分为碳素钢筋和普通低合金钢筋。碳素钢筋按碳含量多少，又可分为低碳钢、中碳钢和高碳钢钢筋。普通钢筋一般采用 HPB300、HRB335、HRB400 和 RRB400 级热轧钢筋。

钢筋进场应具有产品合格证、出厂试验报告，每捆(盘)钢筋均应有标牌。进场时必须进行验收。合格后方可使用。钢筋在加工过程中，发现脆断、焊接性能不良或力学性能明显不正常时，应进行化学成分检验或其他专项检验。

1．钢筋连接

钢筋的连接方法有焊接连接、机械连接和绑扎连接三种。

1) 焊接连接

钢筋采用焊接连接可以节省钢材，提高钢筋混凝土结构和构件的质量，加快工程进度。钢筋的常用焊接方法有闪光对焊、电阻点焊、电弧焊、电渣压力焊、埋弧压力焊、气压焊等。

(1) 闪光对焊。钢筋闪光对焊是利用对焊机使两段接触，通以低电压的强电流，把电能转换成热能，当钢筋加热到接近熔点时，施加顶锻，使两根钢筋焊接在一起，形成对焊接头(见图 12-27)。对焊应用于热轧钢筋的对接接长及预应力钢筋螺纹端杆的对接。

(2) 电阻焊。钢筋骨架和钢筋网片的交叉钢筋焊接采用电阻焊。焊接时将钢筋的交叉点放入点焊机两极之间，通电使钢筋加热到一定温度后，加压使焊点处钢筋互相压入一定的深度，将焊点焊牢。采用点焊代替绑扎连接，可以提高工效，便于运输，在钢筋骨架和钢筋网成形中优先选用。

(3) 电弧焊。电弧焊是利用弧焊机使焊条和焊件之间产生高温电弧，熔化焊条和高温电弧范围内的焊件金属，熔化的金属凝固后形成焊接接头。钢筋电弧焊接头主要有搭接焊、帮条焊和坡口焊三种形式。

(4) 电渣压力焊。电渣压力焊是利用电流通过渣池产生的电阻热将钢筋端部熔化，然后施加压力使钢筋焊接。这种方法多用于现浇钢筋混凝土结构竖向受力筋的接长，比电弧焊功效高，成本低，易于掌握。电渣压力焊可用手动电闸压力焊机或自动压力焊机。手动电闸压力焊机由变压器、夹具及控制箱组成，如图 12-28 所示。

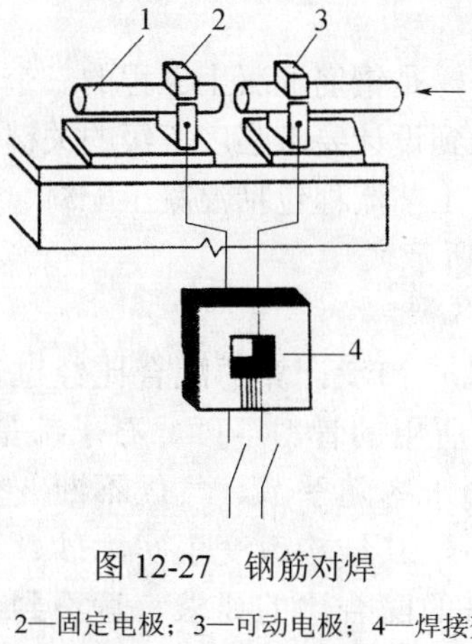

图 12-27　钢筋对焊

1—钢筋；2—固定电极；3—可动电极；4—焊接变压器。

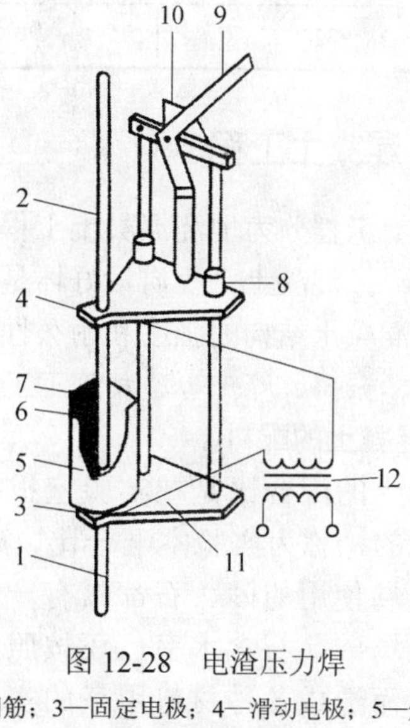

图 12-28　电渣压力焊

1、2—钢筋；3—固定电极；4—滑动电极；5—焊剂盒；6—导电剂；7—焊剂；　8—滑动架；9—操纵杆；10—杆尺；11—固定架；12—变压器。

(5) 气压焊。钢筋气压焊采用氧气—乙炔火焰对钢筋接缝处进行加热，使钢筋端部加热达到高温状态，并施加足够的轴向压力而形成牢固的对焊接头。钢筋气压焊方法具有设备简单、焊接质量好，且不需要大功率电源等优点。

2) 机械连接

钢筋机械连接是通过连接件的机械咬合作用或钢筋端面的承压作用，使两根钢筋能够传递力的连接方法。钢筋机械连接接头质量可靠，现场操作简单，施工速度快，无明火作业，不受气候影响，适应性强，而且可用于焊接性能较差的钢筋。常用的机械连接接头有挤压套筒接头、锥螺纹接头和直螺纹接头等。

3) 绑扎连接

纵向钢筋绑扎连接是采用 20 号、22 号铁丝(火烧丝)或镀锌铁丝(铅丝)(其中 22 号铁丝只能用于直径 12mm 以下的钢筋)，将两根满足搭接长度要求的纵向钢筋绑扎连接在一起。钢筋绑扎连接时，用铁丝在搭接部分的中心和两端扎牢。

2．钢筋配料

钢筋配料是根据构件的配筋图计算构件各种钢筋的直线下料长度、根数及质量，然后编制钢筋配料单，作为钢筋备料加工的依据。

钢筋外包尺寸和轴线长度之间存在的差值，称为“量度差值”。钢筋的直线段外包尺寸等于轴线长度，两者无量度差值；而钢筋弯曲段，外包尺寸大于轴线长度，两者间存在量度差值，再加上两端弯钩的增长值(表 12-2)。

表 12-2　箍筋两个弯钩增加长度

受力钢筋直径/mm	箍筋直径/mm				
	5	6	8	10	12
10～25	80	100	120	140	180
28～32		120	140	160	210

12.5.3　混凝土工程

混凝土工程分为现浇混凝土工程和预制混凝土工程，是钢筋混凝土工程的三个重要的组成部分之一。混凝土工程质量好坏是保证混凝土能否达到设计要求强度等级的关键，将直接影响钢筋混凝土结构的强度和耐久性。混凝土工程施工工艺流程包括混凝土配料、拌制、运输、浇筑、振捣、养护等。其施工工艺流程如图 12-29 所示。

1．混凝土的配料

混凝土的配合比是在实验室根据设计的混凝土标号初步计算的配合比经过试配和调整而确定的，称为实验室配合比。确定实验室配合比所用的骨料—砂、石子都是干燥的，而施工现场使用的砂、石都具有一定的含水率，且含水率随季节、气候不断变化。如果不考虑现场砂、石含水率，还按照实验室配合比投料，其结构改变了实际砂、石用量和用水量，而造成各种材料用量的实际比例不符合原来的配合比的要求，达不到设计的强度。为保证混凝土工程质量，保证配合比投料，在施工时按砂、石实际含水率对原配合比进行修正。

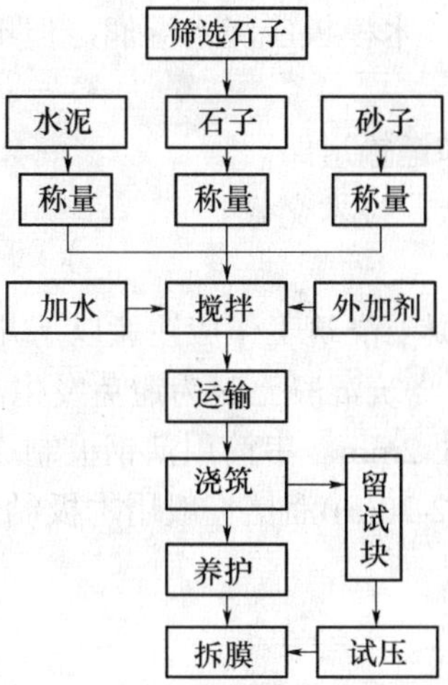

图 12-29　混凝土工程施工工艺流程图

2．混凝土的拌制

1) 混凝土搅拌机

混凝土搅拌机按其搅拌机理分为自落式搅拌机和强制式搅拌机两类。自落式搅拌机的搅拌筒内壁装有叶片，搅拌筒旋转，叶片将物料提升一定的高度后自由下落，各物料颗粒分散拌和，拌和成均匀的混合物，是利用重力拌和原理。自落式搅拌机按其搅拌筒的形状不同分为鼓式、锥式反转出料式和双锥形翻转出料式三种类型。强制式搅拌机的轴上装有叶片，通过叶片强制搅拌装在搅拌筒中的物料，使物料沿环向、径向和竖向运动、拌和成均匀混合物，是剪切拌和原理。强制式搅拌机按其构造特征分为立轴式和卧轴式两类。

2) 混凝土搅拌

(1) 加料顺序。搅拌时加料顺序一般采用一次投料法，将砂石子、水泥和水一起加入搅拌筒内进行搅拌。

(2) 搅拌时间。从砂石、水泥和水等全部材料装入搅拌筒至开始卸料为止所经历的时间称为混凝土的搅拌时间。混凝土搅拌时间是影响混凝土质量和搅拌机生产率的一个主要因素。

3．混凝土的运输

混凝土由拌制地点运至浇筑地点的运输分为水平运输(地面水平运输和楼面水平运输)及垂直运输。常用的水平运输设施有手推车、机动翻斗车、混凝土搅拌运输车、自卸汽车等；常用的垂直运输设备有龙门架、井架、塔式起重机、混凝土泵等。

4．混凝土的浇筑与振捣

将混凝土浇筑到模板内并振捣密实是保证混凝土工程质量的关键。对于现浇钢筋混凝土结构混凝土工程施工，应根据其结构特点合理组织分层分段流水施工，并应根据总工程量、工期以及分层分段的具体情况，确定每工作班的工作量。根据每班工程量和现有设备条件，选择混凝土搅拌机、运输及振捣设备的类型和数量进行施工，确保混凝土质量。

1) 混凝土浇筑前的准备

(1) 模板和支架、钢筋和预埋件应进行检查并做好隐蔽工程记录，符合设计要求后方能浇筑混凝土。

(2) 在地基土上浇筑混凝土，应清除淤泥和杂物，并有排水和防水措施；对干燥的非黏性土，应用水湿润；对未风化的岩石，应用水清洗，但其表面不得留有积水。浇筑混凝土前，模板内的垃圾、泥土应清除干净。木模板应浇水湿润，但不应有积水。钢筋上如有油污，应清除干净。

(3) 准备和检查材料、机具和运输道路。

(4) 做好施工组织工作和安全、技术交底。

2) 混凝土浇筑

为确保混凝土工程质量，混凝土浇筑工作应注意以下几点：

(1) 混凝土的自由下落高度。浇筑混凝土时为避免发生离析现象，混凝土自高处倾落的自由高度(称自由下落高度)不应超过 2mm。串筒用薄钢板制成，分节组成(每节 700mm)，用钩环连接，筒内设有缓冲板(见图 12-30(a))溜槽一般用木板制作，表面包铁皮(见图 12-30(b))，使用时其水平倾角不宜超过 30°。

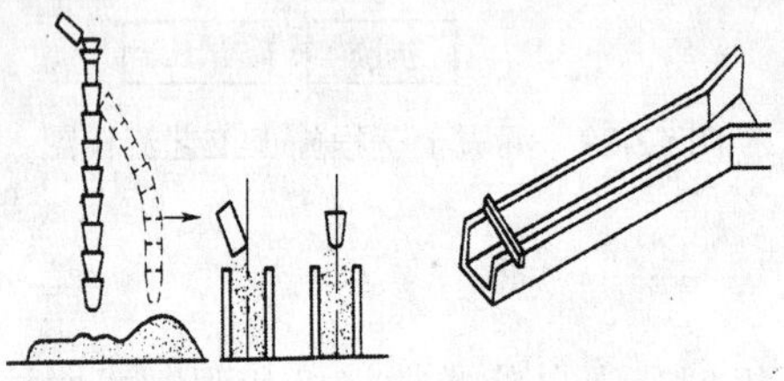

(a) 串筒　　(b) 溜槽

图 12-30　串筒和溜槽

(2) 混凝土分层浇筑。为了使混凝土能够振捣密实浇筑时应分层浇筑、振捣，并在下层混凝土初凝之前，将上层混凝土浇灌并振捣完毕。

(3) 竖向结构混凝土浇筑。竖向混凝土结构(墙、柱等)浇筑混凝土前，底部应先填 50～100mm 厚的与混凝土内砂浆成分相同的水泥砂浆。浇筑时不得发生离析现象。当浇筑高度超过 3m 时，应采用串筒、溜槽或振动串筒。

(4) 梁和板混凝土浇筑。在一般情况下，梁和板的混凝土应同时浇筑。较大尺寸的梁(梁的高度大于 1m)、拱和类似的结构，可单独浇筑。

(5) 施工缝。浇筑混凝土应连续进行，如必须间歇，间歇时间应尽量缩短，应保证在先浇筑的混凝土初凝前继续浇筑后面的混凝土。

3) 混凝土的振捣

混凝土浇筑进入模板后，由于骨料间的摩阻力和水泥浆的粘结作用，不能自动充满模板内部，而且存在很多孔隙，不能达到要求的密实度。而混凝土的密实度直接影响其强度和耐久性，所以在混凝土浇筑到模板内后，必须进行振捣，使之具有设计要求的结构形状、尺寸和设计的强度等级。

混凝土捣实的方法有人工捣实和机械振捣。施工现场主要用机械振捣法。在施工工地主要使用内部振捣器和表面振动器。

内部振动器多用于振捣现浇基础、柱、梁、墙等结构构件和厚大体积设备基础的混凝土捣实，如图 12-31 所示，插点的布置如图 12-32 所示。

表面振动器适用于振捣楼板、地面、板形构件和薄壳等薄壁构件。

4) 厚大体积混凝土的浇筑

厚大体积混凝土结构，如大型设备基础，体积大、整体性要求高。混凝土浇筑时工程量和浇筑区面积大，一般要求连续浇筑，不留施工缝。如必须留设施工缝时，应征得设计部门同意，并拟定施工技术方案。在施工时应分层浇筑振捣，并应考虑水化热对混凝土工程质量的影响。

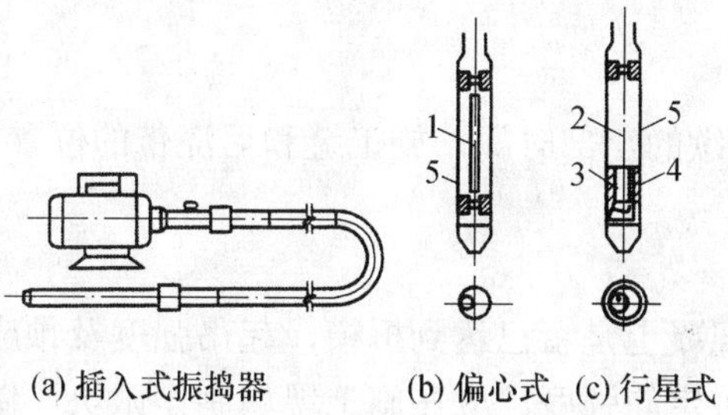

图 12-31　插入式振捣器

1—偏心转轴；2—滚动轴；3—滚锥；
4—滚道；5—振动棒外壳。

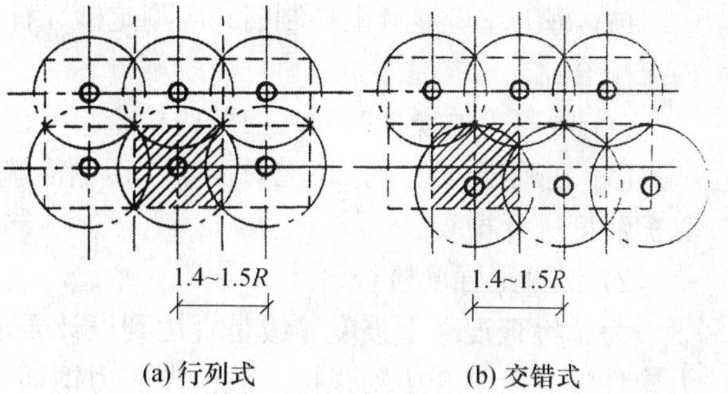

图 12-32　插点布置

厚大体积混凝土浇筑时，为保证结构的整体性和施工的连续性，应分层浇筑时，应保证在下层混凝土初凝前将上层混凝土浇筑完毕。一般有三种浇筑方案，如图 12-33 所示。

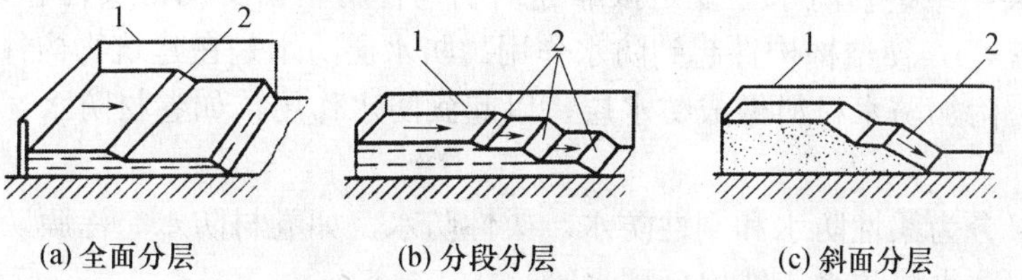

图 12-33　后大体积混凝土浇筑方案

1—模板；2—新浇混凝土。

(1) 全面分层 (见图 12-33(a))。在整个模板内，将结构分成若干个厚度相等的浇筑层，浇筑区的面积即为结构平面面积。全面分层方案一般适用于平面尺寸不大的结构。

(2) 分段分层(见图 12-33(b))。当采用全面分层方案时浇筑强度很大，现场浇筑混凝土搅拌机、运输和振捣设备均不能满足施工要求时，可采用分段分层方案。分段分层方案使用于结构厚度不大而面积或长度较大时。

(3) 斜面分层(见图 12-33(c))。采用斜面分层方案时，混凝土一次浇筑到顶，由于混凝土自然流淌而形成斜面。混凝土振捣工作从浇筑层下端开始逐渐上移。斜面分层方案多用于长度较大的结构。

5．混凝土的养护

混凝土的凝结硬化是水泥水化作用的结果，而水泥水化作用只有在适当的温度和湿度条件下才能顺利进行。混凝土的养护，就是创造一个具有适宜的温度和湿度的环境，使混凝土凝结硬化，逐渐达到设计要求的强度。混凝土的养护方法分为自然养护和人工养护两类。

自然养护是指利用平均气温高于 5℃的自然条件，用保水材料或草帘等对混凝土加以覆盖后适当洒水，使混凝土在一定时间内在湿润状态下硬化。

6．混凝土的质量检查

1) 施工过程中的质量检查

(1) 首次使用的混凝土配合比应进行开盘鉴定，其工作性能应满足设计要求。开始生产时应至少留置一组标准养护试件做强度试验，以验证配合比。

(2) 混凝土组成材料的用量，每工作班至少抽查两次，要求每盘称量偏差在允许范围之内。

(3) 每工作班混凝土拌制前，应测定砂、石含水率，并根据测定结果调整材料用量，提出施工配合比。

(4) 混凝土的搅拌时间，应随时检查。

(5) 在施工过程中，还应对混凝土运输浇筑及间歇的全部时间，施工缝和后浇带的位置、养护制度进行检查。

2) 混凝土强度检查

为了检查混凝土强度等级是否达到设计要求。混凝土是否已达到拆模，起吊强度及预应力构件混凝土是否达到张拉，放松预应力钢筋时所规定的强度，应在施工现场制作试块，做抗压强度试验。

12.6 防水工程

防水工程包括屋面防水工程和地下防水工程。防水工程按其构造做法分为结构自防水和防水层防水两类。结构自防水主要是依靠建筑物构件材料自身的密实性和某些构造措施(坡度、埋设止水带等)，使结构构件起到防水作用。防水层防水是在建筑物构件的迎水面或背水面以及接缝处，附加防水材料做成防水层，以起到防水作用，如卷材防水、涂膜防水、刚性防水层防水等。

防水工程又分为柔性防水和刚性防水。柔性防水，如卷材防水、涂膜防水层等；刚性防水，如刚性材料防水层防水、结构自防水等。

12.6.1 屋面防水工程

屋面防水工程包括卷材防水屋面工程、涂膜防水屋面工程。本节主要介绍卷材防水屋面工程。

卷材防水属于柔性防水，包括沥青防水卷材、高聚物改性沥青防水卷材、合成高分子防水卷材三大系列。卷材又称油毡，适用于防水等级为Ⅰ～Ⅳ级的屋面防水。

1. 青卷材防水工程

沥青卷材防水工程是利用胶结材料卷材逐层黏结铺设在结构基层上而成的防水层。这是我国目前采用较为广泛的防水方法，但是由于其耐久性差，同时对环境污染较为严重，使用将受到一定的条件限制。沥青卷材防水层施工程为：基层施工、保温层施工、找平层施工、卷材防水层施工、保护层施工。

2. 高聚物改性沥青卷材防水施工

高聚物改性沥青卷材防水工程是用氯丁橡胶改性沥青胶黏剂将以橡胶或塑料改性石油沥青的玻璃纤维布或聚酯纤维无纺布为胎体的柔性卷材单层或多层地铺设在结构基层上面形成的防水层。

高聚物改性沥青防水卷材防水工程施工方法如下：

(1) 冷粘法施工。 利用毛刷将胶粘剂涂刷在基层上，然后铺贴卷材，卷材防水层上部再涂刷胶粘剂保护层。

(2) 热熔施工。利用火焰加热器(如汽油喷灯或柴油焊枪)对卷加热，待卷材表面熔化后，进行热熔接处理。热熔施工节省胶粘剂，适于气温较低时施工。

12.6.2 地下防水工程

地下防水工是对工业与民用建筑的地下工程、防护工程、隧道工程及地下铁道等建筑物和构筑物进行防水设计、防水施工和维护管理的工程。地下防水工程施工较为复杂，包括主体防水和细部构造防水。地下防水工程有防水混凝土、水泥砂浆防水、卷材防水和涂膜防水四种。

1．刚性防水工程

刚性防水工程是以水泥、砂、石为原料，掺入少量外加剂、高分子聚合物等材料，通过调整配合比，抑制或减少孔隙特征，改变孔隙特征，增加各原材料界面的密实性等方法配制的具有一定抗渗能力的水泥砂浆、混凝土作为防水材料的防水工程。

2．地下卷材防水工程

地下卷材防水工程的卷材防水层应铺贴在整体的混凝土结构或钢筋混凝土结构的基层上、整体的水泥砂浆或整体的沥青混凝土找平层上。卷材地下防水性能好，能抵抗酸、碱、盐的侵蚀，韧性好，但耐久性差，机械强度低，出现渗漏现象修补困难。

卷材防水层应采用高聚物改性卷材和合成高分子卷材，选用基层处理剂、胶粘剂、密封材料等配套材料应与铺贴的卷材材性相容。

12.7 装饰装修工程

装饰装修工程是为保护建筑物主体结构、完善建筑物的使用功能和美化建筑物，采用装饰装修材料或装饰物，对建筑物的内外表面及空间进行各种处理的施工过程。

装饰装修工程是整个建筑工程中的重要组成部分。主体工程的完工仅仅是完成了建筑物的基本骨架，远远没有达到使用要求。只有通过装饰装修工程才能最终达到使用目的，完成设计目标。建筑装饰装修的主要作用是：保护主体，延长其使用寿命；增强和改善建筑物的保温、隔热、防潮、隔声等使用功能；美化建筑物及周围环境，给人们创造一个良好的生活、生产空间。

12.7.1 抹灰工程

将灰浆涂抹在建筑物表面的饰面工程称为抹灰工程。

抹灰工程按工程部位可分为室内抹灰和室外抹灰。按抹灰的材料和装饰效果可分为一般抹灰和装饰抹灰。一般抹灰采用的是石灰砂浆、混合砂浆、水泥砂浆、麻刀灰、纸筋灰和石膏灰等材料。装饰抹灰按所使用的材料、施工方法和表面效果可分为水刷石、斩假石、干粘石、假面砖等。

1．一般抹灰工程

一般抹灰按工序和质量要求分为普通抹灰和高级抹灰两级。普通抹灰由一层底层、一层中层和一层面层组成。抹灰应阳角找方，设置标筋，分层找平修正，表面压光，抹灰表面光滑、洁净，接槎平整，灰线清晰、顺直。高级抹灰由一层底层、数层中层和一层面层组成。抹灰应阴、阳角找方，设置标筋，分层找平修正，表面压光，抹灰表面光滑、洁净，颜色均匀，无抹纹，灰线平直方正，清晰美观。

2．装饰抹灰工程

装饰抹灰的种类较多，底层的做法基本相同(均为 1∶3 的水泥砂浆打底)，仅面层的做法不同，常见做法有水刷石、斧剁石、水磨石、干黏石等。

12.7.2 饰面板(砖)工程

饰面板(砖)工程是将天然石饰面板、人造石饰面板和饰面砖、金属饰面板等安装或镶贴到墙面、柱面和地面上，形成饰面层的施工过程。饰面板(砖)表面平整，边角整齐，具有各种不同色彩和光泽，装饰效果好，多用于高级建筑物的装饰和一般建筑物的局部装饰。

1．饰面板工程

饰面板泛指天然大理石、花岗石饰面板和人造石饰面板。饰面板施工工艺有湿作业法、干挂法和直接粘贴法三种。

1) 湿作业法

湿作业法的施工工艺流程为：材料准备、基层处理、挂钢筋网、弹线安装定位、灌水泥浆、整理、擦缝。

2) 干挂法

(1) 普通干挂法。普通干挂是直接在饰面板厚度面和反面开槽或成孔，然后用不锈钢连接件与安装在钢筋混凝土墙体内的膨胀金属螺栓或钢骨架相连接。板缝间加泡沫塑料阻水条，外用防水密封胶做嵌缝处理。该种方法多用于 30m 以下的建筑外墙饰面。

(2) 复合墙板干挂法。复合墙板干挂法是以钢筋细石混凝土做衬板，磨光花岗石薄板为面板，经浇筑形成一体的饰面复合板，并在浇筑前放好预埋件，安装时用连接器将板材与主体结构的钢架相连接。这种方法适用于高层建筑的外墙饰面，高度不受限制。

3) 直接粘贴法

直接粘贴法适用于厚度在 10～12mm 以下的石材薄板和碎大理石板的铺设。粘接剂可采用强度等级不低于 32.5MPa 的普通硅酸盐水泥砂浆或白色水泥白石屑浆，也可以采用专用的石材粘结剂。

2．饰面砖工程

饰面砖工程即陶瓷面砖工程，主要包括釉面砖、外墙面砖、陶瓷锦砖和玻璃锦砖等。

1) 基层处理

饰面砖应镶贴在湿润、干净的基层上，同时应保证基层的平整度、垂直度和阴、阳角方正。为此，在镶贴前应对基体进行表面处理，不同的基层需要不同的处理方法。

釉面砖和外墙砖镶贴前应按其颜色的深浅进行挑选分类，并用自制套模对面砖的几何尺寸进行分选，以保证镶贴质量。然后浸水润砖，时间 4h 以上，将其取出阴干至表面无水膜，然后堆入备用。

2) 镶贴施工方法

(1) 内墙釉面砖。镶贴前应在水泥砂浆基层上弹线分格，弹出水平、垂直控制线。在同一墙面上的横、竖排列中，不宜有一行以上的的非整砖，非整砖应安排在次要部位或阴角处。在镶贴釉面砖的基层上用废面砖按镶贴厚度上下左右做灰饼，并上下用拖线板校正垂直，横向用线绳拉平。

(2) 外墙面砖。外墙底、中层抹灰完后，养护 1～2 天即可镶贴施工。镶贴前应在基层上弹基准线，以基准线为准，按预排大样先弹出顶面水平线，然后每隔约 1000mm 弹一垂线。在镶贴面砖强应做标志块灰饼并洒水润湿墙面。镶贴外墙面砖的顺序是整体自上而下分层分段进行，每段仍应自上而下镶贴，先贴墙柱、腰线等墙面突出物，然后再贴大片墙面。

(3) 陶瓷锦砖和玻璃锦砖。由于粘贴锦砖的砂浆层较薄，故对找平层的平整度要求更高一些。弹线一般根据锦砖的尺寸和接缝宽度(与线路宽度同)进行，水平线每联弹一道，垂直线可每 2～3 联弹一道。不是整联的应排在次要部位，同时要避免非整块锦砖的出现。当墙面有水平、垂直分格逢时还应弹出有分格缝宽度的水平、垂直线。一般情况下，分格缝是用与大面颜色不同的锦砖非完整联裁条，平贴嵌入大墙面，形成线条，以增加建筑物墙面的立体感。

12.7.3 涂饰工程

涂饰工程是将水性涂料、溶剂型涂料涂覆于基层表面，在一定条件下可形成与基层牢固结合的连续、完整的固体膜层的材料。涂料涂饰是建筑物内外墙最简便、经济、易于维修更新的一种装饰方法。建筑涂料主要具有装饰、保护和改善使用环境的功能。

1．涂料种类

按涂料的成膜物质，可将涂料分为有机涂料、无机涂料和有机—无机复合涂料；根据在建筑物上的使用部位可分为外墙涂料、内墙涂料、地面涂料等；按涂料膜层厚度，可分为薄质涂料和厚质涂料。

2．涂饰工程施工

1) 基层处理

要保证涂料工程的施工质量，使其经久耐用，对基层的表面处理最关键。基层处理直接影响涂料的附着力、使用寿命和装饰效果。不同的基层材料，表面处理的要求和方法有所不同。

2) 涂饰方法

(1) 涂刷。涂刷是用毛刷、排笔在基层表面人工进行涂料覆涂施工的一种方法。

(2) 滚涂。滚涂是利用软毛辊(人造毛或羊毛)、花样辊进行施工再用纸遮盖后进行补滚。

(3) 弹涂。弹涂是借助专用的电动或手动的弹涂器，将各种颜色的涂料弹到饰面基层上，形成直径 2～8mm、大小近似、颜色不同、相互交错的圆粒状色点或深浅色点相同的彩色涂层。

12.8 施工组织设计

12.8.1 概述

施工组织设计是规划和指导施工项目从施工准备到竣工验收全过程的一个综合性的技术经济文件。施工组织设计是施工准备工作的重要组成部分，又是做好施工准备工作的主要依据和重要保证。

1．施工组织设计的任务

施工组织设计就是在各种不同因素的特定条件下，拟定若干个施工方案，然后进行技术经济比较，从中选择最优方案，包括选择施工方法与施工机械最优、施工进度与成本最优、劳动力和资源配置最优、全工地业务组织最优以及施工平面布置最优等。

2．施工组织设计的作用

施工组织设计的作用主要体现在：实现项目设计的要求，衡量设计方案施工的可能性和经济合理性；保证各施工阶段的准备工作及时进行；使施工按科学的程序进行，建立正常的生产秩序；协调各施工单位、各工种、各种资源之间的合理关系；明确施工重点，掌握施工关键和控制方法，并提出相应的技术安全措施；为组织物质供应提供必要的依据。

3．施工组织设计的分类

施工组织设计按编制对象范围不同分为施工组织总设计、单位工程施工组织设计和分部分项工程施工组织设计。

(1) 施工组织总设计。施工组织总设计是以整个建设项目或一个建筑群为对象编制的，用以指导全场性施工全过程的各项施工活动的技术、经济和组织的综合性文件。施工组织总设计一般是在初步设计或技术设计被批准后，由建设总承包单位组织编制。

(2) 单位工程施工组织设计。单位工程施工组织设计是以一个单位工程为对象编制的，用以指导施工全过程的各项施工活动的技术、经济和组织的综合性文件。施工单位施工组织设计一般在施工图设计完成后，在拟建工程开工前，由施工单位施工项目技术负责人组织编制。

(3) 分部分项工程施工组织设计。分部分项工程施工组织设计是以单位工程中复杂的分部分项工程或处于冬、雨期和特殊条件下施工的分部分项工程为对象编制的，用以具体指导其施工作业的技术、经济和组织的综合性文件。分部分项工程施工组织设计的编制工作一般与单位工程施工组织设计同时进行，由施工单位施工项目技术负责人或分部分项工程的分包单位技术负责人组织编制。

12.8.2 施工组织设计的内容

施工组织设计的内容要根据工程对象和工程特点，并结合现有和可能的施工条件，从实际出发。不同的施工组织设计在内容和深度方面不尽相同。一般包括如下几个方面内容：

1．工程概况

工程概况中应概要地说明本施工项目性质、规模、建设地点、结构特点、建筑面积施工期限；本地区气象、地形、地质和水文情况；施工力量、施工条件、劳动力、材料、设备等供应条件。

2．施工方案

施工方案选择是依据工程概况，结合人力、材料、机械设备等条件，全面部署施工任务；安排总的施工顺序，确定主要工种的施工方法；对施工项目根据各种可能采用的几种方案，进行定性、定量分析，通过技术评价，选择最佳施工方案。

3．施工进度计划

施工进度计划反映了最佳施工方案在时间上的具体安排；采用计划的方法，使工期、成本、资源等方面，通过计算和调整达到既定的施工项目目标；施工进度计划可采用线条图或网络图的形式编制。在施工进度计划的基础上，可编制出劳动力和各种资源需要计划和施工准备工作计划。

4．施工(总)平面图

施工(总)平面图是施工方案及进度计划在空间上的全面安排。它是把投入的各种资源(如材料、构件、机械、运输道路、水电管网等)和生产、生活活动场地合理地部署在施工现场，使整个现场能进行有组织、有计划的文明施工。

5．主要技术经济指标

主要技术经济指标是对确定的施工方案及施工部署的技术经济效益进行全面评价，用以衡量组织施工的水平。施工组织设计常用的技术经济指标有工期指标，劳动生产率指标，机械化施工程度指标，质量、安全指标，降低成本指标，节约“三材”(钢材、木材、水泥)指标等。

12.8.3 施工组织设计的编制依据

施工组织设计的编制依据有以下几个方面：

(1) 设计资料，包括设计任务书、初步设计(或技术设计)、施工图样和设计说明、施工组织条件设计等。

(2) 自然条件资料，包括地形、工程地质、水文地质和气象等资料。

(3) 技术经济条件资料，包括建设地区的建材工业及其产品、资源、供水、供电、通信、交通运输、生产及生活设施等资料。

(4) 工程承发包合同规定的有关指标，包括项目交付使用日期，施工中要求采用的新结构、新技术、新材料及与施工有关的各项规定指标等。

(5) 施工企业及相关协作单位可配备的人力、机械设备和技术状况，以及类型相似或近似项目的经验资料。

(6) 国家和地方有关现行规范、规程、定额标准等资料。

复习思考题

1. 简述土方开挖时需要注意的问题。
2. 什么是预制桩、灌注桩？各自的特点是什么？施工中如何控制？
3. 简述砖墙砌筑的施工工艺和施工要求。
4. 简述钢筋混凝土工程施工工艺过程。
5. 如何计算钢筋的下料长度？
6. 现浇钢筋混凝土工程对模板的要求是什么？
7. 试述施工缝的留设原则和处理方法。

第13章　土木工程防灾与减灾

灾害是指由于自然的、人为的或人与自然的原因，对人类的生存和社会发展造成损害的各种现象。根据其发生的原因和表现形式，灾害可分为自然灾害和人为灾害两大类。自然灾害主要指大自然的“天灾”，如地震灾害、风灾、水灾、地质灾害等，人为灾害是指由人类活动所致的损害人类自身利益的现象，如火灾，以及由于设计、施工、管理、使用失误造成的灾害等。值得一提的是，各种自然灾害中，有相当一部分是掺杂人类行为活动造成的，如酸雨，滥伐森林造成的特大洪灾，山体开挖引起的滑坡，过度开采地下水引起地面沉陷等。

我国是世界上自然灾害较为严重的国家之一，灾害种类多、分布地域广、发生频率高、造成的损失严重。鉴于此，在土木工程建设和使用过程中，了解和掌握土木工程可能受到的各种灾害发生规律、破坏形式及预防措施将具有重要意义。下面介绍灾害的特征、分类及分级。

1．灾害的一般性特征

(1) 危害性。灾害必然对人类生命、财产以及赖以生存的其他环境和条件产生严重的危害，其程度往往为本社区或地区难以独立承受，而需要向外界求援。

(2) 突发性。灾害的孕育往往有个量变到质变的过程，这种过程有长有短，但最终均表现为灾害的突发。绝大部分灾害的发生不可预料或者难以精确预报，其往往在短暂时间内发生，有些仅在几秒钟内就可能造成惨重损失，如地震、泥石流、爆炸等。崩塌落石、高速滑坡、泥石流都具有突发性，振动作用所致的砂土液化、软土地基剪出破坏、边坡坍滑也往往是突然发生的。

(3) 永久性。许多灾害是由自然界的运动变化而引起的，客观存在而不受社会主观意识行为改变和转移，如地震、台风、洪水等，只要人类存在，就不会消失。

(4) 周期性。各种灾害都按照自身规律频繁发生，相互间又可多向影响、交织诱发。气候条件变化具有周期性和季节性，地应力变化有一定规律，因此地震、洪水和台风等灾害的发生具有一定的周期性和准周期性(灾变期)。例如，长江流域的大水具有与太阳黑子活动相关的周期性，台风活跃期在每年的夏季，地震活动的周期性和震中的重复性早已被揭示。但这些灾害又不会十分准确地按周期循环重复发生，对灾害的暴发时间、地点、规模等都很难准确地预测和预报。

(5) 区域性。各种灾害的分布十分广泛，但具体到某一种灾害，又具有一定的区域性。如自然灾害主要受气候、地貌、岩性、构造等地质地理条件所控制，空间分布上表现某种区域规律性，如受地表水热条件所控制的地带性、受地貌和岩性所控制的地域性、坡地地质灾害顺谷坡或构造带呈带状分布性、受坡向差异制约的坡向性等。

(6) 群发性。由于自然灾害的时空分布具有非稳定性，灾害分布具有时间和空间上的群发性，许多自然灾害往往会在某一时间段或某一地区相对集中出现，形成众灾群发的局面。

(7) 复发性。一些早已停歇或稳定的灾害，特别是地质灾害，由于自然或人为因素的变化会再次暴发或复活。山区最常见的是由于植被破坏、乱弃矿渣使早已停歇的泥石流再度暴发，古滑坡体由于工程建设的不合理切脚、堆载、渗水而复活。

2. 灾害的类型与分级

灾害的种类繁多，分类方法各不相同。根据其发生的原因和表现形式，灾害可分为自然灾害和人为灾害两大类。但从过程特征的发展快慢来看，自然灾害又可分为以下四种类型：

(1) 突变型。缺少先兆、突然发作，发生过程历时较短，但破坏性很大，而且可能在短期内重复发作，如地震、泥石流。

(2) 发展型。有一定的先兆，往往是某种正常过程累积的结果，发展较迅速，但相对突变型灾害缓慢，其过程具有一定可估计性，如暴雨、台风、洪水等。

(3) 持续型。持续时间可由几天到半年甚至几年，如旱灾、涝灾等。

(4) 演变型。也称环境演变型，是一种长期的自然过程，是自然环境演化的必然伴生现象，最难控制和减轻，如沙漠化、水土流失、冻土融化、海水入侵、海平面上升、局域气候干旱化等。

突变型和发展型灾害发作快、缺少征兆，危害最大，有时将两者合称为骤发性灾害。持续型灾害持续时间长、影响范围较大，可造成极大的经济损失。演变型灾害作为一种漫长的自然过程，会破坏人类的生存环境，长期的潜在损失最大。

在我国根据灾害造成的人员伤亡及经济损失将灾害分为五级：

(1) 巨灾。死亡 10000 人以上，经济损失超过 1 亿元人民币。

(2) 大灾。死亡 1000～10000 人，经济损失为 1000 万～1 亿元人民币。

(3) 中灾。死亡 100～1000 人，经济损失为 100 万～1000 万元人民币。

(4) 小灾。死亡 10～100 人，经济损失为 10 万～100 万元人民币。

(5) 微灾。死亡人数少于 10 人，经济损失小于 10 万元人民币。

13.1 工程灾害概述

13.1.1 地震灾害与防震减灾

1. 地震的基本概念

地震：是地壳快速震动的一种地质作用，是地壳运动的一种表现形式。地壳的震动是以弹性波的形式传播的，地震通常发生在地球内部，有深有浅。

震源：在地震学中，震源是地震发生的起始位置，断层开始破裂的地方。它是有一定大小的区域，又称震源区或震源体，是地震能量积聚和释放的地方。

震中：震源在地球表面上的垂直投影，叫震中。

震中距：地面上任何一点到震中的直线距离称为震中距。

震级：指一次地震时，震源处释放能量的大小，是表征地震强弱的指标，是地震释放能量多少的尺度，一次地震只有一个震级。

地震烈度：指受震区的地面及建筑物遭受破坏的强烈程度。地震烈度表是划分地震烈度的标准。它是根据地震发生后，地面的宏观现象(地面建筑物受破坏的程度、地震现象和人的感觉)以及定量指标两方面标准划定的。

震级和烈度都是地震强烈程度的指标，但烈度对工程抗震设计来说具有更为密切的关系。在工程抗震设计时，是以地震烈度作为强度验算与选择抗震措施的依据，经常采用的地震烈度有基本烈度和设计烈度。

2．地震的分类

地震一般可分为人工地震和天然地震两大类。由人类活动(如开山、采矿、爆破、地下核试验等)引起的地面震动称人工地震，除此之外便统称为天然地震。

1) 按成因天然地震分类

(1) 构造地震。构造地震的产生是由于地球不断运动和变化，在构造运动作用下地壳逐渐积累了巨大的能量，在某些脆弱地段地应力达到并超过岩层的强度极限时，岩层就会突然产生变形乃至破裂，或者引发原有断层的错动，将能量突然释放出来，从而引起大地震动。

(2) 火山地震。火山地震是由于火山作用引起的地震。火山地震都发生在活火山地区，一般震级不大。

(3) 陷落地震。陷落地震是由于地层陷落(如喀斯特地形、矿坑塌陷等)引起的地震，其破坏范围非常有限。

(4) 诱发地震。诱发地震是在特定的地区因某种除地壳以外的因素诱发(如陨石坠落、水库蓄水、深井注水)而引起的地震。

2) 按震源深度不同分类

地震按震源深度不同，可分为：

(1) 浅源地震。震源深度小于 60km。

(2) 中源地震。震源深度为 60～300km。

(3) 深源地震。震源深度大于 300km。

地球上 75%以上的地震是浅源地震，震源深度也多为 5～20km。由于浅源地震能够产生更大的地球表面震动，因此破坏力也最大。我国发生的绝大部分地震均属浅源地震。

3) 按震级大小不同分类

地震按震级大小不同，可分为：

(1) 微震。1≤震级＜3 级。

(2) 小震。3 ≤震级＜4.5 级。

(3) 中震。4.5 ≤震级＜6 级。

(4) 强震。6 级≤震级＜7 级。

(5) 大震。震级≥7 级。

(6) 特大地震。震级≥8 级。

4) 按破坏性大小不同分类

地震按破坏性大小不同，可分为：

(1) 有感地震。2 级≤震级＜4 级，震中附近的人能够感觉到的地震。

(2) 破坏性地震。震级＞5 级，造成人员伤亡和经济损失的地震，能够引起建筑物不同程度的破坏。

(3) 严重破坏性地震。震级＞7，造成严重的人员伤亡和财产损失，使灾区丧失或部分丧失自我恢复能力的地震。

3．地震产生的主要震害

(1) 地表破坏。强烈地震发生时，地表一般都会出现地震断层和地表破裂(裂缝)，在宏观上常沿着一定方向展布在一个狭长地带内，绵延数十至数百千米。

地震砂土液化是地表破坏的另一种表现形式，其机制是饱和的粉、细砂在振动作用下颗粒移动和变密的趋势，对应力的承受从砂土骨架转向水；由于粉、细砂的渗透力不良，孔隙水压力会急剧增大，当孔隙水压力大到总应力值时，有效应力就降到零，砂土颗粒悬浮在水中，砂土即刻由固体状态转变为液体状态，发生液化，液化使地表的承载力大大降低，造成地层下陷。地震还可导致滑坡、崩塌或泥石流灾害。

(2) 建筑物破坏。地震发生时，地震波在岩土体中传播而引起强烈的地面运动，使建筑物的地基基础以及上部结构都发生振动，相当于施加了一个附加荷载(即地震力)。当地震力达到某一限度时，建筑物即发生破坏。这种由于地震力作用直接引起建筑物的破坏，称为振动破坏效应。建筑物的破坏形式主要包括结构丧失整体性垮塌；承重结构承载力不足而破坏；地基失效。

(3) 次生灾害。直接灾害发生后，破坏了自然环境原有的平衡、稳定状态，从而引发次生灾害。有时次生灾害所造成的伤亡和损失比直接灾害还大。地震引起的次生灾害主要有崩塌、滑坡、堰塞湖、溃决洪水、泥石流以及水灾、有毒物质的泄漏、瘟疫和海啸等。

例如，“5·12”汶川地震引发大量次生地质灾害，如滚石、崩塌、滑坡、堰塞湖和泥石流。其中，崩塌、滑坡、滚石是毁坏基础设施和导致人员伤亡的主要灾害类型；堰塞湖不仅淹没下游河谷及邻近区域，而且对下游地区的城镇和农村，以及基础设施形成巨大的溃决洪水威胁。唐山地震时正值盛夏，天气炎热、阴雨连绵，人畜尸体迅速腐烂，疫情非常严峻。2004 年 12 月 26 日，印度洋海底暴发了里氏 9.0 级强烈地震，引发了印度洋大海啸，巨浪以每小时 800km 的起始速度冲向海岸。2011 年 3 月 11 日 13 时 46 分，日本本州岛附近海域发生里氏 9.0 级地震，震中位于宫城县以东太平洋海域，震源深度为 10km，引发海啸袭击本州岛东海岸，巨浪冲毁大量房屋和建筑。

13.1.2 地质灾害与防治

地质灾害是指由于地质作用使地质环境产生突发的或渐进的破坏，并造成人类生命财产损失的现象。由于地质灾害往往造成严重的人员伤亡和巨大的经济损失，因此在自然灾害中占有突出的地位。

我国地质灾害种类齐全，按致灾地质作用的性质和发生处所进行划分，可分为以下 12 类：

(1) 地壳活动灾害：地震、火山喷发、断层错动等。

(2) 斜坡岩土体运动灾害：崩塌、滑坡、泥石流等。

(3) 地面变形灾害：地面塌陷、地面沉降、地面开裂(地裂缝)等。

(4) 矿山与地下工程灾害：煤层自燃、洞井塌方、冒顶、偏帮、鼓底、岩爆、高温、突水、瓦斯爆炸等。

(5) 城市地质灾害：建筑地基与基坑变形、垃圾堆积等。

(6) 河、湖、水库灾害：塌岸、淤积、渗漏、浸没、溃决等。

(7) 海岸带灾害：海平面升降、海水入侵、海岸侵蚀、海港淤积、风暴潮等。

(8) 海洋地质灾害：水下滑坡、潮流沙坝、浅层气害等。

(9) 特殊岩土灾害：黄土湿陷、膨胀土胀缩、冻土冻融、沙土液化、淤泥触变等。

(10) 土地退化灾害：水土流失、土地沙漠化、盐碱化、潜育化、沼泽化等。

(11) 水土污染与地球化学异常灾害：地下水质污染、农田土地污染、地方病等。

(12) 水源枯竭灾害：河水漏失、泉水干涸、地下含水层疏干(地下水位超常下降)等。

下面详细介绍几种常见的地质灾害。

1．崩塌

1) 崩塌的概念

崩塌是指陡峻斜坡的巨大岩块，在重力作用下突然而猛烈地向下倾倒、翻滚、崩落的现象。崩塌经常发生在山区河流、沟谷的陡峻山坡上，有时也发生在高陡的路堑边坡上。

2) 崩塌的形成条件

(1) 地形条件。崩塌多发生在大于 45°，高度超过 30m 的高陡边坡，孤立山嘴或凹形陡坡是崩塌形成的有利地形。

(2) 岩性条件。崩塌现象多发生在风化的坚硬岩石构成的高陡斜坡地段，而软质岩石形成的低缓斜坡地带则较为少见。

(3) 边坡岩土体的结构构造条件。边坡岩土体中大都存在有很多结构面，将岩体切割成若干不连续块体，导致崩塌的发生。

(4) 水的作用。绝大多数崩塌都发生在雨季以及暴雨天气或暴雨之后。

(5) 其他因素的影响。地震、爆破、人工开挖边坡土石体，甚至列车的震动等都有可能增大边坡或边坡岩土块体不稳定性，导致崩塌发生的诱导因素。

3) 崩塌的危害

规模小的崩塌崩落的土石方仅有数立方米到数十立方米，大者可达数百、数千直至数万立方米。崩落土石体达到数十万、上千万甚至更多的山体大崩塌多和地震相关。发生的次数也极为有限。崩塌会使建筑物，有时甚至使整个居民点遭到毁坏，使公路、铁路被掩埋(见图 13-1)，有时使河流堵塞形成堰塞湖。由崩塌带来的损失不单是建筑物损毁，并且常因此使交通中断，给运输带来重大损失。

图 13-1　崩塌的山体阻断高速公路

4) 崩塌的处理措施

崩塌的处理主要是针对高陡边坡上的岩体进行稳定加固，具体加固方法有以下几种：

(1) 通过开挖方式使边坡得到稳定。

(2) 坡面与岩体加固，即通过各种手段恢复和增强岩体的连续性和完整性。

(3) 对已建成公路上方的危岩、危石，应根据地形和岩层情况采取支顶、支护等方式予以稳定加固。

2．滑坡

滑坡是指斜坡岩土体在重力作用下，沿一定的软弱面或滑动带整体下滑的现象。为了更好地认识和治理滑坡，需要对滑坡进行分类。但由于自然界的地质条件和作用因素复杂，各种工程分类的目的和要求又不尽相同，因而可从不同角度进行滑坡分类。在我国，滑坡的分类方法主要有以下几种：

(1) 按滑体的物质组成可分为堆积层滑坡、黄土滑坡、黏性土滑坡、岩层(岩体)滑坡和填上滑坡。

(2) 按滑体体积大小分为特大型(巨型)滑坡(大于 1000 万 m^3)；大型滑坡(100 万～1000 万 m^3)；中型滑坡(10 万～100 万 m^3)；小型滑坡(小于 10 万 m^3)。

(3) 按滑坡体的厚度分为浅层滑坡(厚度 $H < 6m$)；中层滑坡($6m < H < 20m$)；深层滑坡($20m < H < 50m$)；超深层滑坡($H > 50m$)。

(4) 按形成的年代分为新滑坡(正在活动)、古滑坡(全新世以前的)、老滑坡(全新世以来发生，现未活动)。

(5) 按力学条件分为牵引式滑坡，即滑体下部先变形滑动，上部失去支承后而变形滑动形成的滑坡；

推动式滑坡，即滑体上部先滑动，挤压下部变形滑动形成的滑坡。

(6) 按滑动面与岩体结构面之间的关系分为同类土滑坡、顺层滑坡、切层滑坡。同类土滑坡发生在均质土体(如黏土、黄土等)或极其破碎的岩体中，滑动面不受岩土体中已有结构面的控制，而取决于斜坡内部的应力状态和岩土的抗剪强度关系，滑面通常近似为圆弧面。顺层滑坡是沿着岩层面或软弱夹层面发生滑动而产生的滑坡，多发生在岩层走向与斜坡走向一致、倾角小于坡角、倾向坡外的条件下，在岩质边坡中较常见。切层滑坡是滑动面切过岩层面，沿断裂面、节理面等软弱结构面滑动形成的滑坡。

1) 滑坡的形态特征

滑坡的组成如图 13-2 所示。通常发育完整的滑坡一般都具有以下构造特征：

(1) 滑坡体。滑坡的整个滑动部分简称滑坡体。

(2) 滑坡壁。滑坡体后缘与不动的山体脱离后，暴露在外面的形似壁状的分界面，一般是高约数十厘米至数十米的陡壁，平面上呈弧形，是滑动面上部在地表露出的部分。

(3) 滑动面。滑坡体沿下伏不动的岩土体滑动的分界面，简称滑面。有的滑坡有明显的一个或几个滑动面。大多数滑动面由岩土层层理面或节理面等软弱结构面贯通而成。确定滑动面的位置是进行滑坡整治的先决条件和主要依据。

(4) 滑动带。平行滑动面受揉皱及剪切的破碎地带，简称滑带；有的滑坡没有明显的滑动面，而有一定厚度的由软弱岩上层构成的滑动带。

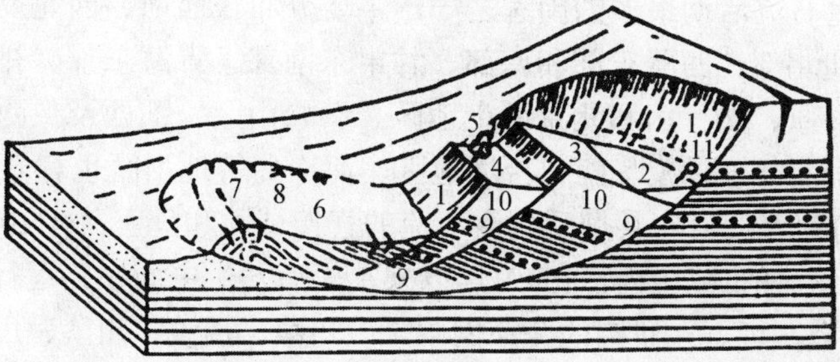

图 13-2　滑坡的组成

1—滑坡壁；2—滑坡洼地；3，4—滑坡台阶；5—醉树；6—滑坡舌；
7—鼓张裂缝；8—羽状裂缝；9—滑动面；10—滑坡体；11—滑坡泉。

(5) 滑坡床。滑坡体滑动时所依附的下伏不动的岩、土体，简称滑床。

(6) 滑坡舌。滑坡前缘形如舌状的凸出部分，简称滑舌，由于受滑床摩擦阻滞，舌部往往隆起形成滑坡鼓丘。

(7) 滑坡台阶。滑坡体滑动时，由于各部分下滑速度差异或滑体沿不同滑面多次滑动，在滑坡上部形成的阶梯状错落台阶称为滑坡台阶。

(8) 滑坡周界。滑坡体和周围不动的岩、土体在平面上的分界线。

(9) 滑坡洼地。滑动时滑坡体与滑坡壁间拉开，形成的沟槽或中间低四周高的封闭洼地。

(10) 滑坡裂缝。当山坡下滑时，由于各部分土体运动速度和受力情况不同，因而在滑坡体上及其周界附近会出现各种裂隙，称为滑坡裂隙。

2) 滑坡形成的影响因素

引起斜坡岩土体失稳的因素，称为滑坡形成的影响因素。这些因素可使斜坡外形改变、岩土体性质恶化，以及增加附加荷载等而导致滑坡的发生。影响滑坡形成的主要因素有：

(1) 地形地貌。斜坡的存在，使滑动面能在坡前缘临空出露，这是滑坡产生的先决条件。不同外形的斜坡，直接影响着斜坡内部应力的分布，使斜坡失稳。斜坡越陡，高度越大。斜坡中、上部突出，下部凹进，且坡脚处无抗滑地形时，越容易产生滑坡。

(2) 岩性条件。岩土体是产生滑坡的物质基础。结构松散、抗风化能力较低、在水的作用下其性质能发生变化的岩土体易发生滑坡，如松散覆盖层、黄土、红黏土、页岩、泥岩、煤系地层、凝灰岩、片岩、板岩、千枚岩等及软硬相间的岩层所构成的斜坡。

(3) 构造条件。组成斜坡的岩体只有被各种构造面切剖分离成不连续状态时，才有可能向下滑动。同时，构造面又为降雨等水流进入斜坡提供了通道。因此，各种节理、裂隙、层面、断层发育的斜坡，特别是当平行和垂直斜坡的陡倾角构造面及顺坡缓倾的构造面发育时，最易发生滑坡。

滑坡的形成除受上述内在因素影响外，大多还受一些外界因素影响。诱发滑坡的外界因素主要有地震、降雨和融雪、地表水的冲刷、浸泡、河流等地表水体对斜坡坡脚的不断冲刷；不合理的人类工程活动，如开挖坡脚、坡体上部堆载、爆破、水库蓄(泄)水、矿山开采，以及海啸、风暴潮、冻融等作用也可诱发滑坡。

3．泥石流

由暴雨或冰雪迅速融化形成的一种突然爆发性的含大量泥砂、石块的急骤水流，并且挟带堆积在缓坡或山谷中的大量堆积物成为泥石洪流冲向山前地带的现象，称为泥石流。

我国是世界上泥石流活动最多的国家之一，主要分布在西南、西北及华北的山区，如四川西部、云南西部和北部、西藏东部和南部、甘肃东南部、青海东部、祁连山地区、昆仑山及天山地区；黄土高原、太行山和北京西山地区、秦岭山区、鄂西及豫西山区等。此外，在东北西部和南部、华北部分以及华南、台湾地区、海南岛等地山区也有分布。

据统计，我国每年有近百座县城受到泥石流的直接威胁和危害；有 20 条铁路干线的走向经过 1400 余条泥石流分布范围内，1949 年以来，先后发生中断铁路运行的泥石流灾害 300 余起，有 33 个车站被淤埋。在我国的公路网中，以川藏、川滇、川陕、川甘等线路的泥石流灾害最严重，仅川藏公路沿线就有泥石流沟 1000 余条，先后发生泥石流灾害 400 余起，每年因泥石流灾害阻碍车辆行驶时间长达 1～6 个月。图 13-3 是 2006 年 5 月 6 日，在中国甘肃武都县爆发的泥石流。

图 13-3　甘肃武都县泥石流

1) 泥石流的危害

泥石流是一种含有大量泥沙、石块等固体物质突然暴发的、具有很大破坏力的特殊洪流，由暴雨、冰雪融水或库塘溃坝等水源激发，使山坡或沟谷中的固体堆积物混杂在水中沿山坡或沟谷向下游快速流动，并在山坡坡脚或出山口的地方堆积下来。泥石流常常具有暴发突然、来势凶猛、迅速的特点，并兼有崩塌、滑坡和洪水破坏的双重作用，其危害程度往往比单一的滑坡、崩塌和洪水的危害更为广泛和严重。它对人类的危害具体体现在如下四个方面：

(1) 对居民点的危害。泥石流最常见的危害之一是冲进乡村、城镇，摧毁房屋事业单位及其他场所、设施。淹没人畜，毁坏土地，甚至造成村毁人亡的灾难。

(2) 对公路、铁路及桥梁的危害。泥石流可直接埋没车站、铁路、公路，摧毁路基、桥涵等设施，致使交通中断，还可引起正在运行的火车、汽车颠覆，造成重大的人身伤亡事故。有时泥石流汇入河流，引起河道大幅度变迁，间接毁坏公路、铁路及其他构筑物，甚至迫使泥石流大量冲入河道，导致河水改道和道路中断(见图 13-4，2005 年 11 月 8 日凌晨 3 时 10 分发生在山西省浮山县的泥石流现场)。

(3) 对水利、水电工程的危害。主要是冲毁水电站、引水渠道及过沟建筑物，淤埋水电站水渠，并淤积水库、磨蚀坝面等。

(4) 对矿山的危害。主要是摧毁矿山及其设施，淤埋矿山坑道，伤害矿山人员，造成停工停产，甚至使矿山报废。

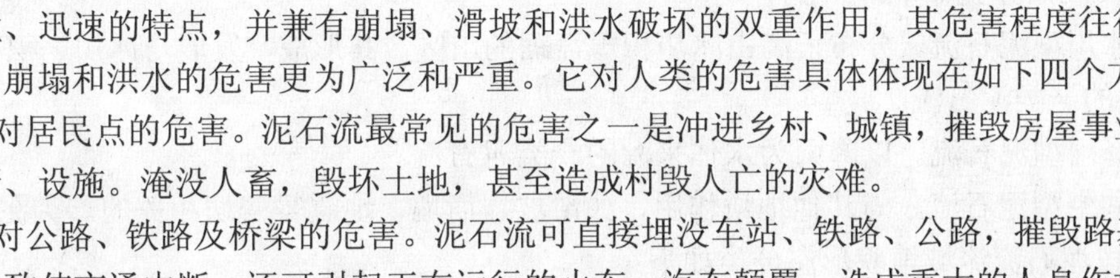

图 13-4　山西省浮山县泥石流

2) 泥石流的特点和类型

泥石流是介于水流和土石体滑动之间的一种运动现象。泥沙很少的泥石流与一般的山洪相似，甚至难以区分，而泥沙含量多的泥石流又与土石滑体非常相似，没有截然的界限。泥石流很不稳定，流体的性质不仅随固体物质性质、补给量以及水体补给量的增减而变化，而且在运动过程中，又随着时间、地点的变化而变化。

合理的分类是综合整治泥石流的需要。根据泥石流的形成过程，泥石流沟的沟谷形态特征、泥石流所含固体物质、流体特征及泥石流的发育阶段等，有不同的分类组合。

(1) 按泥石流流态特征分类如下：

① 黏性泥石流。固体物质含量为 40%～60% ，最高可达 80%；呈层流状态，固体和液体物质作整体运动的浓稠性浆体，又称为结构型泥石流。

② 稀性泥石流。固体物质含量为 10%～40%，主要成分是水；呈紊流状态，固液两相物质不等速运动，石块在其作翻滚或跃移前进的泥浆体，又称为紊流型泥石流。

(2) 按物质组成分类如下：

① 泥石流。由大量黏性土和大小粒径不等的砂粒、石块组成流质体的固体成分。

② 泥流。以黏性土为主，含少量砂粒、石块，黏度大，呈稠泥状；细粒泥沙为主要固体物质成分，发育于我国黄土地区。

③ 水石流。由水、粗砂、砾石、大漂砾组成的特殊流体，主要发育于大理岩、白云岩、石灰岩、砾岩或部分花岗岩地区。

(3) 按成因分类如下：

① 冰川型泥石流。分布于高山冰川积雪盘踞的山区，其形成、发展与冰川、积雪的融化密切相关的一类泥石流。

② 降雨型泥石流。以降雨为水体来源的一类泥石流。

③ 共生型泥石流。与其他地质作用，如滑坡、崩塌、地震等密切相关的一类泥石流。

(4) 按泥石流流域地貌形态分类如下：

① 沟谷型泥石流。沿沟谷形成，流域轮廓清晰，呈现狭长状的瓢形、长条形或树枝形。该种泥石流规模大、来势猛、过程长、强度大、危害大。

② 山坡型泥石流。发生于坡面及斜坡面上的小型沟谷中，沟短坡陡，泥石流规模小、来势快、过程短，危害也小。

3) 泥石流的形成条件

(1) 地质条件。泥石流分布多为新构造运动活动显著、地质构造复杂，断裂、褶皱发育，裂隙密行，滑坡、崩塌等不良地质作用强烈；山体岩石结构疏松、软弱、易风化，地表岩石风化破碎。有形成泥石流所需的大量颗粒状松散固体物质来源。

(2) 气象条件。地表水的迅速而大量汇流是形成泥石流的根本条件。因此，泥石流流域常发生强度较大的暴雨或具有开阔的山坡，堆积有大量的积雪或冰川，气温回升强度大，有产生骤然融雪的可能。

(3) 人为影响因素。人类的滥砍滥伐、垦荒造田、修路切坡、开山劈石、采石弃渣甚至过度放牧等活动都会严重破坏山区的地表植被，加速地表岩体的风化，加大水土流失程度。大量调查研究结果表明，很多泥石流的发生都与人类的上述各种活动有着或多或少的关系。有的就是导致泥石流发生的直接原因，有的会加大泥石流的发生程度。

13.1.3 风灾

国内外统计资料表明，在所有自然灾害中，风灾造成的损失为各种灾害之首，世界每年因风灾造成的损失几乎占总自然灾害的50%。例如，1999 年全球发生的严重自然灾害共造成800 亿美元的经济损失，其中，在被保险的损失中，台风(飓风)造成的损失占 70%。风是空气相对于地面的运动，也是一种不可避免的自然现象。因太阳对地球大气加热的不均匀性，导致不同地区产生压力差，从而产生趋于平衡的空气流动，便形成了风。常见的风灾有台风(飓风)、龙卷风和暴风等。

1．台风

发生在低纬度热带洋面上的低气压或空气涡旋统称为热带气旋。从 1989 年起，即采用国际标准，将热带气旋分为以下四类：

(1) 热带低压：热带气旋中心附近的最大平均风力为 6～7 级；

(2) 热带风暴：热带气旋中心附近的最大平均风力为 8～9 级；

(3) 强热带风暴：热带气旋中心附近的最大平均风力为 10～11 级；

(4) 台风：热带气旋中心附近的最大平均风力为 12 级或以上。

影响我国的热带气旋都发生在西北太平洋面上，在我国登陆的台风占整个西北太平洋台风总数的 35%。一般来说，在大西洋生成的热带气旋称为飓风，而在太平洋上生成的热带气旋称为台风。在北半球，热带气旋的风向按逆时针旋转；而在南半球，热带气旋的风向按顺时针旋转。台风(飓风)为急速旋转的暖湿气团，直径为 300～1000km 不等，从台风中心向外依次是台风眼、眼壁，再向外便是几十至几千千米长的螺旋云带。靠近台风中心的风速常超过每小时 180km，由中心到台风边缘风速逐渐减弱。台风带来的灾害表现在狂风的摧毁力、强暴雨引起的水灾和巨浪暴潮的冲击力三个方面。但台风在危害人类的同时，也在保护人类。台风给人类送来了淡水资源，大大缓解了全球水荒，一次直径不算太大的台风，登陆时可带来 30 亿吨降水。另外，台风还使世界各地冷热保持相对均衡。

2．龙卷风

龙卷风是在极不稳定的天气下由空气强烈对流运动而产生的一种伴随着高速旋转的漏斗状云柱的剧烈强风涡旋，其中心附近风速可达 100～200m/s，最大达到 300m/s，比台风近中心最大风速大数倍，其破坏性极强。

全球受龙卷风袭击的次数每年高达 1000 次。龙卷风的活动区域极广，几乎遍及全球。其中，美国龙卷风出现频繁，原因是著名的墨西哥暖流给美国南部输送了大量的暖湿气流，形成了龙卷风的一个必要条件。在我国龙卷风主要出现在长江三角洲和华南地区。

3．季风

由于大陆和海洋在一年之中增热和冷却程度不同，在大陆和海洋之间大范围的、风向随季节有规律改变的风称为季风。季风是由于地球表面性质不同，热力反应有所差异而引起，由海陆分布、大气环流、大地形等因素造成的，以一年为周期的大范围的冬夏季节盛行风向相反的现象。由于周围热力的原因，冬季形成大陆高压，夏季形成大陆低压。由于亚洲大陆陆地辽阔，所以受季风的影响也非常强烈。

除自然灾害外，人为灾害如火灾、工程质量事故等也可能对土木工程形成危害。

土木工程具有一定的复杂性和特殊性，要求我们要继续建立和完善建设法规，并严格按照建设程序办事，整顿建设市场，保证交给人民的是安全、经济、美观的建筑产品。

13.2 工程结构检测及结构加固

13.2.1 工程结构检测

按照《建筑结构检测技术标准》(GB/T 50344-2004)的规定，工程结构在遭受灾害后，应及时对其进行分析计算，对结构物的工作性能及其可靠性进行评价，对结构物的承载力做出正确的评估，这就是结构检测的内容，因此结构检测是工程结构受灾后的鉴定和加固的基础。

结构检测的基本程序是：接受检测任务后首先收集原始资料、图纸，接下来检测结构外观、检测材料性能，测量构件变形，评估构件现在强度，决定其是否可修，如果不可修则该结构降级处理或拆除，如果可修则进一步进行内力分析与截面验算，考察其是否满足规范要求，如果满足则进行寿命评估，基本满足则提出加固意见并做出书面检测报告。

结构外观检测主要是进行裂缝、变形、构件局部破损的检测。

结构受灾后，其材料强度往往有所削弱，达不到原设计值，应该通过检测确定结构是否需要继续使用及是否需要加固。检测技术从宏观角度看，可从对结构构件破坏与否的角度出发，分为无损检测技术、半破损检测技术和破损检测技术。目前应用较多的是无损检测技术和半破损检测技术。无损检测技术是在不破坏材料的前提下，检测结构构件宏观缺陷或测量其工作特征的各种技术方法。而对结构构件局部破损的方法称半破损检测技术。

1．混凝土检测技术

目前对混凝土检测技术较为成熟。混凝土强度检测有回弹法、超声法、钻芯法、拔出法等。以及综合检测方法如超声回弹综合法，钻芯回弹综合法等。

(1) 回弹法。利用回弹仪检测普通混凝土结构构件抗压强度的方法简称回弹法。回弹仪是一种射锤击式仪器，回弹值反映了冲击能量有关的回弹能量，而回弹能量反映了混凝土表层硬度与混凝土抗压强度之间的函数关系。测定回弹值的仪器叫回弹仪，回弹仪有不同的型号，按冲击动能的大小分为重型、中型、轻型、特轻型四种。进行建筑结构检测时一般使用中型回弹仪，其结构见图 13-5。由于影响回弹法测定的因素较多，通过实践与专门试验研究发现，回弹仪的质量和是否符合标准状态要求是保证稳定检测结果的前提。

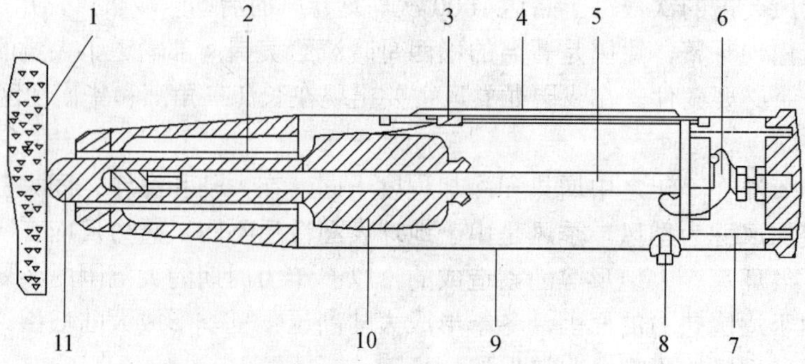

图 13-5　回弹仪结构示意图

1—混凝土面层；2—冲击弹簧；3—推杆；4—示值窗；5—弹锤导轨；6—解锁装置；7—受压弹簧；8—锁钮；9—外壳；10—弹锤；11—击杆头。

(2) 超声法。通过超声波检测混凝土缺陷和强度。其基本原理就是声速与混凝土的弹性性质有密切的关系，而弹性性质在很大程度上可以反映强度大小，因此可以通过试验建立混凝土强度和超声波速度的相关关系。

混凝土内超声波速度受许多因素影响，如混凝土内钢筋配置方向，不同集料及料径，混凝土水灰比、龄期及养护条件，混凝土强度等级等，这些因素在建立混凝土强度和超声波速度相关关系时都要加以考虑和修正。

(3) 钻芯法。所谓钻芯法就是利用钻芯机、钻头、切割机等配套机具，在结构构件上钻取芯样，通过芯样抗压强度直接推定结构构件的强度或缺陷，而不需利用立方体试块或其他参数。钻芯法的优点是直观、准确、代表性强，缺点是对结构构件有局部破损，芯样数量不可取得太多，且价格较为昂贵。钻芯法除用以检测混凝土强度外，还可通过钻取芯样方法检测结构混凝土受冻、火灾损伤深度、裂缝深度以及混凝土接缝、分层、离析、孔洞等缺陷。

钻芯法在原位上检测混凝土强度与缺陷是其他无损检测方法不可取代的一种有效方法。因此，将钻芯法与其他无损检测方法结合使用，一方面可以利用无损检测方法检测混凝土均匀性，以减少钻芯数，另一方面又利用钻芯法来校正其他方法的检测结果，提高检测的可靠度。

(4) 拔出法。拔出法是指将安装在混凝土中的锚固件拔出，测出极限拔出力，利用事先建立的极限拔出力和混凝土强度间的相关关系，推定被测结构构件的混凝土强度的方法。

拔出法在国际上已有五十余年的历史，方法比较成熟，在北美、北欧国家得到广泛认可，被公认为现场应用方便、检测费用低廉，适合于现场控制。尽管工程理论界对极限拔出力与混凝上拔出破坏机理的看法还不一致，但试验证明，在 C60 以下常用混凝土的范围内，拔出力与混凝土有良好的相关性，检测结果与立方体试块强度的离散性较小，检测结果令人满意，因此拔出法被看作是十分有前途的一种微破损检测方法。

(5) 综合法。综合法检测混凝土强度是指应用两种或两种以上检测方法(包括力学的、物理的)，获取多种参量，并建立强度与多种参量的综合相关关系，从不同角度综合评价混凝土强度。综合法可以弥补单一法固有的缺陷，相互补充。综合法的最大优点是提高了混凝土强度检测的精度和可靠性，是混凝土强度检测技术的一个重要发展方向。目前除上述超声回弹综合法已在我国广泛应用外，超声钻芯综合法、回弹钻芯综合法、声速衰减综合法等也逐渐得到应用和重视。

2．砌体结构检测技术

砌体结构检测方法的研究始于 20 世纪 70 年代末，比混凝土结构略晚一些，技术成熟度比混凝土强度检测技术略差，但发展迅速，在国内形成了百家争鸣的局面，达到了经济发达国家的检测水平，目前主要测定砌筑砂浆强度作为砌体结构抗震鉴定和加固的评定指标。砌体结构的现场检测方法，按测试内容可分为下列几类：

(1) 检测砌体抗压强度：原位轴压法、扁顶法。

(2) 检测砌体工作应力、弹性模量：扁顶法。

(3) 检测砌体抗剪强度：原位单剪法、原位单砖双剪法。

(4) 检测砌筑砂浆强度：推出法、筒压法、砂浆片单剪法、回弹法、电荷法、射钉法。

下面仅就其中的原位轴压法进行简单介绍。

原位轴压法适用于推定 240mm 厚的普通砖砌体抗压强度。检测时，在墙体上开凿两条水平槽孔，安放原位压力机，原位压力机由手动油泵、扁式千斤顶、反力平衡架等组成。工作状况如图 13-6 所示。

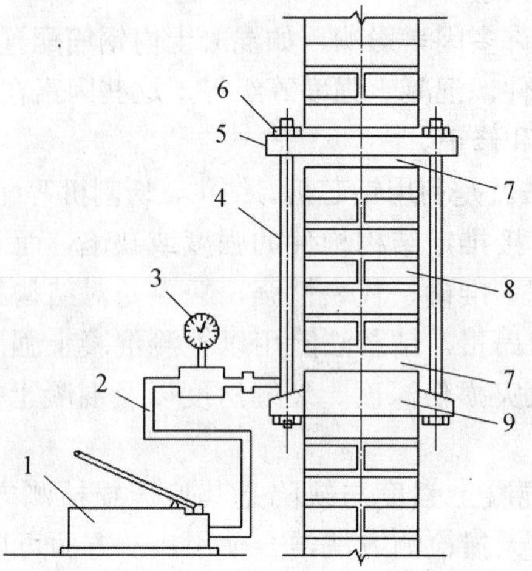

图 13-6　原位压力机测试工作示意图

1—手动油泵；2—高压油管；3—压力表；4—拉杆(四根)；5—反力板；6—螺母；7—砂垫层；8—槽间砌体；9—扁式千斤顶。

原位轴压法的基本试验步骤是：在测点上开凿水平槽孔；在槽孔间安放原位压力机，预估破坏荷载，进行试加荷载试验；分级加荷，直至砌体破坏，以油压表的指针明显回退作为标志。

试验过程中，应仔细观察槽间砌体初裂裂缝与裂缝开展情况，记录逐级荷载下的油压表读数、测点位置、裂缝随荷载变化情况简图等。

3．钢结构检测技术

钢结构中所用的构件一般由钢厂批量生产，并需有合格证明，因此材料的强度和化学成分有良好保证。所以工程检测的重点在于安装、拼装过程中的质量问题，以及在使用过程中的维护问题。钢结构工程中的主要检测内容有：

(1) 构件尺寸及平整度的检测；

(2) 构件表面缺陷的检测；

(3) 连接(焊接、螺栓连接)的检测；

(4) 钢材锈蚀检测；

(5) 防火涂层厚度检测。

如果钢材无出厂合格证明，或对其质量有怀疑，还应增加钢材的力学性能试验，必要时还需检测其化学成分。

与混凝土结构和砌体结构相比，工程建设中钢结构数量相对较少，而冶金、机械、交通、航空、石油、化工等工业部门对钢材物理性能、内部缺陷、焊缝探伤等检验方法比较完善，因此主要是借鉴学习其他行业的先进方法。目前成熟的方法有焊缝和钢材的超声波探伤方法、射线探伤方法、磁粉探伤方法及渗透探伤方法等。下面就其中几种方法进行简单讲述。

(1) 磁粉探伤。磁粉探伤是目前广泛用于焊缝及钢材内部缺陷的检测方法。外加磁场对铁磁性材料的工件磁化，被磁化后的工件上若不存在缺陷，则各部位的磁性基本保持一致，而存在裂纹、气孔或非金属物夹渣等缺陷时，它们会在工件上造成气隙或不导磁的间隙，使缺陷部位磁阻增大，工件内磁力线的正常传播遭到阻隔，磁化场的磁力线被迫改变路径溢出工件，工件表面形成漏磁场。漏磁场的强度取决于磁化场的强度和缺陷对于磁化场垂直截面的影响程度。利用磁粉就可以将漏磁场显示或测量出来，从而判断出缺陷是否存在以及它的位置和大小等情况。

(2) 超声波探伤。钢结构在潮湿、有水和酸碱盐腐蚀性环境中容易锈蚀，导致截面削弱，承载力下降。钢材的锈蚀程度可由其截面厚度的变化来反映。除锈后的钢材，用超声波测厚仪和游标卡尺测其厚度。超声波测厚仪采用脉冲反射波法。超声波从一种均匀介质向另一种介质传播时，在界面处发生反射，测厚仪即可测出自发出超声波至收到界面反射回波的时间。因此，当超声波在各种钢材中的传播速度已知，或通过实测已确知时，就可由波速和传播时间测算出钢材的厚度。对于数字超声波测厚仪，厚度可以直接显示在显示屏上。

(3) 防火涂层厚度检测。前已述及，钢结构在高温条件下，其强度会降低很多。因此，防火涂层对钢结构防火具有重要意义。目前我国防火涂料有薄型和厚型两种。对防火涂层的质量要求是：薄型防火涂层表面裂纹宽度不应大于 0.5mm，涂层厚度应符合有关耐火极限的设计要求；厚型防火涂层表面裂纹宽度不应大于 1mm，其涂层厚度应有 80%以上面积符合耐火极限的设计要求，且最薄处厚度不应低于设计要求的 85%。防火涂层厚度用厚度测量仪测定。

对全钢框架结构的梁柱防火层厚度测定，在构件长度内每隔 3m 取一截面，梁和柱在所选择的位置中，分别测出 6 个点和 8 个点，计算平均值，精确到 0.5mm。

13.2.2 工程结构抗灾与加固

工程结构抗灾最后落实在结构检测和结构的加固与改造上。在前述结构检测的基础上使受损结构重新恢复使用功能，也就是使失去部分抗力的结构重新获得或大于原有抗力，这便是结构加固的任务。

引起结构承载力下降，使结构需要加固后才能使用的原因很多，主要有结构物使用要求改变；设计、施工或使用不当；地震、风灾、火灾等造成结构损坏；腐蚀作用使结构受损以及其他意外事故致使结构损害。无论哪种原因导致的结构损害，都将为整个工程带来安全隐患，因此必须采取一定的加固措施。下面对混凝土结构、砌体结构以及钢结构的加固方法进行简单的介绍。

1. 混凝土结构加固方法

混凝土结构的加固方法可分为直接加固和间接加固。混凝上结构加固的方法很多，不管采用哪一种方法，都要根据实际需要，本着安全、经济、合理的原则，从使用角度出发，争取做到最优化设计。

1) 直接加固

(1) 加大截面法。对梁来说，可以通过增加受压区的截面，以及在受拉区增加现浇钢筋混凝土围套，使截面承载力增大。对柱来说，可以在需要加固的柱截面周边，新浇一定厚度的钢筋混凝土，且保证新旧混凝土之间的可靠连接，这样可提高柱的承载力，起到加固补强的作用。加大截面法的优点是：施工工艺简单、适应性强，并具有成熟的设计和施工经验；适用面广，适用于梁、板、柱、墙和一般构造物的混凝土加固。缺点是现场施工的湿作业时间长，对生产和生活有一定的影响，且加固后的建筑物净空有一定的减小。

从加大截面法发展出来的是置换混凝土法。对于受压区混凝土强度偏低或有严重缺陷的梁、柱等混凝土承重构件，在卸载后凿除该部分混凝土，用强度较高的钢筋混凝土补足，从而提高其承载力。

(2) 外包钢加固法。外包钢加固法又可以分为有粘结外包型钢加固法和粘贴钢板加固法。

有粘结外包型钢加固法是把型钢或钢板通过环氧树脂灌浆的方法包在被加固构件的外面，使型钢或钢板与被加固构件形成一个整体，使其截面承载力和截面刚度都得到很大程度的增强。其受力可靠、施工简便、现场工作量较小，但用钢量较大，且不宜在无防护的情况下用于 600℃以上的高温场所；适用于使用上不允许显著增大原构件截面尺寸，但又要求大幅度提高其承载能力的混凝土结构加固。

粘贴钢板加固法是在构件承载力不足的区段表面粘贴钢板，提高被加固构件的承载力。该法施工快速、现场无湿作业或仅有抹灰等少量湿作业，对生产和生活影响小，且加固后对原结构外观和原有净空无显著影响，但加固效果在很大程度上取决于胶粘工艺与操作水平；适用于承受静力作用且处于正常湿度环境中的受弯或受拉构件的加固。

图 13-7 为粘贴钢板加固梁示意图。

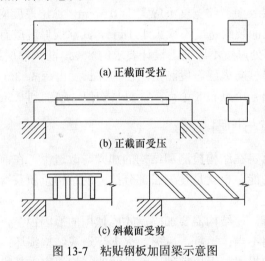

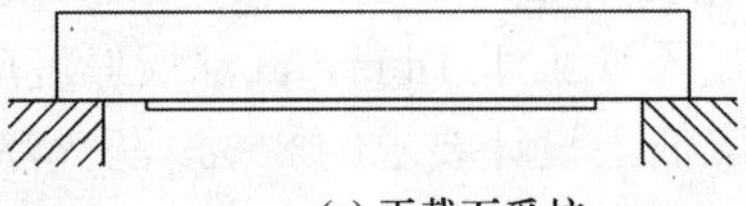
(a) 正截面受拉

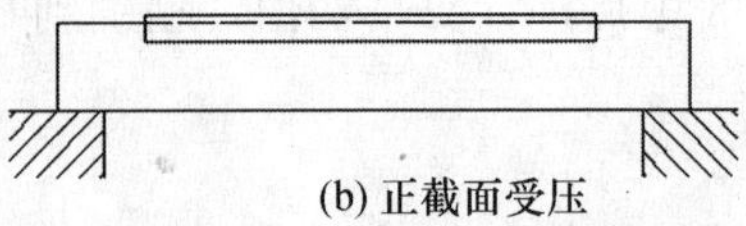
(b) 正截面受压

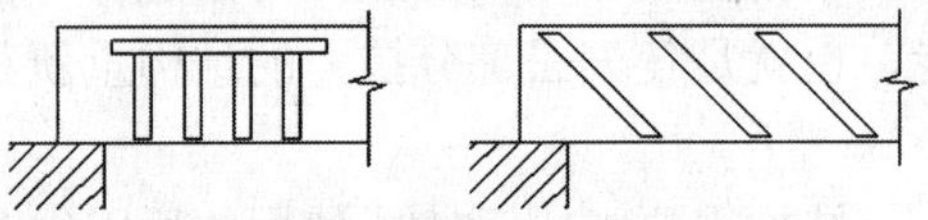
(c) 斜截面受剪

图 13-7　粘贴钢板加固梁示意图

(3) 碳纤维加固法。碳纤维材料(CFRP)用于混凝土结构加固修补的研究始于 20 世纪 80 年代的美、日等发达国家，我国起步较晚，近年来国内各高校和科研单位开展了广泛研究，各设计、施工单位积极实践采用碳纤维进行结构加固，该项技术基本成熟。2003 年我国颁布了《碳纤维片材加固修复混凝土结构技术规程》(CECS146—2003)。

碳纤维加固修补结构技术是一种新型的结构加固技术，它是利用树脂类粘结材料将碳纤维布粘贴于钢筋混凝土表面，使它与被加固截面共同工作，达到加固目的。该方法除具有粘贴钢板相似的优点外，还具有耐腐蚀、耐潮湿、几乎不增加结构自重、耐用、维护费用较低等优点，但需要专门的防火处理，适用于各种受力性质的混凝土结构构件和一般构筑物。

2) 间接加固法

(1) 预应力加固法。预应力加固法又分为预应力水平拉杆加固法和预应力下撑拉杆加固法。常用的张拉方法有机张法、电热法和横向收紧法，具体根据工程条件和需要施加的预应力大小选定。该法能降低被加固构件的应力水平，不仅加固效果好，而且还能较大幅度地提高结构整体承载力，但加固后对原结构外观有一定影响；适用于大跨度或大型结构的加固以及处于高应力、高应变状态下的混凝土构件的加固。在无防护的情况下，不能用于温度在 600℃以上的环境中，也不宜用于混凝土收缩、徐变大的结构。

(2) 增加支承加固法。增加支点(可以使刚性支点，也可以是刚弹性支点)加固法是通过减少受弯杆件的计算跨度，达到减少作用在被加固构件上的荷载效应、提高构件承载力水平的目的。该法简单可靠，但易损害建筑物的原貌和使用功能，并可能减小使用空间，适用于条件许可的混凝土结构加固。

2．砌体结构的加固方法

砌体结构在承载力不满足时，其常用的加固方法有组合砌体加固法、增大截面法、外包钢加固法等，设计时可根据实际条件和使用要求选择适宜的方法。

(1) 组合砌体加固法。组合砌体加固法是在原砌体外侧配以钢筋，用混凝土或砂浆作面层，与原砌体形成组合砌体。该方法的优点是施工工艺简单、适应性强并具有成熟的设计和施工经验；其缺点是现场施工的湿作业时间长，对生产和生活有一定的影响，且加固后的建筑物净空有一定的减小。

(2) 增大截面法。房屋允许增加墙、柱截面时，可在原砌体的一侧或两侧加扶壁柱，提高砌体的承载能力。也可以在独立柱四周砌砖套层，并在水平灰缝内配环向钢筋。增大截面法施工简单、费用较低，但占用面积大，且不利于抗震，仅限于非地震地区采用。

(3) 外包钢加固法。在砖柱四周包型钢(一般为角钢)，横向以钢板为缀板，将四周的型钢连成整体。型钢与原加固柱之间用乳胶水泥或环氧树脂粘贴时可以保证剪力的传递，称为湿式外包钢加固；反之，型钢与原柱间无任何连接，或虽有水泥但不能有效传递剪力的，称为干式外包钢加固法。该法属于传统加固方法，其优点是施工简便、现场工作量和湿作业少，受力较为可靠；适用于不允许增大原构件截而尺寸，却又要求大幅度提高截面承载力的砌体柱的加固；其缺点为加固费用较高，型钢两端需要可靠的锚固，并需要采用类似钢结构的防护措施。当抗震要求不能满足时，可以进行抗震构造加固，方法主要有增设抗震墙、增设构造柱、增设圈梁。

3．钢结构加固方法

钢结构加固可以从减轻荷载、改变结构计算图形、加大原结构构件截面和连接强度、阻止裂纹扩展等几个方面入手。

1) 改变结构计算图形

改变结构计算图形的加固方法是指采用改变荷载分布状况、传力途径、节点性质和边界条件，增设附加杆件和支承，施加顶应力，考虑空间协同工作等措施对结构进行加固。具体有：

(1) 增加结构或构件的刚度。最常用的办法是增加支承，可以使结构的空间性能增强，减少杆件的长细比提高其稳定性(图 13-8)，也可以调整结构的自振频率改善结构的动力特性，提高其承载力。此外，在排架结构中重点加强某一列柱的刚度，使之承受大部分水平力，以减轻其他柱列负荷。

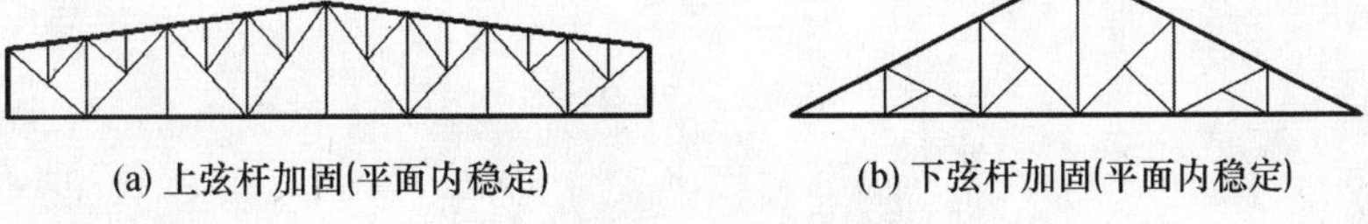

(a) 上弦杆加固(平面内稳定)　　(b) 下弦杆加固(平面内稳定)

图 13-8　用再分杆加固桁架

(2) 改变受弯杆件截面内力。对受弯构件，可以改变荷载的分布，使结构受力分散、均匀，例如可将一个集中荷载转化为多个集中荷载；或改变结点和支座形式，例如变铰结为刚结、增加中间支座减小跨度、调整连续支座位置等，均可以改善其承受弯矩的情况，此外也可以对结构构件施加预应力，如图 13-9 所示，就是通过对钢梁下侧施加预应力，来改变受弯构件截面内力。

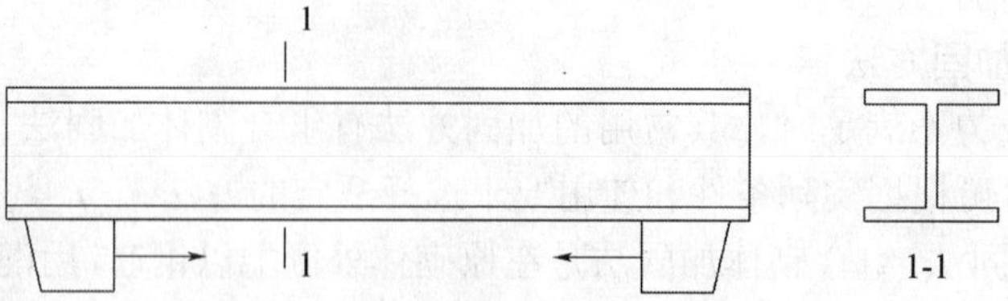

图 13-9　钢梁施加预应力

2) 加大构件截面

加大截面的加固方法思路简单，施工简便，并可实现负荷加固，是钢结构加固中最常用的方法。采用加大截面加固钢构件时，所选截面形式应考虑原构件的受力性质，例如受拉构件相对简单，仅需考虑强度即可，但如果是受压、受弯或压弯构件就要考虑其整体稳定性，尽量使截面扩展；同时要有利于加固技术要求并考虑已有缺陷和损伤的状况。

3) 连接的加固与加固件的连接

钢结构连接方法，即焊缝、铆钉、普通螺栓和高强度螺栓连接方法的选择，应根据结构需要加固的原因、目的、受力状况、构造及施工条件，并考虑结构原有的连接方法后确定。钢结构加固一般宜采用焊缝连接、摩擦型高强度螺栓连接，有依据时亦可采用焊缝和摩擦型高强度螺栓的混合连接。当采用焊缝连接时，应采用经评定认可的焊接工艺及连接材料。

4) 裂纹的修复与加固

结构因荷载反复作用及材料选择、构造、制造、施工安装不当等产生具有扩展性或脆断倾向性裂纹损伤时，应设法修复。在修复前，必须分析产生裂纹的原因及其影响的严重性，有针对性地采取改善结构的实际工作或进行加固的措施，对不宜采用修复加固的构件，应予以拆除更换。

复习思考题

1. 简述土木工程灾害含义与类型。
2. 什么是震级与烈度，二者有何区别？
3. 试述崩塌、滑坡、泥石流形成的机制及防治措施。
4. 试述利用超声回弹综合法进行混凝土结构检测的原理。
5. 混凝土结构、砌体加固以及钢结构加固的方法各有哪些？

主要参考文献

[1] 谢剑. 应对水资源危机(解决中国水资源稀缺问题). 北京：中信出版社，2009.

[2] 刘昌明，何希吾，等. 中国21世纪水问题方略. 北京：科学出版社，1996.

[3] 叶锦昭，卢如秀.世界水资源概论. 北京：科学出版社，1993.

[4] 麦家煊.水工建筑物. 北京：清华大学出版社，2005.

[5] 程心恕，刘国明，苏燕.高等水工建筑物. 北京：中国水利水电出版社，2010.

[6] 陈德亮，王长德.水工建筑物. 4版. 北京：中国水利水电出版社，2005.

[7] 麦家煊，陈铁. 水工结构工程. 北京：中国环境科学出版社，2005.

[8] 王英华，陈晓东，叶兴. 水工建筑物. 北京：中国水利水电出版社，2002.

[9] 荆万魁. 工程建筑概论. 北京：地质出版社，1993.

[10] 林益才. 水工建筑物. 北京：中国水利水电出版社，1999.

[11] 赵西安. 高层建筑结构实用设计方法. 上海：同济大学出版社，1997.

[12] 祁庆和. 水工建筑物. 北京：中国水利水电出版社，1986.

[13] 许宝树. 水利工程概论. 北京：中国水利水电出版社，1997.

[14] 王朝政. 水电工程概论. 北京：中国水利水电出版社，1999.

[15] 刘善建. 水的开发与利用. 北京：中国水利水电出版社，2000.

[16] 郭继武. 建筑结构. 北京：清华大学出版社，1989.

[17] 向松林. 世界建筑之最. 北京：中国建筑出版社，1987.

[18] 王崇杰. 房屋建筑学. 北京：中国建筑工业出版社，1997.

[19] 赵西安. 高层建筑结构实用设计方法. 上海：同济大学出版社，1998.

[20] 姜丽荣，等. 建筑概论. 北京：中国建筑工业出版社 ，1995.

[21] 陆继贽，等. 混合结构房屋.2 版. 天津：天津大学出版社，1998.

[22] 叶志明. 土木工程概论. 5版. 北京：高等教育出版社，2010

[23] 江见鲸，叶志明. 土木工程概论. 5版. 北京：高等教育出版社，2004.

[24] 罗福午. 土木工程(专业)概论. 3版. 武汉：武汉理工大学出版社，2010.

[25] 刘光忱. 土木建筑工程概论. 4版. 大连：大连理工大学出版社，2008.

[26] 尹紫红. 土木工程概论. 成都：西南交通大学出版社，2009.

[27] 任建喜. 土木工程概论. 北京：机械工业出版社，2011.

[28] 刘俊玲，庄丽. 土木工程概论. 北京：机械工业出版社，2009.

[29] 尹紫红. 土木工程概论. 北京：中国电力出版社，2011.

[30] 陈学军. 土木工程概论. 北京：机械工业出版社，2011.

[31] 郑晓燕，胡白香. 新编土木工程概论. 北京：中国建筑材料出版社，2007.

[32] 中国土木工程指南. 中国土木工程指南编写组. 北京：科学出版社，1993.

[33] 叶志明. 土木工程概论. 3版. 北京：高等教育出版社，2009.

[34] 崔京浩. 土木工程概论. 北京：清华大学出版社，2012.

[35] 中国大百科全书编写组.《中国大百科全书》土木工程卷. 1986.
[36] 周德泉，等. 岩土工程勘察技术与应用. 北京：人民交通出版社，2008.
[37] 钱坤，等. 房屋建筑学(上、下册). 北京：北京大学出版社，2009.
[38] 董黎. 房屋建筑学. 北京：高等教育出版社，2006.
[39] 方建邦. 建筑结构. 北京：中国建筑工业出版社，2010.
[40] 罗福午. 建筑结构. 武汉：武汉理工大学出版社，2005.
[41] 崔艳秋，等. 建筑概论. 北京：中国建筑工业出版社，2006.
[42] 唐岱新. 砌体结构.2 版. 北京：高等教育出版社，2009.